U0219334

高职高专教育"十一五"规划教材

园林经营管理

张军霞　王移山　主编

中国农业大学出版社

编　写　人　员

主　编　张军霞（天津农学院职业技术学院）
　　　　　王移山（潍坊职业学院）

副主编　何　　刚（苏州农业职业学院）
　　　　　范金旺（福建农业职业技术学院）

参编者　焦重华（潍坊职业学院）

参加植物生产类教材编写单位

（按拼音排序）

北京农业职业学院

北京园林学校

滨州职业学院

沧州职业技术学院

巢湖职业技术学院

重庆三峡职业学院

福建农业职业技术学院

甘肃农业职业技术学院

广东轻工职业技术学院

广西农业职业技术学院

广西生态工程职业技术学院

广西职业技术学院

杭州职业技术学院

河北科技师范学院

河北旅游职业学院

河北农业大学

河北政法职业学院

河南农业职业学院

黑龙江林业职业技术学院

黑龙江农垦林业职业技术学院

黑龙江农垦农业职业技术学院

黑龙江农业工程职业学院

黑龙江农业经济职业学院

黑龙江农业职业技术学院

黑龙江生态工程职业学院

黑龙江生物科技职业学院

湖北生态工程职业技术学院

湖南环境生物职业技术学院

湖北大学知行学院

华南热带农业大学

吉林农业大学高职高专学院

佳木斯大学

嘉兴职业技术学院

江苏农林职业技术学院

江西农业工程职业学院

康定民族师范高等专科学校

廊坊职业技术学院

丽水职业技术学院

辽东学院

辽宁农业职业技术学院

辽宁商贸职业学院

辽宁职业学院

辽阳职业技术学院

临沂师范学院

南昌工程学院

南通农业职业技术学院

宁夏职业技术学院

青海畜牧兽医职业技术学院

山东滨州职业学院

山东省济南卫生学校

商丘职业技术学院

山西林业职业技术学院

山西临汾职业技术学院

沈阳农业大学高职高专学院

苏州农业职业学院

台州科技职业学院

唐山职业技术学院

天津农学院职业技术学院

潍坊市园林管理局

潍坊职业学院

新疆农业职业技术学院

信阳农业高等专科学校

杨凌职业技术学院

宜宾职业技术学院

永州职业技术学院

云南林业职业技术学院

云南农业职业技术学院

郑州牧业工程高等专科学校

出 版 说 明

高等职业教育作为高等教育中的一个类型,肩负着培养面向生产、建设、服务和管理第一线需要的高技能人才的使命。大力提高人才培养的质量,增强人才对于就业岗位的适应性已成为高等职业教育自身发展的迫切需要。教材作为教学和课程建设的重要支撑,对于人才培养质量的影响极为深远。随着高等农业职业教育发展和改革的不断深入,各职业院校对于教材适用性的要求也越来越高。中国农业大学出版社长期致力于高等农业教育本科教材的出版,在高等农业教育领域发挥着重要的作用,积累了丰富的经验,希望充分利用自身的资源和优势,为我国高等职业教育的改革与发展做出自己的贡献。

经过深入调研和分析以往教材的优点与不足,在教育部高教司高职高专处和全国高职高专农林牧渔类专业教学指导委员会的关心和指导下,在各高职高专院校的大力支持下,中国农业大学出版社先后与100余所院校开展了合作,共同组织编写了一系列以"十一五"国家级规划教材为主体的、符合新时代高职高专教育人才培养要求的教材。这些教材从2007年3月开始陆续出版,涉及畜牧兽医类、食品类、农业技术类、生物技术类、制药技术类、财经大类和公共基础课等的100多个品种,其中普通高等教育"十一五"国家级规划教材22种。

这些教材的组织和编写具有以下特点:

精心组织参编院校和作者。每批教材的组织都经过以下步骤:首先,征集相关院校教师的申报材料。全国100余所高职高专院校的千余名教师给予了我们积极的反馈。然后,经由高职高专院校和出版社的专家组成的选题委员会的慎重审议,充分考虑不同院校的办学特色、专业优势、地域特点及教学改革进程,确定参加编写的主要院校。最后,根据申报教师提交的编写大纲、编写思路和样章,结合教师的学习培训背景、教学与科研经验和生产实践经历,遴选优秀骨干教师组建编写团队。其中,教授和副教授及有硕士以上学历的占70%。特别值得一提的是,有5%的作者是来自企业生产第一线的技术人员。

贴近国家高职教育改革的要求。我国的高等职业教育发展历史不长,很多院校的办学模式和教学理念还在探索之中。为了更好地促进教师了解和领会教育部的教学改革精神,体现基于职业岗位分析和具体工作过程的课程设计理念,以真实工作任务或社会产品为载体组织教材内容,推进适应"工学结合"人才培养模式的课程教材的编写出版,在每次编写研讨会上都邀请了教育部高教司高职高专处、全国高职高专农林牧渔类专业教学指导委员会的领导作教学改革的报告;多次邀请教育部职业教育研究所的知名专家到会，专门就课程设置和教材的体系建构作专题报告，使教材的编写视角高、理念新、有前瞻性。

注重反映教学改革的成果。教材应该不断创新，与时俱进。好的教材应该及时体现教学改革的成果，同时也是教育教学改革的重要推进器。这些教材在组织过程中特别注重发掘各校在产学结合、工学交替实践中具有创新性的教材素材，在围绕就业岗位需要进行知识的整合、与实际生产过程的接轨上具有创新性和非常鲜明的特色，相信对于其他院校的教学改革会有启发和借鉴意义。

瞄准就业岗位群需要，突出职业能力的培养。这些教材的编写指导思想是紧扣培养"高技能人才"的目标，以职业能力培养为本位，以实践技能培养为中心，体现就业和发展需求相结合的理念。

教材体系的构建依照职业教育的"工作过程导向"原则，打破学科的"系统性"和"完整性"。内容根据职业岗位（群）的任职要求，参照相关的职业资格标准，采用倒推法确定，即剖析职业岗位群对专业能力和技能的需求——→关键能力——→关键技能——→围绕技能的关键基本理论。删除假设推论，减少原理论证，尽可能多地采用生产实际中的案例剖析问题，加强与实际工作的接轨。教材反映行业中正在应用的新技术、新方法，体现实用性与先进性的结合。

创新体例，增强启发性。为了强化学习效果，在每章前面提出本章的知识目标和技能目标。有的每章设有小结和复习思考题。小结采用树状结构，将主要的知识点及其之间的关联直观表达出来，有利于提高学生的学习效果和效率，也方便教师课堂总结。部分内容增编阅读材料。

加强审稿，企业与行业专家相结合，严把质量关。从选题策划阶段就邀请行内专家把关，由来自于企业、高职院校或中国农业大学有丰富生产实践经验的教授审核编写大纲，并对后期书稿进行严格审定。每一种教材都经过作者与审稿人的多次的交流和修改，从而保证内容的科学性、先进性和对于岗位的适应性。

这些教材的顺利出版，是全国 100 余所高职高专院校共同努力的结果。编写出版过程中所做的很多探索，为进一步进行教材研发提供了宝贵的经验。我们希望以此为基点，进一步加强与各校的交流合作，配合各校教学改革，在教材的推广使用、修订完善、补充扩展进程中，在提高质量和增加品种的过程中，不断拓展教材合作研发的思路，创新教材开发的模式和服务方式。让我们共同努力，携手并进，为深化高职高专教育教学改革和提高人才培养质量，培养国家需要的各行各业高素质技能型专门人才，发挥积极的推动作用。

中国农业大学出版社

2008 年 6 月

内 容 提 要

本书根据高职高专院校园林类专业人才的培养目标和要求,以园林企业经营管理为研究对象,从现代企业经营管理理论出发,重点介绍了园林企业经营决策、园林企业经济效益管理、园林企业市场营销管理、园林企业人力资源管理、园林企业质量管理、园林企业生产管理、园林企业施工管理等内容。以公园管理、风景名胜区管理、花木经营管理为专题综合论述了园林企业的管理思想和管理措施。每章内容包括应达到的知识技能目标、引导案例、管理内容和方法、观念应用五个部分,以培养学生的分析问题和解决问题的能力。本教材配有电子课件,方便教师教学和学生学习。本教材除了作为高等职业院校园林类专业的教科书外,还可以作为成人教育、培训教材,也可以供园林类专业人士作为管理知识阅读材料。

前　　言

随着我国国民经济的发展,人民生活水平的提高,城市不断地扩大,人们对在城市中的居住环境有了许多的不满,对用植物改善居住环境的需求也越来越高涨,各级政府在城市绿化的投入也随着财政收入的增加有了大幅度的增长,园林类企业如雨后的春笋蓬勃发展起来,使得现代园林类人才已成为社会紧缺人才。创办园林类企业,特别是中小型园林类企业,在市场管制、技术含量和资金投入方面没有严格的限制,所以比较容易。但维持企业生存,使企业发展壮大的难度加大。本书的宗旨是造就一大批社会需要的既懂技术又懂管理、善经营的现代园林类人才。

本书是教育部"十一五"国家级高职高专规划教材。根据高职高专院校园林类专业人才的培养目标和要求,本书每章前面都概括出本章的目标要求,设立引导案例,让学生带着问题去学习;采用新的经营管理思想和技术,剔除过时的知识,使教材具有先进性;减少原理论证,增加实例分析,突出理论应用,增强学生分析问题和解决问题的能力,使学生有可持续发展的能力。

本书由天津农学院职业技术学院张军霞和潍坊职业学院王移山担任主编,张军霞对全书进行了总撰;苏州农业职业学院何刚和福建农业职业技术学院范金旺担任副主编。编写分工如下:第一、二、三章由张军霞编写;第四、五章由范金旺编写;第六、八章由潍坊职业学院焦重华编写;第七、九章由王移山编写;第十、十一、十二章由何刚编写。在编写过程中,参考了部分专家和学者的著作和论文,引用了一些网站的资料,在此表示深深的谢意!

本书在编写过程中还得到了天津农学院职业技术学院、潍坊职业学院、苏州农业职业学院、福建农业职业技术学院的领导和教师的大力支持和关心,在此谨致谢意!

由于学识有限,书中的不妥之处,请读者批评指正。

编　者

2008 年 10 月

目　　录

第一章 绪 论

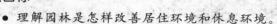

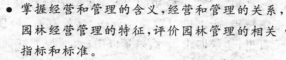

知识目标

- 理解园林是怎样改善居住环境和休息环境。
- 掌握经营和管理的含义,经营和管理的关系,园林经营管理的特征,评价园林管理的相关指标和标准。

技能目标

- 能够运用所学理论知识判断园林行业的发展趋势。
- 熟练地应用园林评价的相关指标和标准对园林项目进行评价。

【引导案例】

天津市河北区泰达星城附近的空地,有关单位原规划建设一个 2.6 万 m² 的社区广场,地面是石材,绿色植物少,居民纷纷向政府有关部门提出建议,若广场建成后人为噪声影响居民休息;夏日,太阳灼热,广场将变成"火炉",无法调节周边小气候。河北区政府有关部门采纳了居民的建议,将社区广场改建为 2.6 万 m² 的北斗公园,公园以北斗七星为主题,修建人工湖,并在水系周边建筑天枢亭、天璇亭等"七景亭",在公园内建筑景观小品,种植树木、乔灌木,达到四季常绿,三季开花的效果。

资料来源:2008 年 3 月 3 日《今晚报》。

案例思考问题:为什么河北区政府有关部门采纳了居民的建议,将社区广场改建为 2.6 万 m² 的北斗公园成为一条瞩目的新闻?

第一节　园林与园林行业经营管理

一、园林

园林是在一定的地域内，以艺术为指导，运用工程技术手段，通过改造地形、种植植物改善居住环境和休息环境的区域。园林的内涵和外延，是随着时代、社会和生活的发展，相关学科的发展而不断丰富和扩大的。据有关典籍记载，我国造园应始于商周，其时称之为囿。商纣王"好酒淫乐，益收狗马奇物，充牣宫室，益广沙丘苑台（注：河北邢台广宗一带），多取野兽（飞）鸟置其中……"周文王建灵囿，"方七十里，其间草木茂盛，鸟兽繁衍"。最初的"囿"，就是把自然景色优美的地方圈起来，放养禽兽，供帝王狩猎，所以也叫游囿。天子、诸侯都有囿，只是范围和规格等级上的差别，"天子百里，诸侯四十"。然风景以山、水地貌为基础，植被做装点。现在的园林建设内涵已不再是传统意义上的造山、理水、植树的园林概念，而是置身于现代城乡环境，进行特定的满足人的生态需求的环境建设。从现代园林的外延上看，许多相关行业，如林业、农业、气象、植保、园艺、建筑、市政等都与之息息相关。而这些行业的发展，对它又产生了积极的影响和推动作用。现代园林的最根本的目的是改善居住环境，达到促进人们健康的目标。

人起源于自然，是自然的一部分，必须经常置身于自然的怀抱中，才能获得生命活力。根据人的生理心理的分析，新鲜空气，安静环境，适宜的气候，合理的光照，周围种植花草、树木，才能给人以舒适的感觉。从人类生活的发展中我们可以看到人与自然的关系是由依赖自然—利用自然—破坏自然—保护自然到人工仿照自然，这样一个认识和实践过程。园林随着环境科学的发展由一般卫生防护、文化休息、游览观赏等作用向环境保护、防止污染、保持城市生态平衡，建设物质文明和精神文明的高度发展。所以，园林要以合理的城市生态系统为基础。致力于保护和合理利用自然景观和人文景观，创造景观优美、生态稳定、反映时代经济文化和可持续发展的人居环境，开展区域生态系统的恢复和重建。

园林具有鲜明的时代特色和地域特征，一个时代的园林建设受当时社会的科学技术发展水平、人们的审美观念特别是意识形态中价值取向的影响，是社会经济、政治、文化的载体，凝聚了当时当地人们对现在或未来生存空间的一种向往。因受到自然地理、文化民俗、气候、植被等因素制约，各个地方的园林风格也各不相同。国际园景建筑家联合会1954年在维也纳召开的第四次大会上，英国造园家杰利克在致辞时把世界造园体系分为：中国体系、西亚体系、欧洲体系。

中国体系：典雅且精致。中国古代园林，或称中国传统园林或古典园林，它历史悠久，文化内涵丰富，个性特征鲜明，而又多彩多姿，极具艺术魅力，为世界三大园林体系之最。在中国古代各建筑类型中它可算得上是艺术的极品。在近5000年的历史长河里，留下了它深深的履痕，也为世界文化遗产宝库增添了一颗璀璨夺目的东方文明之珠。中国造园艺术，是以追求自然精神境界为最终和最高目的，有意识地加以改造、调整、加工、提炼，从而表现一个精练概括浓缩的自然。它既有"静观"又有"动观"，从总体到局部包含着浓郁的诗情画意。这种空间组合形式多使用某些建筑如亭、榭等来配景，使风景与建筑巧妙地融糅到一起，从而达到"虽由人做，宛自天开"的目的。它深浸着中国文化的内蕴，是中国5000年文化史造就的艺术珍品，是一个民族内在精神品格的写照，是我们今天需要继承与发展的瑰丽事业。

西亚体系：强调植物和水法。主要是指古巴比伦、埃及、古波斯的园林，它们采取方直的规划、齐正的栽植和规则的水渠，园林风貌较为严整，后来这一手法为阿拉伯人所继承，成为伊斯兰园林的主要传统。

欧洲体系：规整而有序。欧洲体系在发展演变中较多地吸收了西亚风格，互相借鉴，互相渗透，最后形成自己"规整和有序"的园林艺术特色。

二、园林行业

长期以来，园林部门被视作非生产性的消费部门，实行的是福利型的供给制，实际上园林部门包括了传统上认为是生产性的行业，如苗木生产、花卉生产、园林建设施工等业，还包括了以劳务和服务形式出现的多种第三产业，如园林绿化业，从事这些行业的职工，都是社会总劳动的组成部分，所以是属于生产劳动的范畴。园林既能为社会提供有关园林的物质产品，如苗木、花卉、新建公园、新建绿地、新种的行道树等，又能为社会提供维护良好的物质环境。园林行业是对植物的养护管理及其他服务在内的综合技术经济系统。

近几年，中国园林行业正在从以古典园林为核心的传统园林转向以现代景观为核心的现代园林。这一观念转变包含着三层含义：一是指关注重点的转移和范围的扩展，从传统园林到现代景观的重点转变，从单一传统专业扩展为综合交叉的现代专业；二是随之而来的核心内容的转变，从以植物为核心的园林绿化到以包括植物等多种元素构成的以景观为核心的综合环境规划；三是以生态环境为主体。在人口、资源、环境的巨大压力下，只有建立完善的环境系统，努力实现大地园林化，才能够有一个良好的生存环境。目前，园林行业已成为各方面的焦点，促使园林行业空前发展。由于园林行业格局的演化，形成了如下行业特征：

（1）城市绿地由休闲、游览为主，转向以改善环境为主。

（2）园林管理范围由对行政系列内单位的管理为主，转向涵盖城乡，面对全社会绿化的管理。

（3）园林建设的投资由政府单一渠道，转向投资主体多元化。

（4）园林生产由计划管理，转向市场运作。

（5）政府园林主管部门的职能由行政指挥，转向依法调控。

（6）园林建设与经济建设事业处于相辅相成的地位。

三、经营和管理

管理是通过协调集体活动，实现资源合理配置，并达到组织预定目标的活动过程。

经营是指商品生产者以市场为对象，以商品生产和商品交换为手段，为了实现企业的目标而进行的一系列有组织的活动。

（一）经营与管理的区别

经营与管理二者既有区别又有联系。经营与管理的区别是：

1.二者产生的根源不同

经营是市场经济的产物，萌芽于商品经济，形成于市场经济。计划经济年代，企业没有经营，整个国民经济由国家在经营，但企业有管理；管理是集体劳动和分工协作的产物，一个人不需要管理，但凡有集体劳动和分工协作马上产生管理。

2.二者的基本内容不同

企业经营按照经营对象不同分为商品经营、资产经营、资本经营。商品经营，即组织商品的生产和流通，具体包括市场调研预测、产品开发设计、市场营销、售后服务、生产等诸多环节，每一个环节都非常重要。企业管理的基本对象是企业的人、资产、质量、利润等，一般会涉及企业人员、团队、组织结构、管理模式、企业目标、制度体系、质量与服务、资产、成本、利润，以及研发、营销、生产、后勤、领导、激励与约束、价值观念等方面的管理。所有这些管理都可概括为制度管理和文化管理等。

3.二者解决的问题不同

企业经营解决企业的方向、市场、战略等问题。企业在市场上干什么、如何干、如何调整、如何发展等经营决策对企业的生存与发展至关重要。企业管理解决企业内部员工的秩序、纪律、工作胜任能力、创造性和提高资产利用效率等问题。管理属于节流，是省钱，是企业的内部和局部问题，是企业生存和发展的保障。

4.二者的关键和反映的文化理念不同

企业经营的关键必须以企业客户为中心,以市场需求为纲与导向,来练好市场功;经营理念文化,强调以满足顾客需求为核心。企业管理的关键和理念文化是,强调以人为本,以企业的员工为中心,尊重和调动企业全体成员的积极性和创造热情。

(二)经营与管理的联系

综上所述,经营与管理有着本质的区别,不是一回事,不可相互替代,但却有着必然的不可分割的联系,经营与管理的联系表现在:

1.二者的根本目标一致

无论企业经营与管理,其根本目标都可概括为顾客满意并取得合理利润,从而实现企业价值的最大化,为顾客、股东、员工创造出更多的财富和价值。

2.二者相辅相成

经营与管理是企业齿唇相依的不可或缺的两个重要的不同领域,像人的左脚与右脚,必须交替前行,齐抓共管,既外抓市场经营,又内抓规范管理,相互促进,才能促进企业的健康发展。且企业管理的历史远远悠久于企业经营。从广义的角度看,作为社会科学的大学科管理学包容了企业经营学,企业经营学则是到了市场经济阶段从企业管理学分立与分解出来的新学科。

3.必须用系统工程的观点搞好企业的全面创新

在目前激烈竞争的市场经济中,必须认识到,搞好企业是一项较为复杂的系统工程,市场是企业的领导,经营是企业的龙头,管理是企业的基础,技术是企业的工具,必须以创新的观念促进企业的经营、管理、技术的全面创新,并以技术创新促进企业经营、管理的创新,以企业管理服务于企业经营,以企业管理创新服务于企业经营创新,从而促使企业达到既能满足客户需求又能取得合理利润,即获得企业资本的最大增值,为企业顾客、股东和员工创造出更多的财富与价值的目的,使得企业得以更好地生存与发展。

园林经营管理是指为达到一定的目标,对园林行业的各项生产要素进行组合,并对生产、交换、分配、消费进行计划、组织、协调和控制,改革和完善生产关系,推动生产力的发展。

四、园林经营管理的特点

随着我国经济的发展,人们对居住环境的要求越来越高。所以城市绿化事业的发展实践,比过去任何时期都要丰富得多、精彩得多,不但出现了量的增长,而且形成了质的变化。

(一)园林经营管理的主要载体是城市

我们都会有过这样的经历:漫步于岸边,或徜徉于花园中,或站在山巅,人们能够同时感受到静谧与活力,身心的交融与振作。这种感官体验无论对个体或是对社会都有着深远的良好的影响。精神学家奥利弗·萨克斯(Oliver Sacks)博士坚信一个基本理念:自然会平衡人类的生活。正如萨克斯博士一样,我们许多人都相信自然对人体健康具有一定的理疗功效。这种功效不仅仅是在心理和情绪层面,而且包括人的身体和精神层面。热爱自然和生命是人类的天性,而自然对于健康和谐的生活的作用对生活在城市中的人们而言更加重要。

多年来,人们对身心健康的追求和对自然及人生目标的追求似乎背道而驰。然而,值得庆幸的是,越来越多的人已经注意到了这一点,即我们建造城市的方式很可能就是许多慢性病的根源。埃比尼泽·霍华德在《明日的田园城市》说"那些拥挤的城市已经完成了他们的使命;它们是一个主要以自私和掠夺为基础的社会所能建造的最好形式,但是它们在本质上就不适合于那种正需要更重视我们本性中的社会面的社会——无论哪一个非常自爱的社会,都会使我们强调更多关注我们同伴的福利。"

近年来,我国城市绿地面积增长很快,1998年、1999年、2000年,分别比上一年提高了9.14、9.58、8.95个百分点,都接近于国民经济的增长幅度。这个成就的取得,归功于全民环境觉悟的提高,增强了绿化祖国的自觉性;国家法律、法规,把绿化建设列为各级政府的职责,并且规定为各行各业以及公民的义务;在城乡建设中,把绿化列为必须同步进行的建设项目之一。总的来说,在国家法律、法规的调控下,绿化事业与经济发展形成了相互促进、互为基础的态势。自从1992年开始,建设部开展的"园林城市"的创建活动,极大地激发了各城市绿化建设的积极性。

(二)园林行业经营管理既要满足公共物品要求,也要满足法人产品的需要

公共物品是政府向居民提供的各种服务的总称。公共物品既无排他性也无竞争性。一个人使用一种公共物品并不影响另一个人对它的使用,即不能剥夺人们使用公共物品的权利。如警察、国防、义务教育、司法等。法人产品是具有法人资格的企业或个人通过市场提供的合法产品和劳务。公园、绿地、行道树甚至整个园林绿化体系既可能是公共物品,也可能是法人产品。园林行业是具有多属性的产业,具有多效益和多种经营方式的特点,是多样性的统一,可以称园林行业是综合性的产业。园林行业不但具有一般商品的共性,而且还有它的特性。为了便于分清园林行业与一般商品的区别,在发展中国家应把园林行业视为公共物品,按照公共物品的观点来考虑园林绿化经济活动的内在规律,按照园林绿化运转的客观规律和内在的经济关系,合理划分园林行业的属性,理顺园林行业内部各种经济关系,区别对待,制定相应的政策指导园林建设和经营管理。由于园林行业这个特点,使得园林的效益不能简单地以货币计算利润和成本,不应笼统地倡导"以园养园"。在园林事业的发展过程中,城市绿地系统的结构发生了变化。据《中国城市建设统计年报》测算,在城市绿地中,公共绿地占 15.8%～16.95%,公园占9.8%～10.1%,属于园林专业部门以外的占 61.19%～62.82%。苗圃占城市绿地的3.67%,其中属于园林专业部门以外的占 40.58%～59.16%。

建设部在 1992 年颁布的《城市园林绿化当前产业政策实施办法》中,明确了风景园林在我国社会经济建设中的地位和作用:风景园林属于社会公益事业,是国家重点扶持发展的行业。1996 年建设部研究制定了《城市生物多样性保护计划》,把保护生物多样性列为风景园林行业重点工作之一。

(三)园林行业经营管理中价值取向决定着园林的形式与内涵

园林是上层建筑的一部分,园林是社会经济、政治、文化的载体,它受生产活动和经济活动的制约,特别受到价值取向的影响。同时,园林的发展与社会价值取向是有一定的互相性,园林发展反过来会促进当地的经济、文化的提高。园林必须满足社会与人的需要。

我国古典园林的形成主要受统治阶级的思想及佛、道、绘画、诗词的艺术影响,如在魏、晋、南北朝时,统治阶级争夺激烈,国家呈分裂状态,加之道、佛盛行的影响,产生了玄学,这时的士大夫,或欲享乐,或洁身自好,或遨游山水,导致了自然审美观的形成,治园特点多为自然情趣的田园山水。也就在这一历史时期,由于佛教传入中国,当时立寺成风,有着"南朝四百八十寺,多少楼台烟雨中"的壮观。在我国古代不论是皇家苑囿或私人园林多以自己欣赏为主,极明显地反映出主人的价值取向,或炫耀气势唯我独尊,或夸耀显贵光宗耀祖,或避世取幽修身养性。这些园林的设计修建思想无一不是当时统治阶层的思想反映,折射着当时社会人文思想。

现代园林是当代社会的产物,是现代科学技术和思想、现代艺术、园林水平及人们生活方式在环境中的充分表现。建国初期,我国园林基本走平民化道路,即使是纪念园,也都是走游园的路子,这符合当时的人文要求。园林的起点与规模的发展,直接反映人民群众的生活,特别是精神生活的需求。当时建立的多是封闭综合公园,并且多有圈养式动物园,还有一些的游乐设施。这种形式与当时较低下的物质文化生活水平是一致的。随着经济、文化、艺术及现代科技发展,人们不再满足于简单的游乐,对精神需要有了更多的追求,这样就出现了各类不同的园林形式:主题公园、专题类公园、近民式的小游园、适应不同活动要求的广场,甚至如高尔夫球场等,这些园林形式是同当前人们追求回归自然,讲求生态效应,与人们要求人与自然和谐统一,更多审视人类在自然界中地位这一深层次上的价值取向是一致的。现代园林不能一味强调好看,也不能过分强调其国际性与旅游效用,应着力于现代社会的人文要求,满足社会与人的需要。在建设园林过程中,一定要符合人们对自然融合的迫切要求,要通过造园来改善人们的生存环境,引导人们回归自然。

(四)活物管理是园林经营管理的重要组成部分

园林是主要依靠植物改善环境,每一种绿地类型的植物改善功能都应该是多样化的。有游人使用、参与以及生产防护功能。参与使人获得满足感和充实感,冠荫树下增加了坐凳就能让人得到休息的场所;草坪开放就可让人进入活动;设计花园和园艺设施,游人就可以动手参与园艺活动了。用灌木作为绿篱有多种功能,既可把大场地细分为小功能区和空间,又能挡风、降低噪声,隐藏不雅的景致,形成视觉控制,同时用低矮的观赏灌木,人们可以接近欣赏它们的形态、花、叶、果,也可以有效地引导人流,实现空间的转换。

植物景观还可以满足人的审美需求以及人们对美好事物热爱的心理需求,它必须是美的,动人的,令人愉悦的。单株植物有它的形体美、色彩美、质地美、季相变化美等等;丛植、群植的植物通过形状、线条、色彩、质地等要素的组合以及合理的尺度,加上不同绿地的背景元素(铺地、地形、建筑物、小品等)的搭配,既可美化环境,为景观设计增色,又能让人在潜意识的审美感觉中调节情绪,陶冶情操。

植物景观还能满足不同年龄层次人的心理和生理特征,符合不同人的心理需求。儿童活泼好动,好奇心极强,所在活动区域的植物就不宜用一些针叶类的或带刺、含有毒物质的植物。相反,可以选择一些健康有益的,而且是观赏性强的植物,更易被儿童以及少年接受,可以激发他们的好奇心,增强他们的求知欲。而在设计老年人活动场地的植物时,就要考虑老年人在性格上更偏向于沉稳、安静,心灵上更渴望回归安详、宁静的状态,因此要通过植物配置来软化具有较高程度视觉、噪声、运动等特征的周围环境,尤其要选择一些保健类的植物有利于老年人身心健康,而不要用不适宜的植物引起程度较高的激动或兴奋。

植物是有生命的活物质,在自然界中已形成了固有的生态习性,园林植物的自然生长规律形成了"春花、夏叶、秋实、冬枝"的四季景象(指一般的总体季相演变)。这种随自然规律而"动"的景色变换使园林植物造景具有自然美的特色,园林植物配置在满足人们的稳定感、安全感、美感等愿望的同时,也要考虑到土壤、水、肥、光等条件能否满足植物生长的需要。如果不能满足植物的生长需求,只是一味地强调好看,追求时尚,只能是浪费资源,劳民伤财。

第二节　相关指标及标准

一、城市绿化三项指标

人均公共绿地面积:城市中居民平均每人占有公共绿地的数量。

绿化覆盖率:城市绿化种植中的乔木、灌木、草坪等所有植被的垂直投影面积占城市总面积的百分比。

绿地率:城市中各类绿地面积占城市总面积的百分比。

城市绿地分类:城市绿地是指以自然植被和人工植被为主要存在形态的城市用地。主要内容为:城市建设用地范围内用于绿化的土地;城市建设用地之外,对城市生态、景观和居民休息起作用,绿化环境好的区域。

(1)公共绿地　市区县级各级公园、植物园、动物园、陵园、小游园、街道广场绿地等。

(2)居住区绿地　居住区内除居住区公园以外的其他绿地。

(3)单位附属绿地　机关、团体、部队、企业、事业单位所属绿地。

(4)防护绿地　用于城市环境、卫生安全、防灾目的的绿带绿地。

(5)生产绿地　为城市提供苗木、花草、种子的苗圃、花圃等。

(6)风景林地　具有一定景观价值,在城市整个风景环境起一定作用的林地。

表 1-1　园林城市基本指标表

项　目	大城市	中等城市	小城市
人均公共绿地(m²)			
秦岭淮河以南	6.5	7	8
秦岭淮河以北	6	6.5	7
绿地率(%)			
秦岭淮河以南	30	32	34
秦岭淮河以北	28	30	32
绿化覆盖率(%)			
秦岭淮河以南	35	37	39
秦岭淮河以北	33	35	37

二、评价指标

1. 多样性指数(H)

多样性(Diversity)指数的大小反映景观要素的多少和各景观要素所占比例的变化。当景观由单一要素构成时,景观是均质的,其多样性指数为 0。

$$H = -\sum_{i=1}^{m} P_i \cdot \log_2 P_i$$

式中:P_i 为 i 种景观类型在景观里的面积比例;m 为景观类型总数。

2. 优势度指数(D)

优势度指数(Dominance)表示景观多样性对最大多样性的偏离程度。其值越大,表明偏离程度越大,即某一种或少数景观类型占优势;反之则趋于均质;其值为 0 时,表明景观完全均质。

$$D = H_{\max} + \sum_{i=1}^{m} P_i \cdot \log_2 P_i$$

式中:$H_{\max} = \log_2 m$,意为各类型景观所占比例相等时,景观拥有的最大多样性指数。

3. 均匀度指数(E)

均匀度指数(Evenness)是描述景观里不同景观类型的分配均匀程度,均匀度和优势度指数呈负相关。

$$E = (H/H_{\max}) \times 100\%$$

4. 最小距离指数(NNI)

最小距离指数(Nearest Neighbor Index)是用来确定景观里的斑块分布是否服从随机分布。其值若为 0,则格局为完全团聚分布;若为 1,则格局为随机分布;若为最大值 2.149,此时格局为完全规则分布。

$$NNI = MNND/ENND$$

式中:$MNND$ 为斑块与其最相邻斑块间的平均最小距离,$ENND$ 为在假定随机分布前提条件下 $MNND$ 的期望值,两者计算公式如下:

$$MNND = \sum_{i=1}^{N} NND(i)/N;$$

$$ENND = 1/(2\sqrt{d})$$

式中：$NND(i)$ 为斑块与最近相邻斑块间的最小距离，$d = N/A$ 为景观里给定斑块模型的密度，这里 A 为景观总面积，N 为给定斑块类型的斑块数。

5. 连接度指数（PX）

连接度指数（Proximity Index）是用来描述景观里同类斑块联系程度。取值范围为 0～1，PX 取值大时，则表明景观里给定斑块类型是群聚的。

$$PX = \sum_{i=1}^{N} \left[(A(i)/NND(i))/(\sum_{i=1}^{N} A(i)/NND(i)) \right]^2$$

6. 绿地廊道密度（LCD）

绿地廊道密度（Line Corridor Density）是用以量度景观被分割和连接的程度，是描述景观破碎度的一个重要指数。

$$LI = L/A$$

式中：LI 为绿地廊道密度指数；L 为景观内绿地廊道长度；A 为该景观面积。

7. 绿地斑块密度（PD）

绿地斑块密度（Patch Density）是描述景观破碎度的一个重要指数。计算与 NNI 式中的 d 式同。

$$PD = (\sum_{i=1}^{N} Ni)/A$$

三、规划设计标准

（1）城市绿地系统规划编制完成，获批准并纳入城市总体规划，严格实施规划，取得良好的生态、环境效益。

（2）城市公共绿地、居住区绿地、单位附属绿地、防护绿地、生产绿地、风景林地及道路绿化布局合理、功能健全，形成有机的完善系统。

（3）编制完成城市规划区范围内植物物种多样性保护规划。

（4）认真执行《公园设计规范》，城市园林的设计、建设、养护管理达到先进水平，景观效果好。

四、景观保护标准

（1）突出城市文化和民族特色，保护历史文化措施有力，效果明显，文物古迹及其所处环境得到保护。

（2）城市布局合理，建筑和谐，容貌美观。

（3）城市古树名木保护管理法规健全，古树名木保护建档立卡，责任落实，措施有力。

（4）户外广告管理规范，制度健全完善，效果明显。

五、园林建设标准

（1）城市建设精品多，标志性设施有特色，水平高。

（2）城市公园绿地布局合理，分布均匀，设施齐全，维护良好，特色鲜明。

（3）公园设计突出植物景观，绿化面积应占陆地总面积的 70％以上，绿化种植植物群落富有特色，维护管理良好。

（4）推行按绿地生物量考核绿地质量，园林绿化水平不断提高，绿地维护管理良好。

（5）城市广场建设要突出以植物造景为主，植物配置要乔灌草相结合，建筑小品、城市雕塑要突出城市特色，与周围环境协调美观，充分展示城市历史文化风貌。

六、生态建设标准

（1）城市大环境绿化扎实开展，效果明显，形成城乡一体的优良环境，形成城市独有的独特自然、文化风貌。

（2）按照城市卫生、安全、防灾、环保等要求建设防护绿地，维护管理措施落实，城市热岛效应缓解，环境效益良好。

（3）城市环境综合治理工作扎实开展，效果明显。

（4）生活垃圾无害化处理率达 60％以上。

（5）污水处理率 35％以上。

（6）城市大气污染指数达到 2 级标准，地表水环境质量标准达到 3 类以上。

（7）城市规划区内的河、湖、渠全面整治改造，形成城市园林景观，效果显著。

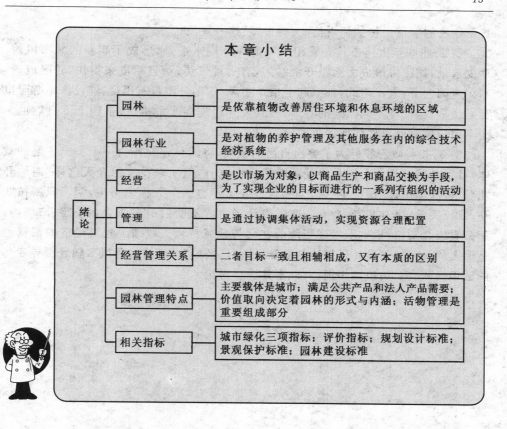

本 章 小 结

	园林	是依靠植物改善居住环境和休息环境的区域
	园林行业	是对植物的养护管理及其他服务在内的综合技术经济系统
	经营	是以市场为对象,以商品生产和商品交换为手段,为了实现企业的目标而进行的一系列有组织的活动
绪论	管理	是通过协调集体活动,实现资源合理配置
	经营管理关系	二者目标一致且相辅相成,又有本质的区别
	园林管理特点	主要载体是城市;满足公共产品和法人产品需要;价值取向决定着园林的形式与内涵;活物管理是重要组成部分
	相关指标	城市绿化三项指标;评价指标;规划设计标准;景观保护标准;园林建设标准

【关键概念】

园林　园林行业　管理　经营　园林经营管理

【复习思考题】

1. 现代园林发展的趋势?

2. 园林经营管理的特点有哪些?

3. 园林建设的相关标准有哪些?

4. 经营和管理之间的关系是怎样的?

【观念应用】

例 1:一些城市为了达到用 3~5 年时间建造"生态园林城市"的目的,不惜花巨资兴起"大树进城热",期望通过移植大树快速致"绿",对改善城市生态环境起立竿见影的效果。如某滨海城市,投资 2 亿元,引进 50 万株大树绿化城市。由于可供移植的成年大树数量有限,出现了很多在移植大树过程中不讲科学、不讲道德,甚至违法的事情。你如何看待"大树进城"这一现象。

例2：前些年大连市首先采用了大面积草皮来造景，形成了崭新的城市风貌。草皮造景，往往可形成大面积开敞空间，有一种气势；而且草皮来得快，转眼成景，不久全国上下，大江南北，都兴起了植草之风，广场公园自不用说，连社区小游园也言必谈草皮，根本不问当地的实际，等到大连出现浇水危机后，全国上下自然也无法幸免。你对此事件如何评价？

例3：某些政府领导为了突出自己的政绩，将园林建设作为一个突出主题的载体，特别是园林雕塑。园林中使用雕塑自古就有，但从来没有像今天这样"遍地开花"。自深圳出现"拓荒牛"后，全国各地效仿不穷。今天你牵头牛，明天我就拉匹马，或拴头羊，更有甚者，会有一座连设计者也弄不明白的东西立在公园、广场内，怎么看怎么别扭，根本不考虑当地的文化与地域特色。政绩工程对经济的浪费也是惊人的。一任领导一任想法，"欧陆风"、"广场风"、"模仿抄袭风"，随着领导变化两三年换一次。请组成小组，对此事件进行讨论。

第二章　园林供给的经营决策

知识目标

- 理解经营决策的概念、原则及经营决策的程序。
- 掌握经营决策的方法。

技能目标

- 能够运用所学的决策知识分析学习、生活中存在的相关问题。
- 能够用学过的理论对经济现象进行分析，能够为企业拟订决策计划。

【引导案例】

例 1：20 世纪初美国贝尔电话公司总裁费尔做了 4 项重大决策，创造了一个当时世界上最具规模、成长最快、发展最大的民营企业。第一项大决策：贝尔电话公司必须预测并满足社会大众的服务需求，进而提出了"为社会提供服务是公司的根本目标"的口号；第二项决策，为了避免一个垄断性的公司被政府收购，唯一的方法就是所谓的"公众管制"。费尔不仅决定把实现公众管制作为公司的目标，而且把这一目标交付各地区的子公司总经理，让公司一方面确保公众利益，同时又能使公司顺利经营；第三项决策是建立了贝尔研究所。费尔认为：一个垄断性的企业虽然没有竞争对手，但是公司应该把将来作为对手。电信事业以技术最为重要，研究是"旧世界的破坏者"和"今天的否定者"；费尔的另一项重大决策是开创一个大众资本市场，避免因为民营企业由于资金的问题而陷入困境。费尔的 4 项重大决策都是有针对性的，都是为了解决公司和他当时所面临的问题。这些大决策的思想，充分体现了什么是真正的、有效的决策。

例 2: "当初取金考花卉公司这个名字,就是希望公司能像被誉为活化石的银杏树那样基业长青",金考花卉公司原法人代表介绍说。但这棵理想中的"银杏树"在市场竞争中仅仅存活了短短一年,便宣告夭折。在金考的几大软肋中,公司管理机制不明晰首当其冲。由于我国花卉产业起点较低,政策及花卉从业人员的经营意识限制了花卉企业向现代企业运作模式的迈进。金考也是如此,同样未能避免管理、经营意识欠缺而造成的短板。金考公司虽然是股份合作制企业,但在内部管理和组织机构上却依然停留在个人单打独斗的"原始"状态上。由于缺乏必要的管理意识,使那些仅仅为"不算错钱"而制定的规章制度显得很苍白:员工手册只约束了"伙计"的行为;销售日报只起到反映销售流水的作用;库房台账只能表明还剩些什么商品。在日常管理、票据流程上同样存在不小的漏洞。不断更换基地及经营场所,造成至少 5 万元以上的损失;而其他诸如不加慎重考虑而损失的运费、办公费及滥发员工工资、奖金的例子更是不胜枚举。2003 年 3 月,金考的创业之路走到了尽头。

资料来源:中国经营报　日期:2008-3-3。

案例思考问题:上述两个公司不同的命运是由哪些因素决定的?

第一节　园林经营决策的原则

园林是依靠植物改善环境,是人类智慧的产物。在生产日益发达,环境资源日益严重的今天,园林物品已经成为稀缺的物品。从经济学的角度看,园林物品具有为人们提供生命支持系统,提供自然资源,接受废弃物和供给公共消费品的功能。这 4 种功能之间具有竞争性,经营的研究就是使园林物品在不同用途和统一用途不同使用者之间达到配置最优化。

一、经营决策的含义

经营决策是为了达到一定的经济目的,从 2 个或 2 个以上的可行方案中选择一个合理方案的分析、判断和实施过程。我们可以从以下几个方面对经营决策加深理解。

1.超前性

经营决策是针对未来的行动,解决现在已经存在的及将来会出现的问题。所以说决策是行动的基础,管理者在进行各项活动时要具有超前的意识,目光远大,能够预见到事物发展变化,在适当的时机采取正确的决策。

2.明确的目标性

决策是通过解决某些问题来达到目标的,没有目标或目标不明确的决策往往是无效的决策甚至是失误的决策。

3.选择性

决策是在 2 个以上的方案中进行比较、分析后进行的选择,确保行动的正确性。

4.可行性

方案的可行性应具备的条件是:能解决预期问题,实现预定目标;方案本身具有可行性;方案的影响因素及效果能够进行定性和定量的分析。

5.过程性

决策是一个多阶段、多步骤的分析判断过程,决策的重要性对过程的长短有重要影响。

6.科学性

科学性是全面地收集资料,不断地总结经验教训,减少风险。决策者应该善于透过失误的表象看到本质,认识事物发展变化的规律,做出符合事物发展的决策。

二、经营决策的作用

1.经营决策决定了组织经营管理的成功与失败

一项成功的经营决策,可以提高管理效率和经济效益,使事业发展顺利,步步高升;若决策失误,一切工作都会徒劳无功,甚至会使事业遭受灾难性的损失。因此,经营决策对于管理者来说不是是否做出决策的问题,而是如何使决策合理、有效、科学。

2.管理的各项职能实施是以决策为保证

在管理的各项职能中,每一项职能的正常发挥都离不开经营决策。无论是计划、控制、生产、营销等,其实现的过程都需要做出经营决策,没有正确的经营决策,管理的各项职能难以发挥作用。

三、经营决策的种类

经营决策可以有多种分类,不同类型的决策,需要采用不同的决策方法。

(1)按决策在生产经营中所处地位可划分为有战略决策、战术决策、作业决策。

(2)按决策者所处的管理层次可划分为高层决策、中层决策、基层决策。

(3)按决策问题的性质可划分为程序化决策和非程序化决策。

(4)按决策条件可划分为确定性决策、风险性决策和不确定性决策等。

四、经营决策的原则

1. 重要性原则

经营决策要保护国家利益、公众利益，同时谋取企业合理的、理想的利益，而组织资源和决策者的时间优先行使决策者不可能对出现的问题同时解决，这就需要决策者必须分清重点，对解决问题的优先次序和应当投入的时间、精力、资金等资源的数量做出判断。

2. 目标准确原则

决策必须要有客观需要和明确的具体目标。决策者应当清楚每一项决策必须达到的目标是什么？最低目标是什么？必须满足什么约束条件？并将目标恰当地表达出来，传达给执行者，目标应当具有相对稳定性，一旦确定下来则不应取消或频繁变动。如果条件变化时目标要随之进行适当调整。同时，目标必须是积极的、适当的，如果目标过低，则失去激励作用，目标过高则会使人丧失信心，达不到应有的效果。同时也要有利于决策者对决策的最终效果进行监督和评价。

3. 科学化原则

科学决策必须要以较小的代价和最小的副作用，在尽可能靠近问题或机会的地方进行决策，才会将企业外部环境和内部条件最佳地结合起来，企业外部环境表现为市场需求，企业内部条件表现为企业能力，二者结合起来，实现正确的经营方案。

4. 职责明确原则

决策方案是在民主的基础上依靠集体的智慧和力量进行制定和执行，由于决策具有普遍性和相互关联性，会对其他人的责任范围产生影响，为了保证决策的权威性，应明确职责，在各自的职责范围内做出正确、科学、合理的决策。

5. 民主化原则

著名经济学家彼得·杜拉克曾说过："正确的决策来自议论纷纷，众口一词往往导致错误决策。"因而决策方案要在民主的基础上制定和执行，依靠集体的智慧和力量进行决策，要充分重视和发挥职工在整个决策过程中的作用。一般可分成如下层次进行，第一，划分企业各管理层次的决策权限和决策范围，调动各类参与决策人员的积极性和主动性；第二，虚心听取广大群众的意见和建议；第三，重要决策问题要吸收有关专家参加咨询论证；第四，对重大决策问题领导班子要坚持集体讨论，集体决策。这样才能产生正确、科学、合理的决策。

6. 创新原则

人们对客观事物的认识是没有极限的，进行决策既要有技术经济分析能力，又要有战略眼光和勇于进取、敢于负责的精神,通过创造性思维提出新的经营设想,创造新的经营方法,才能得到有别于现在的更好的经营新成果。一般应做到两点:第一,决策要立足现实,更要着眼于未来,要在把握经济活动内在变换规律的基础上提出带有方向性和发展性的决策目标及选择方案;第二,企业决策机制要不断发展进化,不断更新决策观念,改进决策方法和技术手段,完善决策信息支持系统,使决策机制不断适应社会经济发展而趋于完善。

五、经营决策的影响因素

信息流、价值理念、思维方式、方法、心态是构成企业经营决策的 5 大要素。

1. 信息流

经营决策首先的诱因是信息的输入,企业经营者通过各种渠道获得产业相关信息,而这些信息迎合或激发了企业经营者现实或潜在的投资需求,这时就有经营决策的冲动。经营决策的外部诱因是信息流,内部动因是投资需求。

2. 价值理念

企业的经营价值观,是企业经营的信念和指导原则,如利润最大化、市场份额最大化、社会利益最大化、企业价值最大化,抑或超越利润之上的价值观,持续增长、基业长青等等。企业的经营价值观就像过滤器,对是否需要经营决策进行过滤。经营价值观作为企业文化范畴,还制约着包括决策者在内的所有企业成员的思想和行为,并通过影响人们的态度而对决策起影响,因此企业经营者做好经营决策,要塑造和确立具有时代精神和科学精神的企业经营价值观。

3. 思维方式

对经营决策起重要作用的另一影响因素是经营决策思维方式。思维方式是经营决策的逻辑,如是从众思维,还是逆向思维;按照周期理论,还是相反理论;是产业整合、并购外生式增长,还是内生式分裂增长;是理性决策,还是拍脑壳、拍胸脯;是满意化决策原则,还是最优化决策原则;是个人决策还是群体决策;是程序决策还是非程序决策等。经营决策的思维方式还表现为经营决策的流程,如相关信息收信调研、项目建议书、可行性研究报告、商业计划书、项目模拟试验等决策程序的选取。思维方式通过对经营决策的路径选择的影响而制约着决策。有许多企业经营决策之所以失败,与决策者的思维方式存在局限性有重要关系。

4. 方法

方法是通过影响决策的效率而影响决策。经营决策的方法论是指决策选择的判断方法,如回收期、净现值法、内部收益率法、内外环境分析、量本利分析法、敏感性分析法、SWOT 分析、波斯顿矩阵经营业务组合法、五要素模型等。有很多企业经营决策之所以失败,与决策者的方法不科学有重要关系,任何一种决策方法都有适用的假设前提及应用的范围限制,企业经营者要做好经营决策,就要系统化地学习相关决策方法,并在方法的前提条件具备的情况下结合实际情况灵活运用。

5. 心态

另一个对经营决策的影响因素是决策心态。很多经营决策失误是由于决策者心态不佳造成的,或过于稳健、或过于浮躁、过于浪漫、或过于激进、过于冒险、过于投机,心态的不稳对经营决策产生重大影响,决策者心态的修炼是很重要的。

第二节　园林经营决策程序及方法

一、经营决策程序

经营决策是一个提出问题、分析问题和解决问题的逻辑过程,依据解决问题的循环周期,一般决策过程包括以下步骤:

(一)识别问题

识别问题的目的是需要明确决策的对象,鉴别出哪些是与预期结果产生偏离的问题。

管理者面临的问题是多种的,有必须马上解决的关键问题;需要解决但没有危机的;适时采取行动能为组织带来机会的问题。

能够帮助管理者正确识别问题的信息有:

1. 偏离计划

已经实施或正在实施的计划没有达到决策者的期望水平。如产品市场占有率低于计划水平等。

2. 偏离过去的经验

组织中出现销售额大幅下降、员工流失率提高、成本上升、产品市场占有率下降等情况,都暗示管理者决策可能出现问题。

3. 竞争者的能力

当竞争者的生产规模发生改变等情况时,决策者应适时改变本组织的决策。

4. 其他

如顾客对产品不满意的程度提高等。

(二)确定决策标准

识别出问题后,根据各种现象诊断出问题产生的原因,设定解决问题若干层次的价值指标,同时指明实现这些价值指标的约束条件,制定一套合适的标准,分析和评价每一个方案。

(三)制定方案

决策者在一定的时间和成本约束下,对经营状况与环境调查研究,掌握必要的情报信息,掌握和分析企业的优势和机会,企业的劣势和所面临的威胁。制定多种可供选择的方案,反复比较。在这个阶段,决策者应注意避免因主观偏好接受第一个找到的可行方案而中止该阶段的继续进行。

(四)评价、选择方案

决策者可以从以下几个主要方面评价和选择方案:

1. 方案的可行性

即该方案能否与组织战略目标一致,能否有助于组织履行法律和伦理上的义务,组织是否有实施该方案的资金和其他资源等。

2. 方案的有效性和满意程度

即该方案能够在多大程度上满足决策目标,是否与组织文化、组织结构和风险偏好一致等。

3. 方案在实施过程中产生的结果

即方案本身的可能结果对组织、其他部门、竞争对手及未来可能产生的影响。

还可以采用统一客观的量化标准进行衡量,有助于提高评估和选择过程的科学性。主要方法有决策树、统计决策等。

(五)实施和监督

当方案确定后,就要实施,实施方案是最重要的阶段,所花费的时间和成本最大。方案实施中,首先,决策者应宣布决策方案并为其制定计划和编制预算;其次决策者应和参与决策实施的管理人员进行沟通,并对实施过程中包括的具体任务进行分配。同时还必须为可能出现的新问题而对方案进行修改做好准备。再次,决策者应对决策实施的有关人员进行培训和鼓励,得到员工的理解和支持。最后,决策者在实施方案中不断追踪。在方案运行过程中发现重大差异,没有达到计划水平,必须在实施阶段加以修正。方案实施一段时间后,应对方案运行和结果进行评价,随时指出偏差的程度并查明原因。

二、经营决策的方法

经营决策的方法又称决策技术。随着科技不断进步与发展,人们在决策中所采用的方法也不断完善和充实。当前企业采用的经营决策方法常用的主要有两大类:一类是定性分析,也称决策软技术;另一类是定量分析,也称决策硬技术。由于决策的软技术和硬技术各有优缺点,因此,目前我国和世界大多数企业都"软硬兼施"，两种决策互补，提高了决策效果。这里介绍几种常用的决策方法。

(一)定性决策方法

定性决策方法是指直接利用专家的判断力和经验，并通过各种有效的组织形式，结合社会学、心理学、经济学、行为科学等多学科的知识和方法，促使决策者发挥创新潜能的决策方法。

1.头脑风暴法

是一种常用的集体决策方法，便于发表创造性意见，主要用于收集创新设想。让参加者无拘无束，畅所欲言，参加者一般 10~15 人，会议时间 40~60 min 为佳。都是讨论该议题的专家或相关领域专家。社会地位，知识水平一般应在同一层次。会议主持人只是直接说明会议议题，不划任何框框，若讨论远离议题，可进行诱导，当回到议题时即不宜再行干涉。与会所有人必须执行如下规划：一是不允许评论和反驳别人的意见；二是提倡自由思考，不人云亦云；三是所提建议越多越好；四是共同寻找意见的改进、联合、补充与完善，使与会者只受激励不受压抑，互相启发，共同联想。会议主持人在会后可对讨论过程和讨论结果进行分析找出带有共性的意见，然后进行决策。

2.强迫联系法

强迫联系法是在无关的观点和目标之间建立关系，由已知推想未知，或以部分推想整体来激发创造力的方法。这种方法整个进行过程一般包括两个基本活动，第一个基本活动是"变陌生为熟悉"，其本意是对大家陌生的问题进行分解，变成若干个大家比较熟悉的具体问题，以便深入了解问题的实质，并由此入手解决创新关键问题。第二个基本活动是"变熟悉为陌生"。就是暂时避开决策问题本身，尝试从陌生的领域去观察和分析问题。

3.德尔菲法

德尔菲法是美国兰德公司首创并用于预测和决策的方法。该方法以匿名的方式通过几轮函询征求专家的意见，组织预测小组对每一轮意见进行汇总整理后作为参考再发给专家，供他们分析判断，以提出新的论证。几轮反复后，专家意见渐趋一致，最后供决策者进行决策。

(二)定量决策方法

定量决策方法是指建立在严格逻辑论证和实验检验基础上采用数学方法，建立数学模型并以计算机为计算工具的决策方法。它的核心是把决策的变量与变量之间，变量与目标之间的关系用数学模型表现出来，然后通过计算求解，选择满意的方案，适用于程序化和战术性决策。定量决策法分为确定型决策、风险型决策和非确定型决策。

1. 确定型决策

这是指各种可行方案所需条件都是已知的,并能预先准确地了解决策的必然后果的决策。确定型决策的条件:存在决策人希望达到的一个明确目标(收益较大或损失较小);只存在一个确定的自然状态;存在可供决策人选择的两个或两个以上的可行备选方案;不同的行动方案在确定状态下的损益值是可以计算出来的。常用的确定型决策方法有线性规划法和盈亏平衡分析法(也叫量本利分析法)。

(1)盈亏平衡分析法　盈亏平衡分析法是依据业务量、成本、利润 3 者之间相互关系,综合分析决策方案对企业盈亏产生的影响,来评价和选择决策方案的一种计量决策方法。盈亏平衡分析可分为线性与非线性盈亏平衡点分析,这里只研究其线性关系,盈亏分析的中心内容是盈亏平衡点的确定及分析。盈亏平衡点上的业务量其收入与成本相等,即收入＝成本或收入－变动成本＝固定成本,利润等于零,决策者根据盈亏平衡点来分析企业当时的经营状况及以后的对策。

①业务量:用货币计量单位统一地表示出一个企业的业务总量。

②成本(费用):总成本包括固定成本和变动成本 2 部分。

固定成本是指一定时期内所发生的与业务量的变化无直接关系的成本。如企业管理费用、计时工资、财务费用等。总固定成本一般在一定时期内不随着周转量的增减而变化。但单位周转量所分摊的单位固定成本却随着周转量的增加而减少,随着周转量的减少而增加。

变动成本是指一定时期内所发生的与业务量的变化有直接关系的成本,如燃料费、修理费等,总变动成本在一定时期内是随着周转量的增减而变化,周转量越大,总变动成本就越大,周转量越小,总的变动成本就越小。但单位变动成本同周转量的增减是没有关系的。它不随着周转量的增加而增加,也不随着周转量的减少而减少。

③利润是收入扣除成本和营业税金后的余额:即,

$$利润＝收入－成本－营业税金$$

④边际利润:边际利润是指收入扣除营业税金和变动成本后的余额,也称边际贡献,其用来补偿固定成本,补偿后仍有余额,才能为企业提供最终的盈利,否则就发生亏损。与边际利润有关的变量还有:

$$单位边际利润＝单位净收入－单位变动成本$$
$$边际利润率＝边际利润÷营运净收入＝单位边际利润÷单位净收入$$

⑤盈亏平衡分析的基本公式

$$Z = S - C = S - V - F = (P - v) \cdot Q - F$$

式中:Z 为利润;S 为销售额;C 为总成本;F 为固定成本;V 为总变动成本;P 为销售单价;v 为单位变动成本;Q 为销售量。

$$Q_0 = \frac{F}{P - V}$$

$$S_0 = \frac{F}{1 - V/P}$$

式中:Q_0 为盈亏平衡点销售量;S_0 为盈亏平衡点销售额;$P - V$ 为单位边际贡献;$1 - V/P$ 为边际贡献率。

将盈亏分析的业务量、成本、利润 3 者关系的内容反映在直角坐标系中,称为盈亏平衡分析图,通过图上分析揭示企业是盈利还是亏损,给决策者和管理人员以简捷明了的视觉形象。

盈亏平衡分析图制作方法:在直角坐标系中横轴表示周转量,纵轴表示成本、营运收入、利润,根据具体资料画上固定成本、变动成本、总成本和营运收入随周转量变化的直线,营运收入线和总成本线的交点为盈亏平衡点。如图 2-1 所示。

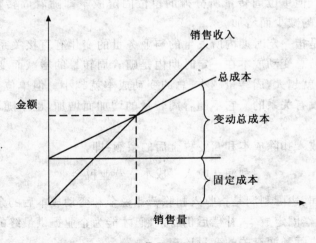

图 2-1　盈亏平衡分析图

盈亏平衡点的图解法,其做法比较简便,盈亏使人一目了然,但企业业务种类比较多,业务比较繁杂时,图解法的局限性则表现的比较明显。

（2）盈亏平衡分析的方法及应用　　根据决策目的不同利用盈亏平衡分析法可以进行生产决策、价格决策、利润决策、成本控制决策。

盈亏平衡分析可以判断企业经营状况的好坏及确定目标利润的销售量。判断企业经营状态的好坏可以从以下角度进行。

①判断产量在盈亏平衡点图上所在区域：当现实销售量大于平衡点的销售量时，现实销售量在盈利区；若现实销售量小于平衡点销售量，则现实销售量在亏损区；若现实销售量等于平衡点销售量，则经营该产品不盈不亏。

②计算经营安全率：所谓经营安全率是可获利润的销售额与现有销售额之比。计算公式为：

$$经营安全率 = 1 - \frac{盈亏平衡产量}{现实产量}$$

经营安全率越大越好，说明企业经营抵抗不景气的能力越强，经营状况的安全性越好。当安全率越接近零时，经营状况越差，应采取有效措施增大经营安全率，如寻找市场，增加业务量；提高产品价或降低成本，使盈亏平衡点向低业务周转量移动，这样也可以提高经营安全率。一般情况可参照下列数据分析。如表 2-1 所示。

表 2-1　经营安全率标准表

经营安全程度	安全	较安全	不太安全	要警惕	危险
经营安全率	40%以上	40%～30%	30%～20%	20%～10%	10%以下

确定目标利润的销售量：当企业生产单一产品时，目标利润销售量的确定可按照系列公式计算：

$$目标利润销售量 = \frac{固定成本 + 目标利润}{产品单价 - 单位变动成本}$$

【例 2-1】某园林公司拟生产一种新产品甲，售价 150 元，年固定费用 200 万元，单位变动费用为 100 元，计算该产品的盈亏平衡点产量是多少？该产品若生产 45 000 株，每年能有多少盈利？经营状况如何？

$$盈亏平衡点产量 = \frac{2\,000\,000}{150 - 100} = 40\,000（株）$$

$$生产 45\,000 株，每年盈利 = (150 - 100) \times 45\,000 - 2\,000\,000$$
$$= 250\,000（元）$$

$$经营状况 = 1 - 40\,000 \div 45\,000 = 11.11\%$$

　　根据上述计算可以看出该公司的生产经营活动要有所警惕。我们通过分析还可以看出，当边际利润总额若等于固定成本时，其利润为零，即盈亏平衡。若边际利润大于固定成本即补足固定成本后其剩余部分即为利润。因此，当企业的边际利润大于固定成本时，客户要求产品的价格只要大于变动成本时（当固定成本不变时），企业就有利可图。

　　【例2-2】某园林企业拟建一组景观设施，每组售价10万元，单位变动成本6万元，年固定成本400万元。当目标利润确定为400万元时，目标成本应控制在什么水平？

　　先计算实现目标利润的销售量：

$$Z=S-C=S-V-F=(P-v)\cdot Q-F$$
$$400=(10-6)Q_i-400$$
$$Q_i=800\div(10-6)$$
$$Q_i=200（台）$$
$$目标成本=销售额-目标利润$$
$$=10\times200-400$$
$$=1\,600（万元）$$

　　在保证实现400万元年目标利润的情况下，目标成本应控制在1 600万元的水平。

　　2.消费系数法

　　消费系数是指某种商品在各个行业或地区、人群的单位消费量。通过某种产品在各个消费群中的消费数量分析，可以了解该种商品在各个消费群中所占的消费比例，终端消费者与商品数量的关系，从而预测商品的需求量。分析步骤如下：

　　（1）分析商品 x 的所有消费部门或行业，包括现存的和潜在的市场。

　　（2）分析商品 x 在各部门或行业的消费量与各行业商品 x 产量，确定在各部门或行业的消费系数。

　　　　某部门的消费系数＝某部门商品消费量 ÷该部门商品的产量

　　（3）确定各部门或行业的规划产量，预测各部门或行业的消费需求量。

　　　　部门需求量 ＝部门规划生产规模×该部门消费系数

　　（4）汇总各部门的消费需求量。

　　　　商品总需求量 ＝各部门的需求量之和

3.产品终端消费法

按行业、部门、地区、人口、群体等对某商品的终端消费者进行统计,分析终端消费者与商品的数量关系,从而预测商品需求量。分析步骤如下:

(1)调查产品终端消费用户及对产品的需求系数。

(2)分析终端消费用户及产品的发展趋势。

(3)预测终端用户对产品的需求量。

4.季节变动分析法

某些商品需求市场由于自然条件、消费习惯等因素的作用,随着季节的转变呈现出周期性的变化,它在每年都重复出现,表现为逐年同月或同季有相同的变化方向和大致相同的变化幅度。掌握市场需求的季节变化规律,可以合理预测市场需求。季节变动分析法包括季节指数趋势法和季节指数水平法。

(1)季节指数趋势法　商品市场需求量存在季节变动,同时各年水平呈上升或下降的趋势时,就可以采用季节指数趋势法预测市场需求。分析步骤如下:

以一年的季度数 4 或月数 12 为 n,对观测值时间序列计算 n 项移动平均。

由于 n 为偶数,应对相邻两期的移动平均再平均后形成新的序列 m,以此为长期序列。

将各期观测值除去同期移动平均值为季节比率,$f = y/m$,以消除趋势。

将各年同季或同月的季节比率平均,集结平均比率 f 消除不规则变动,计算时间序列线性趋势预测值 x,模型为:

$$x = a + bt$$

计算季节指数趋势预测值　　　　　$y = xf$

(2)季节指数水平法　季节指数水平法适用于无明显的上升或下降趋势,主要受季节变动和不规则变动影响的时间序列,需要搜集 3~5 年分月或分季度的历史资料。

数据分析,形成时间序列;

计算各年同季(或同月)的平均值;

计算所有年所有月(或季)的平均值;

计算各月(或季)的季节比率;

计算预期趋势值,一般采用最近年份的平均值;

计算预测年各月(季)的预测值。

(三)风险型决策方法

风险型决策方法是一种随机决策,在比较和选择方案时,如果未来情况不止一种,管理者不知道到底哪种情况会发生,但知道每种情况发生的概率,则须采取风险型决策方法。风险型决策方法中常用的是决策树法。

1. 决策树法

决策树法是将构成决策问题的有关因素用树枝状图形来分析和选择决策方案的一种系统分析方法。它是以决策损益期望值作为依据,分别计算各个方案在不同自然状态下的综合损益期望值,加以比较,择优决策。最大优点是能够形象地显示出整个决策问题在时间上和不同阶段上的决策过程,逻辑思维清晰,层次分明,特别是比较复杂的多级决策(序列决策),尤为适用。该方法可分为一级决策和多级决策两种,选取决策的级别要依决策问题的复杂程度而定。

(1)结构要素 决策树是由方块和圆点作为结点,并由若干条直线连接起来,由左至右,由简到繁顺序展开,组成一个树状网络图,如图 2-2 所示。

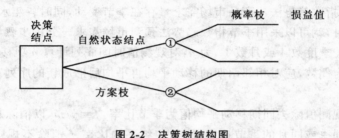

图 2-2 决策树结构图

图中:方块结点称为决策结点,表示某一个决策问题并将其决策结果的决策目标值列在决策结点的上方。

由决策结点引出若干条直线,每条直线代表一个备选方案,称为方案枝。选中的方案枝保留,其余的剪掉。

圆形结点称为状态结点,由状态结点引出若干条直线,表示不同的自然状态,称为状态概率枝。在状态概率枝上面标明某种自然状态的内容及其出现概率,并计算出该方案在某种自然状态下的损益值。该方案的综合期望损益值列在圆形结点的上方。

(2)决策程序

①绘制决策树:将某个需要决策问题,及其未来发展情况的可能性和对可能出现的结果所作的预测或预计,用决策树图形反映出来,绘制要求从左向右。

②预测各种自然状态发生的概率。

③计算状态结点期望值:其计算公式为:

$$期望值(EMVi)=\left[\ \sum\ (状态损益值 \times 概率值) \times 经营年限\right]-投资额$$

要求从决策树中末梢开始,由右向左逆向顺序计算。

④比较各结点上的期望值进行择优决策:如决策目标是效益,则应取期望值极大值方案。如决策目标是费用支出或损失,则应取期望值极小值方案。其余的方案分支剪枝。若属于多级决策(序列决策)应从右向左逐级剪枝,最终只剩下一条贯穿始终的方案枝,这个方案就是最优方案。

(3)决策树法的应用

【例 2-3】某园林企业对产品更新换代做出决策。现拟订 3 个可行方案:

第 1 方案,上新产品 A,需追加投资 500 万元,经营期 5 年。若产品销路好,每年可获利润 500 万元;若销路不好,每年将亏损 30 万元。据预测,销路好的概率为0.7;销路不好的概率为 0.3。

第 2 方案,上新产品 B,需追加投资 300 万元。经营期 5 年。若产品销路好,每年可获利 120 万元。若销路不好,每年获利 20 万元。据预测,销路好或不好的概率分别是 0.8 和 0.2。

第 3 方案,继续维持老产品生产。若销路好,今后 5 年内仍可维持现状,每年获利 60 万元;若销路差,每年获利 20 万元。据预测,销路好或差的概率分别为0.9 和 0.1。试用决策树选出最优方案。

该问题绘制的决策树如下,如图 2-3 所示。

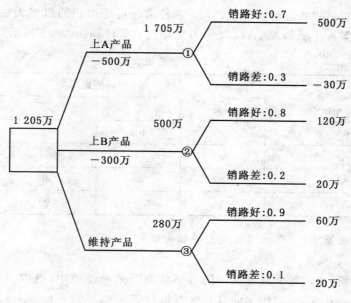

图 2-3

结点①：EMV $=[500\times0.7+(-30)\times0.3]\times5$

　　　　　　$=1\ 705(万元)$

结点②：EMV $=(120\times0.8+20\times0.2)\times5=500(万元)$

结点③：EMV $=(60\times0.9+20\times0.1)\times5=280(万元)$

$1\ 705-500=1\ 205(万元)$

$500-300=200(万元)$

$280-0=280(万元)$

以上3个方案中，第1个方案的期望值最大，应选上新产品A为最优方案。

(四)非确定型决策方法

风险型决策方法的各种自然状态出现的概率是可以测算出来的，因而也是按期望值标准进行方案选择的必要条件。但在现实生活中往往很难知道某种状态发生的概率，这时如何进行方案选择主要依赖于决策者对待风险的态度。

非确定型决策的分析方法很多，大多数是由风险型决策方法演变而来。由于方法不同，同一问题，可能有不同的选择，下面我们就根据例题所给资料介绍5种较为常用的决策方法：

【例2-4】某园林公司与某投资单位准备签订建立植物博览园合同，是集生产、旅游观光、销售于一体的项目。缺乏可靠的投资测算。大致估计投资回报率可能有4种情况，即20％、15％、10％、5％。4种情况可能出现的概率无法测算出来。现有4个方案：A1，A2，A3，A4。4个方案年损益值计算如表2-2所示。

表 2-2　损益值表　　　　　　　　　　　单位：千元

损益值　　状态 方案	投资回报率			
	20％	15％	10％	5％
A1	600	400	−150	−350
A2	800	350	−300	−700
A3	350	220	50	−100
A4	400	250	90	−50

1. 乐观决策准则（最大准则或大中取大法）

其步骤如下：

根据资料，比较每个方案在不同自然状态下的损益值中，选取一个最大损益值。如表2-2中A1方案中不同自然状态损益值600，400，−150，−350选最大的为600，余下同。

比较各方案选出的最大损益值,其所对应的方案即为决策方案。

其计算如表 2-3 所示。

$$\max\{\max\} = \max\{600, 800, 350, 400\} = 800(千元)$$

方案 A2 最优。

表 2-3　损益值表　　　　　　　　　　　单位:千元

损益值 状态 方案	投资利润率				最大损益值 (max)
	20%	15%	10%	5%	
A1	600	400	−150	−350	600
A2	800	350	−300	−700	800
A3	350	220	50	−100	350
A4	400	250	90	−50	400

这种决策方式是决策者对客观情况和未来持乐观态度。应注意,若其决策目标是损失最小或消耗最少时应选最小损益值或称小中取小。

2. 悲观决策准则(最大最小决策准则或小中取大法)

其步骤如下:

根据资料,比较每个方案在不同自然状态下的损益值,选取一个最小损益值。如表 2-2 中 A1 方案中不同自然状态损益值 600,400,−150,−350 选最小的为 −350 余下同。

比较各方案选出的最小损益值后,再选出最大损益值,其所对应的方案即为决策方案。其计算如表 2-4 所示。

表 2-4　损益值表　　　　　　　　　　　单位:千元

损益值 状态 方案	投资利润率				最小损益值 (min)
	20%	15%	10%	5%	
A1	600	400	−150	−350	−350
A2	800	350	−300	−700	−700
A3	350	220	50	−100	−100
A4	400	250	90	−50	−50

选择最优方案:$\max\{\min\} = \max\{-350, -700, -100, -50\} = -50(千元)$。

方案 A4 最优。

这种决策方式是决策者采取比较保守的观念,唯恐决策失误而造成更大的经济损失,因此在决策时比较小心谨慎,从最不利的客观条件出发考虑问题。其主导思想是力求损失最小。用此方法应注意,当决策目标是损失最小或耗费最少时,应选取最大损失值中的最小损失值,即大中取小。

3.后悔值决策准则(最小最大后悔值法)

其步骤如下:

第 1 步,根据资料计算在每一种自然状态下的各个方案的后悔值,即比较每个方案在相同自然状态下的损益值,并取最大值与各方案在同一自然状态下的损益值比较,取其差为后悔值。

如表 2-2 所示,20% 自然状态下各方案损益值为 600,800,350,400,最大损益值为 800,然后用 800 分别减去 600,800,350,400,求出的差即为每一种自然状态下的各个方案的后悔值,余下同。

第 2 步,找出每一方案的最大后悔值,如表 2-5 中标有△符号的 A1 所对的最大后悔值为 300,A2 为 650,A3 为 450,A4 为 400。

第 3 步,从各方案的最大后悔值中,选择后悔值最小的方案,即为决策方案。

表 2-5　损益值表　　　　　　　　　　单位:千元

损益值＼状态	投资利润率			
方案	20%	15%	10%	5%
A1	600	400*	−150	−350
A2	800*	350	−300	−700
A3	350	220	50	−100
A4	400	250	90*	−50*
损益值＼状态	投资利润率			
方案	20%	15%	10%	5%
A1	200	0	240	300△
A2	0	50	390	650△
A3	450△	180	40	50
A4	400△	150	0	0

* 为该自然状态选出的最大损益值。△为该方案选出的最大后悔值。

选择最优方案：min{max}＝min{300,650,450,400}＝300（千元）。

方案 A1 最优。

这种决策方式是由于决策者不大了解未来的变化情况，常常会因选错了方案而后悔，为了避免决策失误而造成较大后悔和损失，因此选择后悔值最小的方案作为决策方案。在决策时决策目标若是损失最小或耗费最少时，应选损失值最低值求后悔值，然后再选取后悔值最小的方案为最优方案。

4.折中决策准则（乐观系数准则）

其步骤如下：

第1步，根据资料表 2-2，在确定乐观系数 α 后，计算各方案的期望损益值，其计算公式如下：

$$E(Ai)=\alpha \times 最大损益值＋(1-\alpha)\times 最小损益值，$$

设 $\alpha=0.7$，则有

$$E(A1)=0.7\times 600＋(1-0.7)\times(-350)=315（千元）$$
$$E(A2)=0.7\times 800＋(1-0.7)\times(-700)=350（千元）$$
$$E(A3)=0.7\times 350＋(1-0.7)\times(-100)=215（千元）$$
$$E(A4)=0.7\times 400＋(1-0.7)\times(-50)=265（千元）$$

第2步，比较各方案的期望损益值，选择期望损益值最大的方案为决策方案。

选择最优方案：$\max\{E(Ai)\}=\max\{315,350,215,265\}=350$（千元）。

方案 A2 最优。

这种决策方式是决策者在决策分析时，既不持十分乐观的态度，也不抱消极保守思想，而是根据历史数据的分析和经验来确定一个乐观系数，作为折中决策的标准，以此来计算每种方案的期望损益值，并选择期望损益值最大的方案为决策方案。

乐观系数用 α 来表示，它是决策的主观概率，是决策人决策的结果。α 值一般取 $0\leqslant\alpha\leqslant1$。$\alpha$ 值越大，则表明决策人对未来充满了希望持乐观态度；反之，是对前景疑虑，感到前途渺茫。注意：决策目标若是损失最小或耗费最少时，则选期望损益值为最小的方案为决策方案。

5.机会均等决策准则（机会均等标准）

其步骤如下：

第1步，根据资料确定概率，计算各个方案的期望损益值。若其概率相等，即，1/4＝0.25，计算期望损益值。

如表 2-2 方案 A1：

$$E(A1)=0.25\times(600+400-150-350)=125(千元)$$

第 2 步,比较每个方案的期望损益值,应选择期望损益值较大的方案为决策方案。

其计算如表 2-6 所示。

表 2-6　期望损益值表　　　　　　　　　　　单元:千元

主观概率 状态 损益值 方案	投资利润率				期望 损益值
	20％	15％	10％	5％	
	1/4	1/4	1/4	1/4	
A1	600	400	−150	−350	125
A2	800	350	−300	−700	375
A3	350	220	50	−100	130
A4	400	250	90	−50	172.5

$$E(A1)=1/4(600+400-150-350)=125(千元)$$
$$E(A2)=1/4(800+350-300-700)=37.5(千元)$$
$$E(A3)=1/4(350+220+50-100)=130(千元)$$
$$E(A4)=1/4(400+250+90-50)=172.5(千元)$$

选择最优方案:$\max\{E(Ai)\}=\max\{125,37.5,130,172.5\}=172.5$(千元)。

方案 A4 最优。

这种决策方式是决策者将投资利润率 20％、15％、10％、5％状态出现的可能看成是机会均等的。因此使用了相同的概率。即有几个自然状态,则每个自然状态出现的概率为 $1/n$,并以此主观概率计算期望损益值,并选择期望损益值最大的方案为决策方案。

以上 5 种准则作为不确定型决策优选方案的依据。实践证明,对于同一决策问题,由于方案的评选标准不同,会得出不同的结论。因此在实际工作中,究竟应采取哪种方法进行不确定型决策,要依决策者的判断力而定,它带有相当程度的主观随意性。

第三节 项目可行性研究

一、项目的含义

项目是一项为了创造某一唯一的产品或服务的周期性工作。所谓周期性是指每一个项目都具有明确的开端和明确的结束；所谓唯一是指该项产品或服务与同类产品或服务相比在某些方面具有显著的不同。项目是需要组织来实施完成的工作。所谓工作通常既包括具体的操作又包括项目本身。具体操作与项目最根本的不同在于具体操作是具有连续性和重复性的，而项目则是有周期性和唯一性的。

1. 周期性

周期性指每个项目都有明确的开端和结束。而且其过程呈现出阶段性变化的特点。当项目的目标都已经达到时，该项目就结束了，或是已经可以确定项目的目标不可能达到时，该项目就会被中止了。周期性并不意味着持续的时间短，许多项目会持续好几年。但是，无论如何，一个项目持续的时间是确定的，项目是不具备连续性的。

另外，由项目所创造的产品或服务通常是不受项目的周期性影响的，大多数项目的实施是为了创造一个具有延续性的成果。例如，一个公园的建设项目就能够影响好几个世纪。

2. 产品或服务的唯一性

项目是一个相对独立完整的特定系统，具有自己的特定内容和使命，不会有完全重复的另一个系统存在。所涉及的某些内容是以前没有被做过的，也就是说这些内容是唯一的。即使一项产品或服务属于某一大类别，它仍然可以被认为是唯一的。比方说，我们修建了成千上万的写字楼，但是每一座独立的建筑都是唯一的——它们分属于不同的业主，作了不同的设计，处于不同的位置，由不同的承包商承建等等。具有重复的要素并不能够改变其整体根本的唯一性，每个项目的产品都是唯一的，产品或服务的显著特征必定是逐步形成的。在项目的早期阶段，这些显著特征会被大致地作出界定，当项目工作组对产品有了更充分、更全面的认识以后，就会更为明确和细致地确定这些特征。应该将产品特征的逐步形成与项目范围正确的界定加以仔细地协调，特别是当项目是根据合同实施的情况下，对这一点要更加注意。当做出正确的界定以后，项目的范围——需要做的工作——即使当产品的特征是逐步形成的，范围也应该保持不变。

3.限定性

项目应该具有明确的限定条件,项目目标在约束条件内实现,其中包括时间限定、投入资源限定、质量标准限定等。不同的项目,其限定的条件不同,管理者应随着条件的变化进行灵活的管理。

4.目标性

任何一个项目都是为明确目标而设计的。项目目标一般具有下列特征:首先,目标是复合的。若项目的目标是单一的,可能造成管理误导或失误,不利于实现项目效果。其次,项目目标应与项目周期的阶段变化相一致。项目阶段不同,项目具体的管理目标和重点也不同,应区别对待。再次,项目目标应简单明确。任何一项项目都是一个涉及领域宽泛,参与主体众多,专业性强的复杂活动,其目标落实的难度较大,目标制定的明确简单,使人容易理解和落实,也方便管理中的检查和评价,避免主观随意性和猜测性。

二、项目的决策

项目决策是项目周期中最重要的阶段,这个阶段要做出的决策有:项目投资时机和方向、项目方案的选择和投资规模确定、总体实施方案的确定。项目决策具有高度的创造性、智力化和综合性。要求参与的主体必须高水平、高素质的管理人员。

(一)项目决策参与主体

项目决策的有关主体至少有 3 个:投资者、贷款者和政府。投资者通过项目实现其盈利的目标,项目的收益水平和风险高低是决策者关心的问题。投资者通过项目的分析评价来论证项目是否经济合理。贷款者关注的是贷款的安全性、流动性和收益性,贷款者通过项目的分析评价,判别项目是否有偿还能力和用效益弥补贷款的成本和损失的能力。政府是项目的决策主体是因为有一些项目就是政府投资的,是项目的利益相关者,对不参与投资的项目,政府希望通过项目的合理组合实现经济的适度增长、充分就业、物价稳定、国际收支平衡等,从经济发展的角度对项目进行经济评价、社会评价、环境评价。利用对项目的分析和评价,对项目进行选择和优先排序。

(二)项目决策的原则和内容

项目决策的原则有以下几条:

(1)必须符合国家的经济建设的方针、政策,严格执行国家制定的技术经济政策和有关经济工作的规章制度。

(2)科学、严谨、真实地反映客观事实。

（3）对项目进行科学的财务评价和经济评价，使项目尽可能满足经济发展的需要，又具有财务效益。统筹兼顾，综合平衡。

（4）可利用价值指标、实物指标和时间指标等指标体系评价项目的综合经济效益。

（5）遵循统一的或专业的衡量标准作为参考依据。

项目决策的内容一般包括以下几个方面：

（1）确定目标　确定目标是项目决策的前提，若目标确定的不明确或失误，会导致决策的不正确。正确的目标制定应有正确的指导思想，有全局的观念，注重调查研究，明确问题的界限，使制定的目标具体明确。

（2）拟订行动方案　根据确定的目标，制定多个可行方案，制定方案时应满足技术先进、财务上可行、经济上合理的要求。

（3）选择方案　按照风险预测的方法和程序，对各个备选方案进行风险预测，分析评价各个方案的可行性，选择可行方案。

（4）调整方案　在方案实施过程中，要随着环境和需要的变化，做出相应的调整和改变，使方案更科学、合理。

三、项目管理

项目管理就是一定的主体，为实现目标，利用各种手段，对项目活动进行计划、组织、领导、控制、协调的行为过程。

（一）项目管理的种类

（1）按主体和范围划分　可以分为项目的宏观管理、中观管理和微观管理。宏观管理是中央政府从全社会范围对项目活动进行总体性的管理，以实现控制、规范、指导和帮助的目的。主要管理手段有法律手段、经济手段和行政手段。法律手段是通过立法和司法手段对项目活动进行管理，具有普遍的约束性、强制性、稳定性和明确性等特点；经济手段是根据经济规律，利用市场自由竞争和经济措施来管理项目活动。包括建立完善的市场体系、竞争机制、金融政策等引导人们自觉调节自身的行为。行政手段是凭借组织的权威，按照隶属关系，运用行政指导等来管理项目活动。

中观管理是政府从某一地区或局域的角度对项目活动进行的管理，它是介于宏观管理和微观管理之间，是国民经济的局部，又是几个项目活动的总体。其管理的主要责任是落实宏观管理的管理任务，又要从自己的角度制定相关的政策法规，对项目活动进行计划、调控、指导和服务，创造良好的投资环境。

微观管理是单个主体对其项目进行的管理，主要手段是微观经济机制和管理手段。

（2）从项目活动的程序划分　可以分为项目决策、规划设计、实施和总结管理。项目决策管理是从项目意向起到立项决定阶段的管理。规划设计管理是项目实施方案的制定及相应计划和准备工作的管理。实施和总结管理指项目按照方案组织资源实施过程及项目完工后对完成效果评价阶段的管理。

（3）按投入资源要素划分　可以分为资金财务管理、人力资源管理、材料设备管理、技术管理和信息管理。资金财务管理包括预算、资金筹集、成本核算等项工作管理；人力资源管理包括人员招聘、组织考核、评价激励等工作的管理；材料设备管理包括采购、保管、配置和控制等工作管理；技术管理包括技术开发、引进、使用、技术更新等工作的管理；信息管理包括信息的收集、整理加工、传递、应用等工作的管理。

(二)项目管理环境

项目管理是在一个远大于项目本身的环境中实施的。包括以下几点内容：

1.行政审批制度对项目管理的影响

行政审批是指行政机关根据自然人、法人或其他组织依法提出的申请，经依法审查，准予其从事特定活动、认可其资格、确认特定民事关系或者特定事权能力和行为能力的行为。包括批准行为、否定行为、备案行为。西方国家政府的行政审批制度的目的是弥补市场失灵，保护市场机制。我国传统的行政审批制度是让企业服从政府的意图的工具，其目的是保持政府在微观经济领域资源的支配权力。2004年7月1日实施的《中华人民共和国行政许可法》规定了哪些事项可以设定行政许可，哪些事项可以不设立行政许可。减少了不必要的行政审批项目，简化审批程序，程序公开化，行政审批机关也应积极履行对许可对象的监管职责。

2.项目管理体制对投资项目的影响

长期以来，我国政府对项目投资实行的是审批管理，项目草案、可行性研究报告等均要报政府审核批准，而且政府在审批项目时大多是站在企业所有者的角度审查项目市场前景、效益等问题，不利于充分发挥市场资源配置的基础作用。2004年7月16日，国务院出台了《关于投资体制改革的决定》，对投资领域需要改革的各类问题做出了明确的规定。落实企业投资自主权，确定企业是投资主体的地位；实行企业投资项目"核准制"，企业投资建设仅向政府提交项目申请报告，不再经过批准项目建议书、可行性研究报告和开工报告的程序；实行企业项目备案制，企业按照属地原则向地方政府投资主管部门备案。鼓励社会投资，放宽社会投资资本的投资领域，允许社会资本进入法律法规为规定禁入的基础设施、公用事业及其他行业和领域。加强和完善政府的宏观调控，规范和改进监督管理。

3. 项目的阶段和项目的生命周期的影响

组织在实施项目时通常会将每个项目分解为几个项目阶段，以便更好地管理和控制，并且将执行组织正进行的工程与整个项目更好地连接起来。总的来看，项目的各个阶段构成项目的整个生命周期。

每个项目阶段通常都规定了一系列工作任务，设定这些工作任务使得管理控制能达到既定的水平。项目生命周期的设定也决定了在项目结束时应该包括或不包括哪些过渡措施。通过这种方式，我们可以利用项目生命周期设定来将项目和执行组织的连续性操作链接起来。

4. 指导

在一个项目中，尤其是在一个大的项目中，项目经理通常也被期望成为项目的指导者。但是，并非只有项目经理可以对项目进行指导，项目中众多不同的个体在各个不同的时间都有可能对项目进行指导。项目的各个层次上都需要有指导（项目指导、技术指导、团队指导）。

5. 交流

交流涉及信息的传递，信息发出者要确保信息是清晰明确，不含糊的，而且是完整的，这样才能有利于信息接收者准确接收，信息接收者则要确保接收的完整性，并且要正确地加以理解。

6. 协商

协商是指与他人交换意见以便得出结论或达成共识，为了达成共识可能需要进行直接的协商或者通过一些辅助手段进行协商，调解和仲裁就是协商的两种辅助手段。项目在许多层次、许多观点上会有多次的协商，在一种典型项目的进行过程中，项目工作人员需要就成本和进度目标、合同条款、任务分配等内容进行协商。

7. 标准和规定

标准是一份经认证组织认证过的文本，它为产品、（生产）过程或服务预定了规则、指导或特征，这些标准具有通用性，可以反复使用。是否采纳标准是不具强制性的。规定是对产品、过程或服务特征的计划文件，包括了适当的行政条例，要按规定行事，这是具有强制性的。

对许多项目而言，对有关标准和规定的充分了解会在项目结果中体现出来，也有一些情况下，这种影响是看不见的或是不确定的，这必须在项目风险管理中加倍注意。

8. 文化影响

文化是大众行为模式、艺术、信仰、风俗习惯及其他人类工作和思想成果的总称。每个项目都是在一种或多种文化形式的背景下运行的，文化影响的领域包括政治、经济、人口统计、教育、道德、种族、家教以及习题、信仰和态度,这一切影响着个人及组织相互作用的方式。

四、项目可行性研究

可行性研究是决策科学在项目领域中的应用。广义的可行性研究是指决策过程中所进行的全部分析论证工作,包括方案构思、机会分析、初步可行性研究和详细可行性研究。狭义的可行性研究是指在决策构思基本明确的情况下,针对一个具体的决策方案所进行的详细分析论证,作为直接决断的依据。

项目可行性研究是指在项目投资阶段,对拟建的项目所进行的全面的技术经济分析论证。包括项目前期的社会、自然、经济技术等调查、分析和预测,制定投资方案,论证项目投资的必要性、适用性和风险性、技术上的先进性、经济上的盈利性及投资上的可能性和可行性。

(一)项目可行性研究的主要作用

项目可行性研究不仅是项目科学决策的基础和基本依据,也是组织实施项目活动的重要依据和准则,做好项目可行性研究对于控制项目投资和提高项目投资效益具有以下几个重要方面:

1. 项目可行性研究是项目决策的基础

通过对项目的细致深入的调查研究,认识和分析相关的影响因素,为项目提供可靠的信息,使决策者有据可依,降低投资风险,提高投资效益。

2. 项目可行性研究是项目规划和组织实施的依据

项目可行性研究的任务之一是构造多种可行的方案,方案中的目标、地点等,就是关于项目的总体规划和设计,方案中的市场调查、工艺流程等都可以作为项目组织实施的重要依据。

3. 项目可行性研究是向金融机构和其他渠道筹资时的依据

金融等机构可以依靠项目可行性研究报告确认项目是否具有偿债能力,是否具有财务上的可行性。

4. 项目可行性研究是签订有关合同或协议的依据

项目进入实施阶段后,需要与材料、劳务的供应单位进行协作,签订有关合同,项目可行性研究报告中的许多信息都可以作为直接或间接的依据。

(二)可行性研究的主要内容

项目可行性研究的内容涉及的方面很多,主要内容有技术、社会、市场营销、财务、经济等方面。

1.技术可行性

技术可行性应考虑的主要问题有项目规模,设计使用多大土地面积,最经济的合理规模应是多大。项目的具体布局和地点。包括地形地貌、植被、土地土壤、植物、矿产等因素。土地情况:包括土地利用、水土保持、土地坡度及植被、开发潜力等情况。水源:包括降雨量、地下水分布、人工供水等情况。园林机械化状态,产品加工、化肥、栽培方法等情况。

2.组织管理方面

一个项目实施的好坏,在很大程度上取决于负责这些项目的组织管理机构的质量,园林项目由于缺乏有经验的管理人员,服务体系不健全,服务措施落后,工作水平低,数据资料及信息严重不足。所以项目研究在组织管理方面重点研究的内容是:组织机构设置是否恰当。所谓恰当就是充分考虑项目所在地区的社会文化布局,现行行政管理机构,劳动力组织形式等因素,保证项目组织机构能够最有效地发挥作用;组织机构中责、权、利是否明确,信息能否有效传达,是否有一定水平的管理人员、监督人员、技术人员来胜任工作等。

3.社会可行性

社会可行性应考虑一个国家的政治体制、政策法令、经济结构、宗教信仰、传统习俗、收益分配制度的均衡性、积累和消费的比例关系等方面。重点研究的内容有:是否能够提高人们的生活质量,改善人们的生存环境,消除污染,创造就业机会等。

4.市场营销方面

市场营销的分析组要从两个方面进行:一方面是项目所需要的资源能否保证供给;另一方面是产品能否保证畅销。重点研究的问题有:项目所需要的物资供应渠道有多少,能否满足供应的需要;物资供应所需要的资金融资渠道如何解决;物资采购方式、采购数量、质量、价格及供货时间有无保证等;产品数量、花色品种、款式、质量能否满足市场需求;产品保鲜及储存设备是否完备;政府对园林产品在价格、税收等方面有什么政策性支持等。

5.财务方面

财务的可行性是从投资主体的角度评价项目的盈利能力、投资收益、现金流量及债务清偿能力等。包括对项目现金流量的预测。根据建设规模、工艺技术等资料对收入预测,对项目所需设备、材料、人员开支等项支出进行预测,测算出现金净流量的大小。根据现金流量预测编制固定资产投资估算表、流动资金估算表、主要产出与投入价格表、单位产品生产成本表、固定资产折旧表、无形资产及递延费用摊销表、经营成本估算表、销售收入估算表等。并在此基础上编制资产负债表、利润表和现金流量表,评价项目的盈利性,进行投资决策。财务分析对贷款的分析主要研究的问题是:贷款的种类,如长期贷款、季节性贷款等。贷款的数量,占自有资金多大比例合适,贷款是否享有优惠条件,能否从项目收益中迅速收回贷款额等。

6.经济方面

通过机会成本测算影子价格,通过社会折现率测算项目的净现值和内部收益率等经济指标,分析项目的经济可行性。

(三)可行性研究报告的编制

1.编制可行性研究报告的程序

可行性研究报告是由项目的承担单位或专家编制,编制工作程序有以下几个步骤:

(1)选定人员　由于项目涉及面大,需要有专家和专业人员协同工作,如园艺师、农艺师、水利专家、财务专家、经济管理专家、市场分析专家、机械工程专家等。参加人员数量的多少视项目规模的大小而定。

(2)确定报告的内容和深度　针对项目可行性报告的深度和广度不同,报告的编制应体现出不同的特点,满足不同的要求。

(3)拟订提纲　在研究报告的内容和深度确定之后,根据可行性报告的要求,拟订提纲,统一认识,明确责任。

(4)整理分析资料　将调查搜集得来的资料分配给编制人员,编制人员根据报告提纲对各自承担的部分的相关资料进行分析整理。

(5)撰写报告　上述工作准备完毕,各编制人员就可进行编写工作,形成初稿。经过组织讨论、修改后,形成报告文本。

2.编制可行性报告的基本要求

可行性报告要有一定的格式。所谓格式就是指报告要有一定的规范、一定的内容、一定的项目。报告的编制必须按照规定的格式进行。可行性报告的编写一定要实事求是,在调查研究的基础上,反复进行论证和评价,应按照经济规律和自然规律办事,保证报告的科学性。可行性报告应由编制单位和负责人签字,以示对报告的质量和相关内容负责。

3.可行性报告的基本内容

可行性报告一般包括4个部分:文字报告、附表、附图、附件。

文字报告主要包括封面内容,如项目执行单位、可行性研究承担单位及负责人、批准单位、批准文号等。目录,应列出章、节目录,方便查找。正文,包括项目概论、市场研究与产品方案、项目位置选择与项目规模、项目技术方案与技术评价、项目组织管理、项目实施进度安排、投资估算及资金筹集、项目财务评价、项目国民经济评价、项目生态效益和社会效益评价、结论和建议。附表,是为文字报告部分所涉及的各种结论提供计算的依据,包括投资总额及资金筹集、投入产出主要物品价格表等。附图,包括项目分支局部图、总平面图、技术工艺图、组织结构图等。附件,主要包括专家评审意见、鉴定意见、主管单位审批意见等。

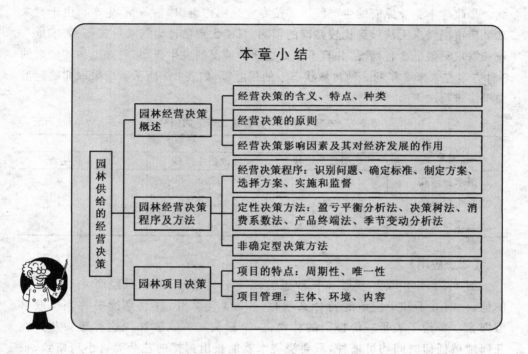

本章小结

园林供给的经营决策

园林经营决策概述
- 经营决策的含义、特点、种类
- 经营决策的原则
- 经营决策影响因素及其对经济发展的作用

园林经营决策程序及方法
- 经营决策程序:识别问题、确定标准、制定方案、选择方案、实施和监督
- 定性决策方法:盈亏平衡分析法、决策树法、消费系数法、产品终端法、季节变动分析法
- 非确定型决策方法

园林项目决策
- 项目的特点:周期性、唯一性
- 项目管理:主体、环境、内容

【关键概念】

盈亏平衡点分析法 经营安全率 消费系数法 决策树法 项目 经营决策 项目管理

【复习思考题】

1. 经营决策的影响因素是什么?

2. 经营决策的原则是什么?

3. 经营决策的程序是什么?

4. 当前企业采用的经营决策方法常用的主要有哪些?

5. 某园林公司现有 A、B 两种产品,A 产品的销售量为 1 000 件,销售收入为

350 万元。盈亏平衡点时的销售量为 620 件。B 产品的销售量为 1 200 件,销售收入为 342 万元,盈亏平衡点时销售量为 700 件。请问哪一种产品经营更为安全?

6. 某园林企业为了扩大生产经营,准备生产一种新产品,2 年后投放市场,共生产 5～10 年。生产这种新产品的方案有 3 种:①从国外引进一条高效自动生产线。②改建本企业原有的生产线。③按专业化协作组织"一条龙"生产。由于对未来 2 年市场需求无法做到比较精确的预测,只能大致估计为需求量较高、需求量一般和需求量很低 3 种情况,并且不知道这 3 种情况的发生概率,只知道估算出来的3 种方案在未来 2 年的 3 种自然状态下的损益额,如表 2-7 所示。请采取非确定型决策法进行决策。

表 2-7　未来 2 年的 3 种自然状态下的损益额　　　　　单位:万元

自然状态	方 案		
	①引进生产线	②改建生产线	③协作化生产
需求量较高	1 000	700	350
需求量一般	−200	250	80
需求量很低	−500	−100	−20

【观念应用】

例 1:2004 年元旦,罗胜在长沙想尝试一下自己经商,但对经商并不太了解的他,一时并不知道应该经营什么项目。2004 年 7 月,在北京读书的表妹放暑假回家。带给了表哥一份特别的礼物:一个罐头花卉。表妹说这种罐头花卉在任何地域任何时间均可播种,只要浇浇水就能长出鲜艳的花朵而且小巧精致,很好种植的,3～5 天就能开花了,在北京卖得挺不错的。罗胜按照说明书把罐头拉开,才浇了 3 天的水,里面马上长出了漂亮的鲜花,一点污染也没有,既小巧又环保。捧着这罐迷你小型花卉,罗胜敏锐地感觉到,自己苦苦寻找的创业项目已经出现,于是罗胜先从北京进了 10 箱 200 罐罐头花卉拿到长沙最大的花卉市场上,让一个做花卉的朋友代销看看,结果不到 3 天时间,基本上全卖完了。由此可见,罐头装的"宠物花卉"可谓是大有市场,于是,他毅然投资了 3 万元签了合约,顺利地成为那家公司在湖南长沙地区的总代理。罗胜到处做广告宣传。越来越多的人争相购买这种"宠物花卉",罗胜的店里最多的 1 天竟然卖出了近一百罐"宠物花卉",月底算了一笔账,竟然净赚 1.5 万元!而这时候,罗胜已经掌握了如何栽植"宠物花卉"的技术了,推出了自己极富创意的系列:"星座系列"。

刚一推出,店里的人气就迅速提升了好几倍,很多人争相购买,紧跟着,"幸运系列"、"生日幸运花系列"、"情侣系列"、"亲情系列"等一些系列推出,为罗胜又赢得了很多顾客的光顾。罗胜又引进了一种叫"爱情魔豆"罐装的产品,大肆宣传没过多久,很多男女便跑到罗胜的店里看那些神奇的爱情魔豆,当看到豆瓣真的会出现文字与图案时,真是又惊奇又喜欢得不得了!神奇的爱情魔豆受到了顾客的欢迎,随着服务的日渐完善,罗胜的生意越做越好,也越做越大,仅半年多的时间,罗胜便赚了15万元,开了3家分店!

资料来源:大学生创业网　日期:2008-4-21。

案例思考问题:

1.罗胜敏锐地感觉到,自己苦苦寻找的创业项目已经出现,是不是在进行经营决策?

2.罗胜作出决策后的运行轨迹是怎样的?

例2:崂山中韩街道张村社区党支部书记王悦忠结束了在云南为期1周的考察、洽谈,圆满地完成了社区与南方大的花卉商筹建规模更大的花卉集散中心合作事项。中韩街道的枯桃社区是一个有着上百年历史的"花卉之乡",但长期以来,由于种种原因,花卉种植局限在农户的庭院里。为此,枯桃社区决定建设花卉市场,以此拉动花卉种植面积的扩大和促进花卉的畅销,2003年,社区建成了1万多 m² 的青岛枯桃花卉交易中心,2004年,社区投资200万元建设了面积达2 300 m² 的智能花卉温室,投资300万元建设了面积为1万 m² 的连栋种植温室,实现了花卉生产的科学化、自动化和规模化。从2005年开始,还承办山东省插花花艺大赛。花艺大赛的成功举办,极大提高了枯桃花卉的知名度和影响力,花卉业也更具生命力和竞争力。品牌效应也带动了周边社区的花卉产业,2007年初,青岛张村花卉大世界正式建成投入使用。青岛张村花卉大世界,建筑总面积20 000余 m²,是山东省乃至华东地区规模最大、配套设施完备的大型花卉、根雕、奇石、旅游农特产品展示交易中心。目前,张村花卉大世界花卉交易区拥有各种花卉、乔木、草皮近千种,还有唐菖蒲、蝴蝶兰等数百种名贵花木,年盆景花卉类商品销售额近亿元。据统计,目前枯桃花卉年交易额达到6 000多万元,花卉产业年产值达到1.2亿元,枯桃花卉在青岛市场的占有率超过50%;目前张村年可培植高档成品花10万盆以上,绿化苗木50万株,年花卉交易及相关产业收入达到了5 000多万元。张村社区结合崂山旅游资源规划将设立有3 000余 m² 的旅游农特产品交易区,这是目前岛城规模最大、商品规格品种最全的专业化特色旅游商场,年销售额预计过千万元。与此同时,为了更好地发展花卉经济,推动花卉业的上档升级,彰显和放大花卉业的生态保护、观光休闲和文化传承等功能,延伸花卉业链条,推动花卉业的嬗变和提升,枯桃社区决定投资 5 700 万元,开发占地 1 000 亩的枯桃将军山,建设以花卉为主题,集旅游、餐饮、休闲、娱乐等功能于一体,分休闲服务区、花卉观赏区、花卉交易区、花家乐园区、山冈观赏区 5 大功能分区的枯桃百花园。

资料来源:青岛财经日报　作者:柳妮　宋娜　兰孝花　曾永　日期:2007-5-30

案例思考问题:崂山中韩街道张村社区枯桃百花园是如何进行经营决策的?

第三章　园林经济效益管理

知识目标

- 理解资金筹资的方式和渠道,成本控制,流动资产、固定资产的管理内容。
- 掌握货币资金、流动资产、固定资产管理的办法,成本控制的方法。

技能目标

- 能够运用所学的知识分析学习,生活中存在的相关问题。
- 能够运用财务报告分析企业的经济效益。

【引导案例】

　　我国的园林建设历史悠久,并具有鲜明的地域特色和民族风格。但是我国的园林事业现状距离人口增长和城市化的要求还远远不足,甚至城市园林事业尚未引起人们的重视,环境质量堪忧。其原因在于没有重视生态、社会效益的经济价值——“绿色银行”的作用。生态环境资源价值究竟如何? 生态效益、社会效益能不能转换为经济价值,通过天津开发区园林绿化建设的投入与回报来说明生态、社会效益的经济价值。

　　天津经济技术开发区 10 年来在盐滩上创建了 190 hm² 绿地,种植林木 10 万余株,草坪 60 万 m²,各种植物 300 余种,每人拥有绿地 19 m²,绿化成果巨大,生态、社会效益显著。据报道:1 hm² 森林每天可吸收二氧化碳 1 t,产生氧 0.73 t。而体重 75 kg 的成年人每天呼出二氧化碳 0.9 kg,吸入氧 0.75 kg。也就是说,每人应有 10 m² 森林或 50 m² 草坪才能维持正常的生命活动。故天津开发区园林绿化为人们提供了良好的生态环境条件并取得了优越的生态效益。如果根据日本林业厅的计算方法,按 1 t 氧价格为 0.2 万元计算,那么本区园林提供的氧价值 456 万元。根据上海科研所测定树木的减尘率是 30.8%～50.2%;草坪的减尘率是 16.8%～39.3%。

又根据天津市环保局提供的资料,每公顷绿地滞尘量平均为 10.9 t,降尘费为 80.69 元,天津开发区 190 hm² 绿地的滞尘量折合货币等于 16.8 万元,园林绿化 的杀菌功能是人所共知的。例如,1 hm² 圆柏林,一昼夜能分泌出 30～60 kg 植物 杀菌素,在 2 km² 内可杀灭空气中的白喉、结核、伤寒、痢疾等细菌和病毒,并能灭 蝇驱蚊。一般每平方米绿地空气中的细菌含量可减少 85% 以上。天津市区百货 商店内每立方米空气中的含菌量竟达 400 万个,而林荫道内为 58 万个,公园里只 有 1 000 个,片林中则仅有 55 个。如果将植物杀菌素标以价格,那么可节省多少 医药费用?显然生态的经济效益是很明显的。园林绿化对于城市的生态作用最重 要的是调节气候的功能。它能影响局部小气候或大气候的温度、降水和气流变化。 园林绿化可以有效地降低气温,增加相对湿度,缓解“热岛效应”。根据前苏联的计 算方法,本区园林创造的增湿保墒折算成货币值等于 4 813 万元;保蓄水分按每亩 多蓄水 20 m³ 计算。开发区园林可蓄水保墒 4.5 万元。园林绿化创建的生态效益 还有许多,诸如防治噪声污染,减灾防灾,生物多样性保护等。如能转换为货币来 衡量将大大超过直接经济价值的若干倍。优美的绿色环境为招商引资、吸引各方 来客起到了积极的推动作用,为天津开发区经济发展体现了显著的社会效益。社 会效益是无形的经济效益,应该充分评价园林绿化社会效益所产生的经济价值。 天津开发区园林绿化建设 10 年总投入为 1.235 亿元。目前建成的绿地折合成直 接的经济价值约等于人民币 180.3 万元;生态效益转换成经济价值约等于人民币 4 598 万元(尚不包含社会效益的转换值)。这仅是年递增效益,也就是说每建成 190 hm² 绿地,投入 1.235 亿元而产生的受益为 0.549 8 亿元,其投资的回报率为 44.5%,并且递增效益将逐步增长。由此可见园林绿化产业化的前景是非常可观 的。如果加入园林绿化所改善的环境条件能招商引资和吸引旅游者所创造的经济 价值,那么,“绿色银行”的运营利润将大大超过 38.6% 的年回报率,即一年的回报 率至少相当于投入的 1/2,且逐年递增。

　　资料来源:中国绿色时报　1999 年 4 月 7 日第 2 版。

　　案例思考问题:“绿色银行”的运营利润将大大超过 38.6% 的年回报率,即一 年的回报率至少相当于投入的 1/2 逐年递增。是怎样计算的?包含哪些效益?

第一节　经济效益分析

植物绿化所形成的环境经济效益,不受疆域的约束,无论投资者还是非投资者,都可以不受限制地在自然空间里均衡地得到享受,由此形成了环境经济效益普遍性的特点。从城市绿化管理要求出发,应推行绿化环境经济效益评价、计量。园林行业经济效益分析一般从财务评价和经济评价两个方面进行,特别强调要从经济影响的角度评价和考查,从而有效地将区域利益、社会利益和国家利益有机地结合和平衡。

一、经济费用和效益的识别

进行经济效益分析首先要对费用和效益进行识别和划分。划分费用和效益的基本原则是凡是增加国民收入,节约有限资源,对社会经济有贡献的事项就是效益;凡是减少国民收入,消耗资源的事项就是成本。

1. 直接效益和直接费用

直接效益是园林行业为社会提供的物质产品和各种服务所产生的效益。这种效益表现是多种的,如吸附粉尘和有害气体等。直接费用是园林项目建设、使用中投入的各种物料、人工等资源而带来的社会资源的消耗。

2. 间接效益和间接费用

间接效益是指园林行业在直接效益中没有得到反映的效益。间接费用是指园林行业在直接费用中没有得到反映的费用。间接效益和费用的识别和计算比直接效益和费用要困难,一般从以下几个方面考察:

(1)环境影响　是否对自然环境造成保护或污染。

(2)技术扩散效果　整个社会是否都将受益。

(3)上下游企业相邻效果　为园林行业提供原材料或半成品的企业;使用园林行业产出物的消费者能否得到促进或阻碍。

(4)乘数效果　园林行业的产出物所产生的一系列连锁反应,刺激某一区域或全国的经济发展。

(5)价格影响　是指园林行业的产出物大量出口,从而导致国内此类产品出口价格的下降,减少国家总体的创汇受益。

3. 转移支付

从经济效益分析角度看待一些财务支出和收入,并没有造成资源的实际增加或减少,而是经济体系内部的转移支付,不作为经济效益与费用。转移支付主要包括：税金，是企业与国家之间的一项资金转移，是国家财政的一项收入，不是使用资源的代价，一般不算作社会成本。补贴，国家从财政收入中拿出一部分资金转给了企业，不能算为社会效益。折旧，在经济评价中固定资产投资所消耗的资源已经作为投资成本列入费用中，所以不能将折旧作为经济成本进行重复计算。利息，是企业和银行之间的一种资金转移，没有涉及资源的增加或减少，所以，利息不能作为经济成本。

二、影子价格

在完全竞争状态下的均衡经济中，市场价格是反映商品的价值的。但现实的市场在种种原因影响下是一种不完全竞争和不均衡状态，使得价格和价值发生背离和扭曲，从一个园林公司的微观经济角度考虑，经营是否有利，是一个现实的问题，应该按现行价格进行分析。但从国民经济的宏观角度分析问题，如何更有效地利用有限的资源创造更多的国民财富，如果仅仅利用扭曲的市场价格作为评估依据，则会导致错误的决策。影子价格不是市场价格，是假定没有市场价格偏差时各种资源最优配置时的价格。

(一)影子价格计算的原则

1. 支付意愿原则

园林产品正面效果的计算应遵循支付意愿原则分析社会成员为产品所愿意支付的价值。

2. 受偿意愿原则

园林产品负面效果的计算应遵循接受补偿意愿原则分析社会成员为接受这种不利影响所希望得到的补偿数额。

3. 机会成本原则

某项资源失去原有用途的损失就是机会成本，机会成本应按照资源其他最有效利用所产生的效益分析。

4. 实际价值计算原则

经济分析应采用反映资源真实价值的实际价格进行计算，不考虑通货膨胀因素的影响，但应考虑相对价格的变动。

(二)几类重要经济费用和效益的影子价格的计算

1. 土地的影子价格

土地是园林行业中重要的投入物，在经济分析中确定其影子价格原则：

(1)若项目占用的土地是没有用处的荒山野岭，其机会成本可视为零。

(2)若项目占用的土地是农业用地，其机会成本为原来的农业净收益和拆迁费和劳动力安置费。

（3）若项目占用的土地是城市用地，应以土地市场价格计算土地的影子价格，主要包括土地出让金、基础设施建设费、拆迁安置补偿费等。

2. 劳动力的影子价格

园林行业要使用劳动力，支付给劳动力的工资是一笔支出，应反映在财务分析的成本账中，如果财务工资与劳动力的经济价值之间存在差异，应对财务工资进行调整，以反映其真实经济价值。劳动力的价值应由它的边际产值来决定，劳动力的边际产值就是其机会成本。劳动力投入的经济价值应等于劳动力的机会成本加上新增资源消耗。

3. 自然资源的影子价格

自然资源是指自然形成的，在一定的经济、技术条件下可以开发利用以提高人们生活福利水平和生存能力的资源的总称。如森林资源、水资源等。园林行业在建设营运中投入自然资源无论是否付费，在经济分析中都必须按照市场交易价格测算其经济费用；如市场价格无法确定，应按投入物的替代方案成本、对这些资源用于其他用途的机会成本等进行分析测算。

三、财务分析

财务分析是在国家现行会计制度、税收制度和市场几个体系下，从财务现金流量、盈利能力、偿债能力等方面对经济效益进行可行性分析。

（一）资金时间价值

在现实经济活动中，如果经济活动期较短，我们就将现金流入与现金流出简单计算就可以得出经济活动的效益。但是如果经济活动时间比较长，现金的流入就有时间先后顺序，这时要客观地评价经济活动的经济效益不仅要考虑现金流入和流出的数量，还要考虑现金流量发生的时间，即考虑货币的时间价值。货币时间价值是指因时间引起的货币资金所代表的价值量的变化，即现在一个单位货币资金代表的价值量大于以后任何时间同一单位货币资金代表的价值量。资金价值随时间的推移将按照一定的复利率成几何级数增长，所以成为资金的时间价值；另外，资金用于投资的同时也就要放弃将它用于消费，牺牲现实的消费是为了将来得到更多的补偿，推迟消费的时间越长，这种补偿也就越多。

1. 货币时间价值的基本要素有以下几个

现值是指某一特定时间序列的初始值。通常用符号 P 表示。

终值（也叫将来值）是指某一特定时间序列的终点值，通常用 F 表示。

利息是指占用货币资金所付的代价或指放弃使用货币资金所得到的补偿。

这 3 者之间的关系简单地用下列公式表示：

$$现值＋利息＝终值$$
$$终值－利息＝现值$$

将现值加上利息就可以转换为终值,终值减去利息就可以换算为现值,可见货币时间价值的换算,实质上是对利息的计算,利息的高低除货币本金外还取决于计息时间的长短和利率的高低。利率是指在一个计算周期内得到的利息金额与本金之比。在完善的市场机制下,利率的高低是由货币资金的供给与需求关系决定的,这就是市场均衡利率。计算利息的方法有两种,一种是单利,是指本金在一定时间内得到的利息,在计算利息时上期利息不并入本金内,仅按本金计算。

【例 3-1】某人有本金 100 000 元,年利率为 7.2%,期限为 3 年,计算到期利息?

$$利息＝100\ 000×7.2\%×3＝21\ 600(元)$$

另一种是复利计算方法,复利是指将本金的每期所得到的利息加入本金在下期一起再计算利息。

【例 3-2】某人有本金 100 000 元,利率 7.2%,期限为 3 年,用复利计算到期利息?

$$利息＝100\ 000×[(1＋7.2\%)^3－1]＝23\ 192.53(元)$$

2. 资金时间价值的基本公式

(1)已知现值求终值　已知现值 P,利率 i,期数 n,求未来期末的本利和 F。

$$F＝Fn＝P(1＋i)^n$$

式中:$P(1＋i)^n$ 为一次偿付复利和系数,用 $(F/P,i,n)$ 表示,可查表或通过计算器直接计算求出。

(2)已知终值求现值　已知未来某一事件的 F,利率 i,期数 n,求 P 的折现值。

$$P＝F(1＋i)^{-n}$$

式中:$(1＋i)^{-n}$ 为一次现值系数,用 $(P/F,i,n)$ 表示,可查表或通过计算器直接计算求出。

(3)已知年金求现值　年金是指在未来几年内,每年收入或支出亦必相等的金额。年金现值就是这几次款项折算成的现值之和。

已知 1 到 n 期末每期期末有一数值相等收入(或支出)A 和利率 i,求相当于期初的现值是多少。

$$P=A\ \frac{(1+i)^n-1}{i(1+i)^n}$$

式中：$\dfrac{(1+i)^n-1}{i(1+i)^n}$ 为等额序列的现值系数，通常用（$P/A,i,n$）表示，可查表或通过计算器直接计算求出。

（4）已知现值求年金　已知现值 P，利率 i，期数 n，求每期期末收回资金是多少。

$$P=A\ \frac{i(1+i)^n}{(1+i)^n-1}$$

式中：$\dfrac{i(1+i)^n}{(1+i)^n-1}$ 为资金回收系数，通常用（$A/P,i,n$）表示，可查表或通过计算器直接计算求出。

（5）已知年金求终值　已知 1 到 n 期末每期期末有相等收入 A 和利率 i，求相当于期末的本利和 F 是多少。

$$F=A\ \frac{(1+i)^n-1}{i}$$

式中：$\dfrac{(1+i)^n-1}{i}$ 为等额序列的复利和系数，通常用（$F/A,i,n$）表示，可查表或通过计算器直接计算求出。

（6）已知终值求年金　已知未来要用一笔未来值 F 利率 i，从 1 到期数 n，求每期期末应存入资金是多少。

$$A=F\ \frac{i}{(1+i)^n-1}$$

式中：$\dfrac{i}{(1+i)^n-1}$ 为资金存储系数，通常用（$A/F,i,n$）表示，可查表或通过计算器直接计算求出。

（二）财务分析基本原则

1. 一致性原则

财务分析必须遵循效益和费用计算范围一致，如果低估了效益或高估了费用，都不能真实地计算出财务数据。

2. 对比原则

财务分析的对比原则是将历史数据与现实数据对比，同行业数据对比，目的是识别哪些是能够增加效益的项目，增加投资效益。

3.沉没成本的适用性原则

沉没成本是指过去已经发生的,对未来决策无关或关系较小的在当前的决策中不予考虑的费用。在经营效益分析时已有的资产无论其在现时是否发挥作用,都将作为沉没成本对待,所以在计算增量投资和新增投资时原有的资产不应计入。

4.动态分析与静态分析相结合原则

财务分析包括盈利能力分析、偿债能力分析、盈亏平衡分析和敏感性分析,静态分析和动态分析相结合,以动态分析为主。

(三)财务分析方法

不考虑货币时间价值的分析方法有投资回收期法、投资报酬法、人均收入法、土地生产率法等,下面重点介绍投资回收期法和投资报酬法。

1.投资回收期法

投资回收期法是指用投资方案所产生的经济收益来抵偿原投资所需要的时间,通常用“年”作为时间单位,一般从建设开始年计算,如果从投资年起计算,应予以注明。投资回收期越短越好,回收期越短,投入的资金回收的越快,资金周转的速度越快,因而提高了经济效益。其表达式为:

$$投资回收期 = [累计净现金流量出现正值年份数] - 1 + \frac{上年累计净现金流量的绝对值}{当年净现金流量}$$

【例 3-3】某投资项目各年的净现金流量如表 3-1 所示,计算该项目的静态投资回收期。

表 3-1　各年的净现金流量

年份	0	1	2	3	4	5	6	7
净现金流量	-260	40	50	60	60	60	60	80

根据资料计算,累计净现金流量出现正值的年份是第 5 年,所以

$$静态投资回收期 = 5 - 1 + \frac{50}{60} = 4.83(年)$$

投资回收期法仅考虑了回收投资的能力和资金的周转速度,并没有对工程项目整个寿命周期内经济效益的高低做出评价,所以投资回收期法通常作为项目的一个先决条件,不是选方案的主要条件。由于这种方法简单、方便,所以是初步评价工程项目的一个较好的方法。

2.投资报酬率

投资报酬率是一种广泛的评价方法,可以表现为多种形式,主要有投资利润率、投资利税率和资本金利润率等。

(1)投资利润率　是指工程项目达到设计生产能力后的一个正常年份的利润总额与投资总额的比率。是考察项目单位投资盈利能力的静态指标,对于生产期内各年的利润总额变化较大的项目,应计算生产期内年平均利润总额与总投资额的比率。计算公式为:

$$投资利润率 = \frac{年利润总额或年平均利润总额}{项目总投资额} \times 100\%$$

$$年利润总额 = 年销售收入 - 年销售税金 - 年总成本费用$$

投资利润率可以从利润表中相关数据计算求得,在财务分析中,一般将项目的投资利润率与行业平均投资利润率对比,据此判断项目单位投资盈利能力是否达到了本行业的平均水平。

(2)投资利税率　是指项目达到设计生产能力后的一个正常年份的利税总额或生产期内年平均利税总额与总投资额的比率。其计算公式为:

$$投资利税率 = \frac{年利税总额或年平均利税总额}{总投资额} \times 100\%$$

$$年利税总额 = 年销售收入 - 年总成本费用$$

或　　　　　$$年利税总额 = 年利润总额 + 年销售税金及附加$$

在财务分析中,一般将项目的投资利税率与行业平均投资利税率对比,据此判断项目单位投资对国家积累的贡献水平是否达到了本行业的平均水平。

(3)资本金利润率　是指投资项目达到设计生产能力后的一个正常年份的年利润总额或生产期内年平均利润总额与资本金的比率。反映投资项目资本金的盈利能力。其计算公式为:

$$资本金利润率 = \frac{年利润总额或年平均利润总额}{资本金} \times 100\%$$

投资报酬率是从整个生产周期来考虑投资增加的收益,但是它也有局限性,如无法反映项目的收入的时间,不能指出获得收益的快慢程度。

一项投资项目存在的时间可以是几年,在此期间都有收益和支出发生,将不同时间的各种收益和支出进行比较,必须在现值的基础上才能进行。考虑货币时间价值的分析方法有净现值法、内部收益率法、收益成本率法、动态投资回收期法等,下面重点介绍净现值法、内部收益率法。

3.净现值法

是将工程项目整个服务期内各年的成本和收益按规定的利率折算为现在值，然后从全部收益折现值之和中减去全部成本折现值之和，从而得出该项目的净现值。通过净现值的比较可以比较整个服务期内全部的成本与收益，比较不同方案的盈利能力，从而决定取舍。计算公式为：

$$NPV = NCF_t(P/F, i, t)$$

式中：NPV 为净现值；NCF_t 为第 t 年的净现金流量；i 为贴现率；t 为工程项目的寿命年限（$t = 0, 1, 2, 3 \cdots n$）。

净现值计算的结果会出现以下 3 种情况：

（1）净现值为正值　表示投资不仅能得到符合预定的投资收益，而且得到大于预定投资收益正值差额的现值收益，该方案可行。

（2）净现值为零　表示投资正好能得到符合预定标准的投资收益，该方案也是可行。

（3）净现值是负值　表示投资达不到预定的标准投资收益，该方案是不可行的。

【例 3-4】星海公司拟建一个生态旅游公园，总投资 500 万元，基建时间为 2 年，投产后的现金流量的数值见表 3-2，贴现率为 10％。

表 3-2

年份	0	1	2	3	4	5	6	7	8	9
现金流量	−300	−200	0	80	100	150	150	150	100	100

利用净现值法分析该方案是否可行。

$NPV = -300 - 200 \times 0.909\,1 + 80 \times 0.751\,3 + 100 \times 0.683 + 150 \times 0.620\,9 + 150 \times 0.564\,56 + 150 \times 0.513\,2 + 100 \times 0.466\,5 + 100 \times 0.424\,1 + 100 \times 0.385\,5 = 29.98$（万元）。

由于净现值的结果是正数，所以该生态公园是可以建设的。

净现值法的优点：

（1）使用现金流量可以直接使用工程项目所获得的现金流量，相比之下，会计计算的利润包含了许多人为的因素。在资本预算中利润不等于现金。

（2）净现值包括了工程项目的全部现金流量，其他资本预算方法往往会忽略某特定时期之后的现金流量。

（3）净现值对现金流量进行了合理折现，有些方法在处理现金流量时往往忽略货币的时间价值。

使用净现值法应注意的问题：

（1）折现率的确定。净现值法虽考虑了资金的时间价值，可以说明投资方案高于或低于某一特定的投资的报酬率，但没有揭示方案本身可以达到的具体报酬率是多少。折现率的确定直接影响项目的选择。

（2）用净现值法评价一个项目多个投资机会，虽反映了投资效果，但只适用于年限相等的互斥方案的评价。

（3）净现值法是假定前后各期净现金流量均按最低报酬率（基准报酬率）取得的。

（4）若投资项目存在不同阶段有不同风险，那么最好分阶段采用不同折现率进行折现。

4. 内部收益率法

又称现金流量贴现法（IRR）。是用内部收益率来评价项目投资财务效益的方法。所谓内部收益率，就是资金流入现值总额与资金流出现值总额相等、净现值等于零时的折现率。也可以理解为工程项目或技术方案对占用资金的一种偿还能力，其值越高，方案的经济效益越好。内部收益率要用若干个折现率进行试算，直至找到净现值等于零或接近于零的那个折现率。内部收益率法的公式为：

$$\sum_{i=1}^{n} \frac{B_t - C_t}{(1+r)^t} = 0$$

式中：r 为内部收益率，为了求解 r，一般按以下步骤进行：

（1）首先根据经验确定一个初始折现率 r。

（2）根据投资方案的现金流量计算财务净现值。

（3）若净现值为正值，说明该贴现率偏小，需要提高；若净现值为负值，说明该贴现率偏大，需要降低。

（4）利用线性插值公式近似计算财务内部收益率 IRR。其计算公式为：

$$IRR = i_1 + \frac{NPV_1}{NPV_1 + NPV_2}(i_2 - i_1)$$

【例 3-5】星海公司准备购置一台新设备，投资额为 10 000 元，预计使用 5 年，每年末有 5 000 元的收入，每年的维护费用为 2 200 元。计算内部收益率。

计算过程为：

　　　　　　　每年的现金流量＝5 000－2 200＝2 800（元）

当 i＝12％时

$$NPV12\% = -10\ 000 + 2\ 800(P/A,12,5)$$
$$= -10\ 000 + 2\ 800 \times 3.604\ 7 = 93.169\ 9(元)$$

当 $i = 15\%$ 时

$$NPV15\% = -10\ 000 + 2\ 800(P/A,15,5)$$
$$= -10\ 000 + 2\ 800 \times 3.352\ 2 = -613.84(元)$$

$$IRR = i_1 + \frac{NPV_1}{NPV_1 + NPV_2}(i_2 - i_1)$$

$$= 12\% + \frac{93.169(15\% - 12\%)}{93.169 + 613.84} = 12.4\%$$

如果标准收益是 10%，计算出来的内部收益率是 12.4%，说明该设备的内部收益率能够超过标准的收益，该设备是可以购买的。

内部收益率法的优缺点：

内部收益率法的优点是能够把项目寿命期内的收益与其投资总额联系起来，指出这个项目的收益率，便于将它同行业基准投资收益率对比，确定这个项目是否值得建设。使用借款进行建设，在借款条件（主要是利率）还不很明确时，内部收益率法可以避开借款条件，先求得内部收益率，作为可以接受借款利率的高限。但内部收益率表现的是比率，不是绝对值，一个内部收益率较低的方案，可能由于其规模较大而有较大的净现值，因而更值得建设。所以在各个方案选比时，必须将内部收益率与净现值结合起来考虑。

第二节　资 金 筹 集

资金的筹集是指企业向企业之外的有关单位和个人、企业内部筹集生产经营所需资金的财务活动。企业的经营活动总是需要一笔本钱，才能将本求利，以本负亏。资金可以是各方投入，也可以是借来的。按照资金的性质，可以将资金分为资本金和负债。

一、资本金

资本金是企业在工商管理部门登记的注册资金。资本金注册登记制度是国家对资本金的筹集、管理和核算及其所有者的责任权利所作的法律规定，明确了产权关系，体现了资本保全的原则，使所有者权益从制度中得到保障，也为企业正确核算盈亏奠定了基础。

二、负债

负债是企业所承担的能以货币计量，需以资产或劳务偿付的债务。负债是企业筹集资金的重要手段。按照偿还期的长短分为流动性负债和非流动性负债。流动性负债是指偿还期在一年或一年以上的一个营业周期内偿还的债务。包括短期借款、应付账款、应付票据、预收账款、应付工资、应缴税费、应付利润、其他应付款等。其特点是周转速度快，成本低，更灵活。非流动性负债是指偿还期在一年以上的债务。包括长期借款、应付债券、长期应付款等。其特点是债务成本是固定的。即如果企业经营利润增加，债权人不能参加盈余分配；但企业经营利润减少时，债权人仍可得到固定的利息收入。债务利息可以计入成本费用，在所得税前扣除；不影响企业的所有权或控制权的比例。长期负债的缺点是要按期偿还利息，如果企业经营状况不佳时，沉重的利息可能导致企业破产。

三、企业筹集资金的要求

企业筹集资金的基本要求是讲求资金筹集的综合经济效益，具体要求是：

1. 合理确定资金的需要量，控制资金投放时间

是根据企业资金需要量和筹资可能性，经过权衡以后确定的，要注意适量性和适时性，从而节约资金和提高资金效益。资金不足，会影响企业的生产经营发展；资金过多，也会使资金使用成本上升。筹集的资金不仅要在数量上符合生产的需要，而且要充分做好投放时间吻合性，保证按时供应资金，提高资金的使用效果。

2. 认真选择筹资来源，力求降低资金成本

企业无论从哪一种渠道筹集资金，都要付出一定代价，包括资金占用费用（借款利息、股息等）和筹集费用（股票发行费，手续费等），企业在筹集资金时应从不同渠道，不同的资金成本中选择资金成本低的渠道取得资金。

3. 适当安排自有资金比例，正确运用负债经营

企业负债经营不仅能够提高自有资金利润率，而且可以缓解自有资金紧张的问题。但是负债比例过高，又会带来较大的财务风险，甚至会由于丧失偿债能力而导致破产。因此，企业在筹集资金时应以自有资金比例为条件，举债适当。

四、企业筹资渠道和筹资方式

（一）筹资渠道是指企业取得资金的来源

企业的资金来源主要包括内源融资和外源融资两个渠道，其中内源融资主要是指企业的自有资金和在生产经营过程中的资金积累部分；外源融资即企业的外

部资金来源部分,主要包括直接融资和间接融资两类方式。

1. 直接融资

是指企业自身或者通过证券公司向金融投资者(即储蓄者)出售股票和债券而获取资金的一种融资方式。这种方式只需借助于一定的金融工具(如股票、债券),并将其作为媒介,直接将最终的出资者和最终的融资者之间的资金桥梁搭建起来,不需要通过银行这种金融机构提供何种承诺、保证。它一般具有以下特点:

(1)直接性　筹资者从投资者手中获取资金,并在两者之间建立直接的融资关系。

(2)长期性　借助于股票和债券这种期限相对较长的金融资产能够较长时间的占用、使用资金。

(3)流通性　在资本市场上,金融投资者可以将已购企业的股票、债券随时进行交易变现。

(4)不可逆转性　仅就股票而言,投资者持有企业的股票后,不能直接要求企业退还其股本,只能借助于资本市场,将其手中所持的股份进行转让。

2. 间接融资

是指企业资金来自于银行、非银行金融机构的贷款等债权融资活动,是最为典型的债务融资。与直接融资相比,这种方式的最大不同是在筹资者与投资者之间存在一个中介机构(银行)。银行在其中提供的是一种中介服务,它以自身的信用作为担保。这种方式的特点有:

(1)间接性　在间接融资过程中,企业是直接从银行获得贷款,而与具体的每个资金供给者并不发生面对面的关系。因而资金供给者与资金需求者之间是一种以银行为中介的间接关系。

(2)短期性　相对于从资本市场上获取资金的使用期限,银行贷款则只能称为中短期融资。

(3)非流通性　目前,企业向银行借款后形成的债务,银行不能够将之像股票、债券那样在证券市场上进行交易,只能仅作为一种抵押品向中央银行借款。

(4)可逆性　银行贷款到期时,必须归还本息,企业必须按照这一规则履行该项义务,否则银行有权对其进行相关处理。

随着技术的进步和生产规模的扩大,单纯依靠内部融资已经很难满足企业的资金需求。外部融资成为企业获取资金的重要方式。

(二)企业筹资方式

筹资方式是指企业筹集资金的具体手段和方法。我国目前的主要筹资方式有:吸收直接投资、发行股票、银行借款、商业信用、发行债券和融资租赁等。筹资渠道与筹资方式之间存在一定的对应关系。一定的筹资方式可能只适用于某一特定的筹资渠道,但同一筹资渠道的资金往往可采用不同的方式去取得。如国家财政资金、银行资金、居民个人资金和外商资金均可采取吸收直接投资、发行股票的方式取得;融资租赁只适用于非银行金融机构等。

1. 吸收直接投资

吸收直接投资是我国企业筹资中最早采用也是最基本的一种方式,也曾是我国国有企业、集体企业、合资或联营企业普遍采用的筹资方式。

吸收直接投资的优点主要是:

①吸收直接投资所筹的资金属于企业的自有资金,与借入资金相比较,它能提高企业的资信和借款能力。

②吸收直接投资不仅可以筹取资金,而且能够直接获得所需的先进设备和技术,与仅筹取现金的筹资方式相比较,它能尽快地形成生产经营能力。

③吸收直接投资的财务风险较低。

吸收直接投资的缺点主要是:

①吸收直接投资通常资金成本较高。

②吸收直接投资由于没有证券为媒介,产权关系有时不够明晰,也不便于产权的交易。

2. 证券融资

证券融资是市场经济融资方式的直接形态,公众直接广泛参与,市场监督最严,要求最高,具有广阔的发展前景。证券融资主要包括股票、债券,并以此为基础进行资本市场运作。与信贷融资不同,证券融资是由众多市场参与者决策,是投资者对投资者、公众对公众的行为,直接受公众及市场风险约束,把未来风险现在就暴露和定价,风险由投资者直接承担。

发行股票是一种资本金融资,投资者对企业利润有要求权,但是所投资金不能收回,投资者所冒风险较大,因此要求的预期收益也比银行高,从这个角度而言,股票融资的资金成本比银行借款高。

股票种类有以下几种:

①按是否记名分为记名股票和不记名股票。

②按票面是否表明金额分为面值股票和无面值股票。

③按股东的权利不同分为普通股票和优先股票。

④股票按发行的对象分为人民币股票(A 股)和人民币特种股票(B 股)。

股票发行价格包括:

①平价发行又称面值发行。

②溢价发行指发行价高于票面价格。

③折价发行指发行价低于票面价格。

发行股票的优点是：

①所筹资金具有永久性，无到期日，没有还本压力。

②一次筹资金额大。

③用款限制相对较松。

④提高企业的知名度，为企业带来良好声誉。

⑤有利于帮助企业建立规范的现代企业制度。特别对于潜力巨大，但风险也很大的科技型企业，通过在创业板发行股票融资，是加快企业发展的一条有效途径。

股票上市不利之处：

①上市的条件过于苛刻。由于中国目前股票市场还处于发展初期，市场容量有限，想上市的各种类型的候选企业又很多，因此上市门槛较高，而每年真正能上市的也就很有限，一些企业很难具备主管部门规定的上市条件。

②上市时间跨度长，竞争激烈，无法满足企业紧迫的融资需求。

③企业要负担较高的信息报道成本，各种信息公开的要求可能会暴露商业秘密。

④企业上市融资必须以出让部分产权作为代价，分散企业控制权，从而出让较高的利润收益。从这个角度讲企业上市并非像有人所说的企业上市没有成本。

债券融资。发行债券的优缺点介于上市和银行借款之间，也是一种实用的融资手段，但关键是选好发债时机。选择发债时机要充分考虑对未来利率的走势预期。

债券种类很多，债券主要类型有：

①国家发行的公债（国债）。

②银行发行的债券（金融债券）。

③企业发行的债券（企业债券）。

国内常见的有企业债券和公司债券以及可转换债券。发行企业债券要求较低，发行公司债券要求则相对严格，只有国有独资公司、上市公司、两个国有投资主体设立的有限责任公司才有发行资格，并且对企业资产负债率以及资本金等都有严格限制。可转换债券只有重点国有企业和上市公司才能够发行，它是一种含期权的衍生金融工具。

采用发行债券的方式进行融资，其好处在于还款期限较长，附加限制少，资金成本也不太高，但手续复杂，对企业要求严格，而且我国债券市场相对清淡，交投不活跃,发行风险大,特别是长期债券,面临的利率风险较大,而又欠缺风险管理的金融工具。

目前对于条件好的企业可以发一些企业债券,因为市场利率比较低,融资成本较低。但是债券相对银行借款而言,还款约束强,要控制好还款风险。

3. 银行借款

信贷融资是间接融资,是市场信用经济的融资方式,它以银行为经营主体,按信贷规则运作,要求资产安全和资金回流,风险取决于资产质量。信贷融资由于责任链条和追索期长,信息不对称,由少数决策者对项目的判断支配大额资金,把风险积累推到将来,信贷融资需要发达的社会信用体系支持。银行借款是企业最常用的融资渠道,对银行来讲,以风险控制为原则,一般不愿冒太大的风险,因为银行借款没有利润要求权,所以对风险大的企业或项目不愿借款,哪怕是有很高的预期利润。相反,实力雄厚、收益或现金流稳定的企业是银行欢迎的贷款对象。

银行借款跟其他融资方式相比,主要不足在于:一是条件苛刻,限制性条款太多,手续过于复杂,费时费力,有时一年也办不下来;二是借款期限相对较短,长期投资很少能贷到款;三是借款额度相对也小,通过银行解决企业发展所需要的全部资金是很难的。特别对于在起步和创业阶段企业,贷款的风险大,是很难获得银行借款的。希望获得银行借款的企业必须要让银行知道企业有足够的资产进行抵押或质押,有明确的用款计划,企业或项目利润来源稳定,有还本付息的能力。

4. 商业信用筹资

商业信用是指商品交易中以延期付款或预收货款方式进行购销活动而形成的与客户之间的借贷关系,是企业之间的直接信用行为。商业信用产生于银行信用之前,而银行信用出现后,商业信用依然存在。随着市场经济的发展,我国商业信用正日益广泛推行,成为企业筹集短期资金的一种方式。商业信用具有如下的优点:筹资便利,限制条件少,有时无筹资成本。其不足之处在于:商业信用的期限较短,如果取得现金折扣,则时间更短;如果放弃现金折扣,则需付出很高的筹资成本。

5. 融资租赁筹资

租赁是出租人将资产租让给承租人使用,按契约合同规定的时间和数额收取租金的业务活动,包括经营性租赁和融资性租赁。经营性租赁是出租人向承租人提供资产使用权,并收取一定租金的服务性业务。融资租赁,又称为金融租赁,是由专门经营租赁业务的企业将专门购入的固定资产出租给承租企业使用,承租企业按合同规定付给出租企业租金的信用业务。融资租赁是由租赁公司按承租单位要求出资购买设备,在较长的契约或合同期内提供给承租单位使用的信用业务。融资租赁的对象是实物,是融资与融物相结合、带有商品销售性质的借贷活动。

　　融资租赁有如下优点:能迅速获得所需资产;租赁筹资限制较少;免遭设备陈旧过时的风险;到期还本负担轻;税收负担轻;可提供一种新资金来源。其主要缺点是资金成本高。承租企业在财务困难时期,支付固定的租金也将构成一项沉重的负担。另外,采用租赁筹资方式如不能享有设备残值,也将视为承租企业的一种机会损失。

第三节　成本控制

　　企业从事生产经营的目的是盈利,实现利润的最大化。对于现在的大部分企业来说,利润微小的同时还要实现快速扩张,不实行低成本运营就难以生存,可谓成本决定存亡。

一、成本及费用的构成

　　1. 成本

　　成本是指为生产制造一定种类和数量的产品而发生的各项费用总和。按照所包含费用内容划分,分为制造成本、工厂成本和完全成本。

　　制造成本是指生产某种产品所负担的直接材料、直接人工和制造费用,是某种产品在制造过程中的各项耗费。

　　工厂成本是指某种产品的制造成本和分摊的应由该产品负担的管理费用和财务费用。现行会计制度规定成本核算采用制造成本法,所以会计成本核算中已不再核算工厂成本。

　　完全成本是指某种产品的制造成本和分摊的应由该产品负担的销售费用、管理费用和财务费用。现行会计制度规定成本核算采用制造成本法,所以会计成本核算中已不再核算完全成本。

　　2. 费用

　　费用是指企业在生产过程中发生的各种耗费。企业在生产中发生的各种耗费的内容是非常复杂的,为满足管理的需要,依据不同标准作出不同的分类。

　　按照经济用途和核算程序划分,分为基本生产费用、辅助生产费用、制造费用、管理费用、财务费用和销售费用。

　　(1)基本生产费用是指直接服务于特定产品的各项费用,包括直接材料、直接工资和其他直接支出。基本生产费用在发生时就直接计入特定产品中。

　　直接材料是指企业生产经营过程中实际消耗的原材料、辅助材料、设备配件、外购半成品、燃料、动力、包装物、低值易耗品及其他直接材料。直接工资是指直接从事产品生产人员的工资、津贴和补贴。其他直接支出是指该产品负担的修理费、劳动保护费、水电费等。

（2）辅助生产费用是指为产品提供某些物质条件的车间所发生的各项费用，包括直接材料、直接工资和其他直接指出。辅助生产费用应当在发生时直接计入特定的辅助生产项目的成本中，再按照一定的标准分配计入基本生产成本中。

（3）制造费用是发生在生产环节中，为多种产品或多种辅助生产项目提供共同服务的各项费用，包括管理人员工资及福利费、生产单位房屋、建筑物、机器设备的折旧费及修理费、机物料消耗、低值易耗品摊销费、取暖费、水电费、办公费、差旅费、运输费、保险费、设计图纸费、试验检验费、劳动保护费、季节性修理费等。应按照一定标准向各个受益对象分配，分别计入各种产品或辅助生产项目的制造成本。

（4）管理费用是指企业行政管理部门为组织管理生产、组织经营活动所发生的各项费用。包括公司经费、工会经费、职工教育经费、劳动保险费、董事会费、咨询费、审计费、诉讼费、排污费、绿化费、税金（包括房产税、车船使用税、印花税、土地使用税）、技术转让费、技术开发费、开办费摊销、业务招待费、坏账损失、存货盘亏等。

（5）财务费用是指企业为筹集资金而发生的各种费用。包括企业生产经营期间发生的利息支出、汇兑净损失、金融机构手续费等。

（6）销售费用是指企业在销售产品、自制半成品和提供劳务过程中发生的各项费用，以及专设销售机构的各项经费。包括由企业负担的运输费、装卸费、包装费、保险费、展览费、租赁费及专设销售机构的日常经费等。

按照费用总额与产销量之间的数量关系划分，分为变动费用和固定费用。

（1）变动费用是指费用总额随着产销量变动成正比例变动的各项费用。如产品消耗的材料费用。

（2）固定费用是指产品在一定数量幅度内，费用总额稳定在一定额度的各项费用；当产销量突破一定幅度时费用总额也会发生变动，但费用总额的变动与产销量的变动不是成正比例的，同时费用总额在这个新的数量幅度内保持稳定状态。

3.成本和费用的关系

成本和费用的表现对象都是企业生产经营活动中物质劳动和活劳动的各种消耗。费用是以企业作为计算对象计算成本，反映企业在一定时期内耗费的数量、内容和水平；成本是以产品为计算对象计算成本，反映一定种类和数量的产品消耗的费用总额、内容和水平。

二、成本预测

成本预测是根据历史成本资料和影响成本的各种技术经济因素，采用科学的方法,对未来一定时期的成本水平及其发展趋势进行预计和测算。目的是为编制成本计划、挖掘成本降低的潜力提供依据,是提高经济效益的重要途径。成本预测常用的方法有高低点法、回归分析法、作业成本法等。

(一)作业成本法

广义的作业是指产品制造过程中的一切经济活动。这些经济活动事项,有的会发生成本;有的不会发生成本;有的能创造附加价值,即增值作业,有的不能创造附加价值,即非增值作业。因为我们的目的是计算产品成本,因此只考虑会发生成本的作业;而从管理角度出发,无附加价值的作业要尽量剔除。所以,作业成本法的作业是指能产生附加价值,并会发生成本的经济活动,即狭义的作业。

作业价值链,简称价值链,是指企业为了满足顾客需要而建立的一系列有序的作业及其价值的集合体。作业成本法在计算产品成本的同时,确定了产品与成本之间具有因果联系的结构体系,它是由诸多作业构成的链条,表示为:产品的研究与开发→产品设计→产品生产→营销配送→售后服务。通过作业价值链的分析,能够明确各项作业,并计算最终产品增值的程度。

成本动因理论认为:作业是由组织内消耗资源的某种活动或事项。作业是由产品引起的,而作业又引起资源的消耗;成本是由隐藏其后的某种推动力引起的。这种隐藏在成本之后的推动力就是成本动因。或者说,成本动因就是引起成本发生的因素。

作业成本法的计算:作业成本法在计算产品成本时,以作业为核算对象,首先根据作业对资源的消耗情况将资源的成本分配到作业,再由作业依成本动因追踪到产品成本的形成和积累过程,由此而得出最终产品成本。计算过程可归纳为以下几个步骤:

(1)直接成本费用的归集　直接成本包括直接材料、直接人工及其他直接费用,直接材料通常在生产成本中占有较大的比重,它计算的正确与否,对于产品成本的高低和成本的正确性有很大影响。为了加强控制、促进节约、保证费用归集的正确性,直接材料从数量到价格等各个方面,都必须按成本核算的原则和要求,认真对待。直接人工是直接用于产品生产而发生的人工费用。

(2)作业的鉴定　分析确定构成企业作业链的具体作业,这些作业受业务量而不是产出量的影响。作业的确定是作业成本信息系统成功运行的前提条件。作业划分得当,能确保作业成本信息系统的正确度与可操作性。

(3)成本库费用的归集　在确定了企业的作业划分之后,就需要以作业为对象,根据作业消耗资源的情况,归集各作业发生的各种费用,并把每个作业发生的费用集合分别列作一个成本库。

（4）成本动因的确定 成本动因即为引起成本发生的因素。为各成本库确定合适的成本动因,是作业成本法成本库费用分配的关键。在通常的情况下,一个成本库有几个成本动因,有的成本动因与成本库费用之间存在弱线性相关性,有的成本动因与成本库费用之间存在着强线性关系;这一步的关键就在于为每一成本库选择一个与成本库费用存在强线性关系的成本动因。

（5）成本动因费率计算 成本动因费率是指单位成本动因所引起的制造费用的数量。成本动因费率的计算用下式表示:

$$成本动因费率 = \frac{成本库费用}{成本库动因总量}$$

（6）成本库费用的分配 计算出成本动因费率后,根据各产品消耗各成本库的成本动因数量进行成本库费用的分配,每种产品从各成本库中分配所得的费用之和,即为每种产品的费用分配额。

（7）产品成本的计算 生产产品的总成本即生产产品所发生的直接成本与制造费用之和:

$$总成本 = 直接材料 + 直接人工 + 制造费用$$

作业成本法不仅用于成本核算,还应用于企业管理中的其他领域。如库存估价、产品定价、制造或采购决策、预算、产品设计、业绩评价及客户盈利性分析等方面。

（二）高低点法

高低点法是以历史成本资料中产品产量最高年份和最低年份的成本数据为代表,测算产品成本中的固定成本和变动成本,以及计划年度一定产量下的总成本水平。其计算步骤如下:

（1）根据历史资料选择产量最高年份的成本和最低年份的成本。

（2）计算单位变动成本(b)

$$b = \frac{产量最高年份的总成本 - 产量最低年份的总成本}{产量最高年份的产量 - 产量最低年份的产量}$$

（3）计算固定成本(a)

$$a = y - bx$$

（4）根据计划年度的产量测算计划年度产品总成本和单位成本。

【例 3-6】某园林公司的历史成本资料如表 3-3 所示。

表 3-3　历史成本资料表

项　目	年　份				
	2002 年	2003 年	2004 年	2005 年	2006 年
产量（件）	120	180	200	240	230
总成本（元）	13 000	17 600	18 100	20 680	20 060

该园林公司 2007 年计划产量为 250 件，预测 2007 年的总成本和单位成本。

$$单位变动成本(b)=\frac{20\ 680-13\ 000}{240-120}=64(元)$$

$$固定成本(a)=20\ 680-64\times240=5\ 320(元)$$

$$2007\ 年预计总成本(y)=5\ 320+64\times250=21\ 320(元)$$

$$2007\ 年预计单位成本=21\ 320\div250=85.28(元)$$

三、成本费用计划

成本费用计划是在预测的基础上，以货币形式规定企业计划期内产品成本的耗费水平和降低产品成本总目标的措施方案。成本计划是组织动员全员职工厉行节约，降低产品成本，对生产耗费进行指导、监督、控制和评价的重要依据，是实现利润计划的重要保障。

成本费用计划包括制造成本计划和期间费用预算。制造成本计划主要包括主要产品单位成本计划、全部产品制造成本计划和制造费用预算；其间费用计划包括管理费用预算、财务费用预算和销售费用预算。编制成本费用的程序如下。

（1）目标成本的确定　目标成本是企业在成本预测的基础上，根据预测利润目标要求进行确定的，是企业在计划期内应达到的水平，是企业成本管理工作的奋斗目标。

（2）收集和整理资料　拥有详尽、全面的资料是编制成本费用计划的基础。与其相关的资料有计划期内企业的经营决策、生产物资供应、劳动工资和技术措施等计划；原材料、工资、费用等各项定额；各部门预算；上年实际成本费用资料；国内外同类产品、同类企业的成本资料；目标利润等。

（3）分析上年成本费用计划完成情况　分析上年成本费用计划完成情况是为了总结上期计划执行过程中存在的问题和经验，查明原因，找出差距，提出改进的措施。

（4）预测计划年度成本费用降低指标　在对上年成本费用分析研究的基础上，根据计划年度影响成本费用因素的变动情况，测算计划年度成本费用降低幅度，在将测算结果与企业确定的目标利润和目标成本进行比较,反复试算平衡,保证成本降低指标切实可行。

(5)编制成本费用计划 根据企业生产规模大小、核算体制和管理需求的不同,可以采取不同的方法编制成本费用计划。在小型企业,一般由财务部门直接编制,财务部门根据目标成本的要求,按计入产品成本的直接费用和间接费用,分产品编制出单位成本计划,然后加以汇总,编制出全部产品总成本计划。在大中型企业,分为多级核算,一般从最基础的生产部门开始编制成本计划,然后汇总编制整个企业的成本计划。

四、成本控制

成本控制是指在生产经营过程中,通过对成本费用形成的监督和及时纠正发生的偏差,使成本费用控制在计划目标范围内。

(一)建立健全的成本控制体系

1.战略目标指导成本控制目标

成本控制的目的是为了不断地降低成本,获取更大的利润,所以,制定目标成本时首先要考虑企业的赢利目标,同时又要考虑有竞争力的销售价格。应对成本形成的生产过程,费用发生的每一个环节进行控制。

各个部门以营销目标为导向,对任务在时间、成本、性能每个环节进行分解分析,对比成本与收益。对每个任务所需要的费用进行合理预算。同时对产生的收益进行估算。

对企业存在于某一行业价值链进行分析,改善价值的纵向联系也可以使企业与其上、下游和渠道企业共同降低成本,提高整体竞争优势。竞争对手的价值链和本企业价值链在行业价值链中处于平行位置,通过对竞争对手价值链的分析,可以测算出竞争对手的成本。然后,自己企业与之相比较,就找出了与竞争对手在任务活动上的差异,扬长避短,争取成本优势。

2.明确各部门的成本目标

实行"全员成本管理"的方法。将测算出的各项费用的最高限额横向分解落实到各部门,纵向分解落实到小组与个人,并与奖惩挂钩,使责、权、利统一,最终在整个企业内形成纵横交错的目标成本管理体系。

3.建立健全成本信息系统

固定资产折旧、原料采购、利息、销售费用等都由财务部门按时汇总出一份数字清单后发到管理者的手中,超支和异常的数据应要求相关部门做出解释,及时纠正。

4. 建立严格的费用开支审批制度

企业领导人对成本费用的控制负完全责任,领导部门必须统一成本管理制度,统一组织成本费用核算。

(二)成本费用控制内容

1. 材料费用的日常控制

材料费用的日常控制,主要是根据生产计划和有关技术经济定额控制材料的消耗。各种主要材料一般分车间、分产品、分零件制定消耗定额。材料消耗定额的制定和修改是由企业的技术部门负责制定,财会部门应提供消耗定额的执行情况的资料,并按照成本费用计划的要求,提出降低材料消耗定额的建议。材料消耗定额的执行主要由供应部门和生产部门负责。

车间施工员和技术检查员要监督按图纸、工艺、工装要求进行操作,实行首件检查,防止成批报废。车间设备员要按工艺规程规定的要求监督设备维修和使用情况,不合要求不能开工生产。供应部门材料员要按规定的品种、规格、材质实行限额发料,监督领料、补料、退料等制度的执行。生产调度人员要控制生产批量,合理下料,合理投料,监督计量标准的执行。车间材料费的日常控制,一般由车间材料核算员负责,它要经常收集材料,分析对比,追踪原因,并会同有关部门和人员提出改进措施。

2. 直接工资费用的日常控制

直接工资费用的控制主要是根据先进合理的劳动定额,编制定员控制工资总额,提高劳动生产率。劳动定额是指在单位时间内应生产多少产品,或者是规定生产单位产品应消耗的时间。编制定员是规定企业完成一定的生产任务必须配备的各类人员的数量。工资费用应由企业劳动工资部门管理,生产调度人员要监督企业作业计划的合理安排,要合理投产、合理派工、控制窝工、停工、加班、加点等。劳资员对生产现场的工时定额、出勤率、工时利用率、劳动组织的调整、奖金、津贴等的监督和控制。对上述有关指标负责控制和核算,分析偏差,寻找原因。

3. 间接费用的日常控制

间接费用主要包括制造费用、管理费用、营业费用、财务费用。企业应按照行业财务制度的要求,正确确定费用的开支范围和开支标准,然后按照费用的性质和可控原则,归口到有关单位。制造费用应由各车间管理,管理费用、营业费用、财务费用应归各职能部门管理,各职能部门还应将各分管的费用指标按发生地点分解到车间、班组、个人等。间接费用的项目很多,发生的情况各异。有定额的按定额控制,没有定额的按各项费用预算进行控制,如采用费用开支手册、企业内费用券等形式来实行控制。各个部门、车间、班组分别由有关人员负责控制和监督,并提出改进意见。

上述各项成本费用的日常控制,不仅要有专人负责和监督,而且要使费用发生的执行者实行自我控制。还应当在责任制中加以规定。这样才能调动全体职工的积极性,使成本的日常控制有群众基础。

第四节　流动资产管理

一、流动资产概述

流动资产是企业在生产经营或者业务活动中参加循环、周转并不断改变其形态的资产。包括货币资金、应收账款、预付账款和存货。货币资金是指企业在生产经营中停留在货币状态的流动资金,包括现金、银行存款和其他货币资金,其他货币资金是指企业的外埠存款、信用卡存款、银行本票存款和银行汇票存款。

应收账款、预付账款是指企业在生产经营过程中,由于资金结算上的原因和市场经济活动的需要等原因而占用的各种应收、预付的款项。应收账款是企业对外销售产品、材料、提供劳务等原因应向购货单位收取的款项。预付账款是企业预先支付给供货单位的货款。

存货是企业在生产经营过程中为生产产品或销售而储备的物资。包括原材料、产成品、低值易耗品、包装物等。

流动资产的特点是流动性大,周转期短,并且不断地改变其形态,随着资金的周转循环不断地改变其价值。流动资产可以在一年或一个生产经营周期内发挥作用,如原材料投入生产后转为产品,产品销售后变为货币资金。所以,流动资产形态多变,消耗和补偿期短。流动资产从一种形态转化为另一种形态在空间上的分布并存于生产经营的各个阶段上,同时,流动资产按照生产顺序从一个过程过渡到另一个过程是彼此相继地、连续地进行转化,从而实现流动资金的周转,这就是流动资金的并存性和继起性,它们互为条件、互相制约,共同影响流动资产的使用情况。企业的流动资产周转速度快,就能减少流动资金的占用情况,从加速周转中增加其收入,取得经济效益。所以流动资金在各个阶段的流动状态,标志着企业的经营管理水平和经济效益。

二、流动资产管理的原则和任务

(一)流动资产管理的原则

(1)以市场为导向,满足企业生产和流通的需要　企业在流动资金的管理中,必须参与市场的竞争,利用市场信息,预测流动资金的需求数量和金额,做出正确的决策,提高经营优势和竞争能力。

(2)加强经济核算,促进企业增加积累　对流动资金的管理要充分考虑使用成本和使用效果,树立货币时间价值观念,加速资金周转速度,获取更多的利润。

(3)利用现代管理技术,加强科学化管理　现代管理技术层出不穷,推动企业的管理水平的提高,运用现代的管理技术会迅速传递资金信息,加速流动资金的周转。

(4)建立经营管理责任制,将责权利紧密结合在一起　将流动资金管理的各项指标逐项分解,层层落实,并按考核标准,将考核结果与奖惩措施结合起来,形成完善的流动资金管理体系,推动企业发展。

(二)流动资金管理任务

(1)科学合理筹集资金,保证企业生产活动正常进行　应根据市场的动态,资金运动的规律和企业对流动资金的需要科学合理地筹集资金,保证企业生产活动对流动资金的需要。

(2)遵守国家财经法律,保障国家和集体的利益　企业在经营活动中必须遵守国家的法律和制度,严禁偷税等违法乱纪行为,保障国家和集体的利益不受损失,保护企业的合法收入。

(3)降低资金成本,提高资金的使用效益　通过科学的核算,尽可能地使用成本最低的流动资金,实行精打细算,节约使用,缩短周转时间,提高经济效益。

(4)保障投资人的合法权益,使资本保值增值　企业不能随意减少资本或转移资本,保证资本权益不受侵犯;保证国有资产不流失。

三、货币资金的管理

(一)货币资金管理概述

货币资金管理的主要目的是保证企业生产经营所需现金的同时,节约使用货币资金,并从闲置的货币资金中获得最多的利息收入。货币资金管理一方面要满足企业生产经营的需要;另一方面尽可能地减少货币资金的闲置数量,这两方面是矛盾的。有效的货币资金管理就是要把相互排斥的两个方面有机地结合起来,在不影响企业生产经营正常进行的前提下,将货币资金持有量降到合理的限度。

　　企业持有货币资金是为了满足企业的交易性需求、预防性需求、投机性需求和补偿性需求。

　　交易性需求是满足日常业务中货币资金的支付的需要。企业每天都会有收支,但收支额难以相等,所以企业必须保留适当的货币资金,才能使业务正常开展。预防性需求是应付意外事件留存的货币资金。如果遇到自然灾害、生产事故、主要顾客未能够及时付款等都可能使企业的收支平衡打破,这部分留存资金就会使企业更好地应付意外事故的发生。投机性需求是将留存的货币资金用于不寻常的购买机会。如原材料减价时大批量地买入或适当时机购入收益较高的债券等,这样,企业可以及时把握稍纵即逝的获利机会。补偿性需求是企业按照金融机构的有关规定在存款账户中保留的最低存款数额。

(二)提高现金使用效率的途径

　　提高现金使用效率的途径有两条:一条是加快收款速度,一条是严格控制现金支出。

　　1.现金的加速回收

　　企业加速回收现金不仅是让顾客早付款,而且还要使这些款项转化为企业可支配的现金。现金收款的快慢取决于客户、银行地理位置和企业收款的效率。所以,企业可以采取的措施有集中银行法和锁箱法。集中银行法是指企业可以在收款比较集中的若干地方设置收款中心,方便客户交送货款。锁箱法,是指承租多个邮箱,缩短客户送存货款的路程和时间。

　　2.严格控制现金支出

　　严格控制现金支出可以采取的措施有:

　　合理使用现金附游量。现金附游量是指企业提高收款效率和延长付款时间所产生的企业账户余额和银行存款余额之间的差额。企业开出支票,收票人拿到支票并存入银行,银行将款项划出企业账户,这中间需要一段时间,此时企业现金账户与可用余额之间存在的差额企业可以利用,但是,一定要控制好时间,否则会发生银行透支。

　　推迟应付款的支付。企业在不影响信誉的情况下,尽可能推迟应付款的支付期,充分利用供货商提供的信用优惠,在信用的最后一天支付款项。

　　用汇票代替支票。汇票分为商业承兑汇票和银行承兑汇票,汇票不是见票付款,收款人或持票人将票据提交给银行收款时,签发企业才将款项存入银行,企业达到了推迟付款的目的。

　　企业应尽可能使现金流出和流入同步,这样,就可以降低交易性现金余额,同时减少有价证券转换为现金的次数,提高现金使用效率,节约转换成本。

3. 制定最佳现金余额

最佳现金余额是指企业所持有的现金数额是最为有利的数额,即是成本最低时的最佳货币持有量。确定现金余额的方法有成本分析法、存货分析法和随机分析法等。这里主要讲解存货分析法。

(1)存货分析法的假设 假设收入是每隔一段时间发生的,而支出则是在一个时期均匀发生的。这时,获得现金的方法是销售有价证券,于是会发生两方面的成本,一个是持有现金所放弃的报酬,即持有现金的机会成本,通常是有价证券的利息率,假设它与现金余额成正比例变化;另一个是现金与有价证券转换成本,如经纪人费用等交易成本。假设这种成本只与交易次数有关,与持有现金的金额无关。这时,现金余额越大,持有现金成本越高,转换成本越小;如持有现金余额小,则持有现金机会成本降低,而转换成本上升。

(2)最佳现金余额的计算 最佳现金余额是根据货币置存成本和交易成本的变化关系分析求得。企业货币资金不足时,就要将一部分有价证券变为现金,这时就会丧失这部分资金的投资收益,即增加置存成本;如果减少置存成本。则必然加大有价证券的变现次数,因而增加交易成本,两者呈相反方向,要达到交易成本和置存成本为最低,就可以通过存货经济批量分析模型计算最佳现金余额。计算公式为:

$$N = \sqrt{\frac{2Tb}{i}}$$

式中:N 为现金余额;T 为给定时间内的现金需求总额;b 为每次转换的固定成本;i 为现金的机会成本(有价证券利息率)。

【例3-7】某企业预计1个月内生产经营所需货币资金为 50 000 元,打算用出售有价证券方式取得,有价证券每次变现的费用为 10 元,利息率为 1‰,则

$$N = \sqrt{\frac{2Tb}{i}} = \sqrt{\frac{2 \times 50\ 000 \times 10}{1\%}} = 100(元)$$

通过计算说明最佳现金余额为 100 元,这是理论推测,运用此模式时应结合实际灵活应用。

四、应收账款的管理

1. 应收账款的作用和风险

应收账款是企业因销售产品或提供劳务所形成的一项资产。由于种种原因,企业商品造成积压,这时就需要采取优惠的信用条件进行销售,减少存货,降低费

用开支,企业往往会采取赊销的方法,使对方提前获得商品、物资;为了及时组织货源也会预付货款,获得市场优势,提高市场占有率。企业占用在应收账款上的资金越大,时间越长,企业整体资金利用率就越低。因为应收账款一般是不产生受益或受益很低的资产。如果应收账款被长期拖欠,形成大批坏账,会对企业造成致命的打击。

2.应收账款的管理目标

应收账款是企业为扩大销售、增强产品竞争能力所做的投资,投资必然发生成本,所以应收账款的管理目标就是在投资收益与成本之间进行权衡,采取各种防范措施,增加收益,降低成本。

3.应收账款的信用政策

企业对应收账款管理的基本措施主要由信用分析、信用条件和收账政策等组成。

(1)信用分析　企业对赊销的客户应该做好信用调查工作,许多信用调研机构会定期发布有关企业的信用等级,许多银行也有为顾客做信用调查的服务。西方企业常常采用5C评估法。其主要内容是:

品德(Character):是指客户履行偿还债务时的品德和可能性。

能力(Capacity):是指客户经营状况和经营规模,判断其偿债的能力。

资本(Capital):是指客户的财务实力、总资产和股东权益大小。

抵押品(Collateral):是指提供作为担保的资产。

条件(Condition):是指客户的经济状况和变化对偿债能力的影响。

企业进行上述评价后,基本对客户的综合信用品质有了了解,对综合评价高的客户企业可以放宽标准,对综合评价低的客户就要严格信用标准,以保证企业的安全性。

(2)信用条件　包括信用期限和现金折扣。信用条件决定取决于信用调查和成本计算的结果。如经调查,客户的信用符合赊销,成本较低,可以给予较长的信用期限,如成本大于收益,就要考虑减少赊销期限或用现金折扣的方法。现金折扣是指企业对外销售产品时,对在规定的赊销信用期限内买方提前支付的现金货款而给予的折扣。如10天内付款可享受3%的折扣等。

(3)收账政策　企业对应收账款应制定合理的催收程序,一般的程序是信函通知、电话催收、派员催收和法律手段。企业采取什么程序应结合企业和客户之间的具体情况,采用对企业有利的政策。

五、存货的管理

(一)存货管理目标

存货是企业在生产经营中为销售或生产耗用而储备的各种物资,包括商品、产成品、燃料、包装物、低值易耗品等。企业存货管理主要是为了解决购料与生产过程不配合的困难,企业生产和销售是一个动态过程,必须随着市场对产品的要求变化而变化,如果生产一时扩大而原材料供应不上,则会使生产中断;若市场销售量增加而企业无产成品库存,则会影响企业的销售声誉。存货管理就是进行周密而完善的计划使原材料、零部件的供应和生产过程完全衔接并及时满足市场对产品的需求。

(二)存货成本

存货成本分为3部分:

1. 存货采购成本

存货采购成本按照采购环节分为订货成本和采购成本。订货成本是企业向供应方订货时发生的手续费、差旅费、邮电费等支出。订货成本中有一部分与订货次数无关,称为订货的固定成本,如常设采购机构的日常开销。另外一部分与订货次数有关,称为订货的变动成本,如差旅费、邮电费等。在需求量一定的情况下,订货次数越多,订货总成本就越高;反之,则降低。采购成本是企业采购存货时发生的买价、运杂费等开支,它与采购数量成正比,单位采购成本不受采购数量的影响。

2. 储存成本

储存成本是企业在保存存货时发生的仓库费用、保险费用、资金占用费用、变质等费用,其中一部分与储存数量无关的成本是储存固定成本,如仓库费用。另外一部分与储存数量有关的成本是变动成本,如保险费用。

3. 存货短缺成本

存货短缺成本是企业由于存货供应中断而造成的损失,包括停工待料损失、企业紧急购料损失等。

(三)存货管理方法

1. ABC分类法

这种方法是将存货划分为3个等级加以管理,是意大利经济学家帕雷托于19世纪首创的,经过不断完善和发展,现在广泛用于存货管理、成本管理和生产管理。企业的存货品种多,价格相差悬殊时,如果同样对待,就难以管好。ABC分类法就是按照各种存货的成本金额、重要程度划分为A,B,C 3类,A类存货数量占全部存货的10%左右,所占金额是全部存货的70%左右,是最重要的存货,应重点规划和控制。

对存货的收、发、存进行详细的记录,定期盘点;对采购、保存、使用中存在的问题应及时分析原因,改进措施;B类存货数量占全部存货的20%左右,所占金额是全部存货的20%左右,是一般存货,应进行次重点规划和控制,制定定额,对出现的问题进行概括性检查;C类存货数量占全部存货的60%左右,所占金额是全部存货的10%左右,是不重要的存货,只进行一般规划和控制,采用集中管理方式。

2.制定订货点

订货点是指在订购下一批存货时,本批存货必须保持的存货量。确定订货点应考虑订货的间隔日数(T),即平时从发出订单到所定货物运达仓库花费的时间。每日平均销售量(N)和最低存货量(S),表示的公式是:

$$订货点(R)=NT+S$$

【例3-8】设某企业生产需用甲材料,该种材料的订货提前期为5天,维持生产活动每日所需甲材料为200 kg。为防止缺货,该企业按2天的正常耗用量设立安全储备。要求:计算甲材料的再订货点。

根据资料:

$$安全储备量=2×200=400(kg)$$
$$再订货点(R)=200×5+400=1\ 400(kg)$$

3.经济订货批量

经济订货批量是企业在一定时期内,存货的储存成本和订货成本达到最低水平的采购批量。订货成本与采购批量成反比,储存成本与采购量成正比,这两者之间是互为消长,相互起落。如果企业定购批量大,储存数量越多,储存成本就越高,订货成本相应下降;如果订货批量减少,订货成本上升,储存成本减少。经济订货批量就是这两种成本合计数最小的订购批量。

存货经济进货批量基本模式:

在不允许出现缺货的情况下,进货成本与储存成本总和最低时的进货批量,就是经济订货批量。其计算公式为:

$$经济进货批量(Q)=\sqrt{\frac{2AB}{C}}$$

$$经济进货批量的存货相关总成本(TC)=\sqrt{2ABC}$$

$$经济进货批量平均占用资金(W)=\frac{PQ}{2}=P\sqrt{\frac{AB}{2C}}$$

$$年度最佳进货批次(N)=\frac{A}{Q}=\sqrt{\frac{AC}{2B}}$$

式中：Q 为经济进货批量；A 为某种存货年度计划进货总量；B 为平均每次进货费用；C 为单位存货年度单位储存成本；P 为进货单价。

实行销售折扣的经济进货批量模式：

在市场经济条件下，供应商为了扩大销售，通常采用销售折扣的方式进行销售，即规定当一次采购量达到一定数额时给予购货方一定的几个优惠。在供货方提供销售折扣条件下，若每次进货数量达到供货方的进货批量要求，可以降低进货成本。进货批量越大，可利用的折扣就越多。

存货相关总成本的计算公式为：

存货相关总成本＝存货进价＋相关进货费用＋相关储存成本

其中，　　　　　　　　　存货进价＝进货数量×进货单价

实行销售折扣的经济进货批量具体确定步骤如下：

第 1 步，按照基本经济进货批量模式确定经济进货批量；

第 2 步，计算按经济进货批量进货时的存货相关总成本；

第 3 步，计算按给予数量折扣的不同批量进货时，计算存货相关总成本；

第 4 步，比较不同批量进货时的存货相关总成本。此时最佳进货批量，就是使存货相关总成本最低的进货批量。

允许缺货时的经济进货模式：

允许缺货的情况下，企业对经济进货批量的确定，不仅要考虑进货费用与储存成本，而且还必须对可能的缺货成本加以考虑，能够使三项成本总和最低的进货批量便是经济进货批量。

允许缺货时的经济进货批量：

$$Q=\sqrt{\frac{2AB}{C}\times\frac{C+R}{R}}$$

$$S=Q\times\frac{C}{C+R}$$

式中：S 为缺货量；R 为单位缺货成本；其他符号同上。

第五节　固定资产管理

一、固定资产概述

固定资产是指使用期限较长，单位价值在规定标准以上，并在使用过程中始终

保持其原有形态的资产。企业为了保证生产的顺利进行,必须有一定物质技术基础,固定资产是企业的主要劳动资料,与其他生产物资相比,具有的特点是:

(1)使用期限长　固定资产可以多次参加生产经营过程,使用时间比较长,在使用过程中其形态不会改变。

(2)固定资产的价值一部分以货币形式存在,另一部分是以实物形式存在　固定资产在生产经营过程中会不断发生磨损,其磨损的价值一部分以折旧的形式逐渐转移到产品成本中去,随着产品销售的实现而转化为货币资金,这样,留存在实物形态的价值会不断减少,直到固定资产报废更新。

(3)固定资产的资金周转时间与使用年限同步　固定资产的使用年限是从购置到更新的这段时间。固定资产占用的资金只有在固定资产实物进行更新时才能得到充分补偿。

企业对固定资产进行管理的目的是能够使固定资产经常处于良好的技术状况,提高产品的产量和质量,节约成本;改善工作环境,防止人身事故的发生,提高经济效益。

二、固定资产管理的内容

固定资产的管理是从购置、运输、安装、验收、使用、维护、改造和报废全过程的综合管理,主要内容有:

(1)固定资产的选择、购置管理　应根据技术先进、经济合理、生产上适用的原则,选择购置固定资产,进行多项论证,选择最佳方案。

(2)固定资产的使用、维护管理　针对固定资产的不同特点,合理安排生产任务,减轻固定资产的磨损,延长使用寿命,减少闲置,提高使用效率;合理制定维修计划,采用先进的检修技术并组织实施。

(3)固定资产的改造、更新管理　结合企业的经营规模、产品品种、质量和企业发展方向,有计划有重点地对现有的固定资产进行改造和更新。

三、固定资产的选择和使用

(一)固定资产的选择

1.固定资产的选择时应考虑因素

作为企业内部的一项投资活动,固定资产的选择时应考虑因素有:

(1)生产效率性　固定资产的生产效率是以单位时间内的产品数量来表示的。企业应尽可能地选择生产效率高的固定资产。

(2)生产可靠性　在规定的使用条件下,安全、无故障的保障程度高的固定资产是企业的首选。

（3）标准化程度高　固定资产的标准化程度高,通用性强就意味着配件组合合理,易于拆卸,易于检修,互换性强,维修较容易。

（4）耗能低　耗能低一方面是能源利用率高、能耗少；另一方面是节约原材料的性能高。所以,企业应选择能源消耗低,原材料加工利用高的固定资产。

（5）安全性能高　是指固定资产在生产运行中如遇到操作失误或过载等问题时的保障能力。

（6）环保性　在噪声、排放物对环境的污染程度要符合卫生标准的要求。

（7）适应性能高　固定资产能够适合企业的生产环境、原材料、产品的操作条件等的变化。

以上各个要素之间有一定的矛盾,在选择固定资产时应统筹兼顾,权衡利弊,综合评价,不同的企业可以有不同的侧重。

2.固定资产的选择时方法

在选择固定资产时,除了满足技术要求,还要讲究经济效果,对固定资产的经济效果的评价方法一般有费用效率法、投资回收期法、费用比较法、净现值法等。

（1）费用效率法是指固定资产的单位寿命周期费用所提供的综合效果。计算公式为：

$$费用效率 = \frac{固定资产综合效率}{寿命周期费用}$$

寿命周期费用是由固定资产的购置费用和维持费用组成,购置费用是固定资产投入使用之前所发生的全部费用；维持费用是固定资产交付使用后,在使用期间发生的全部费用,如维修费、保险费、能源消耗费等。固定资产总和效率是指在使用期间的总输出,包括产量、质量、成本、交货期、安全性和人际关系等。

费用效率能够反映出固定资产的经济效果,如果费用效率高,说明该项固定资产的经济性好。

（2）费用比较法　是指对于技术性能相似,收益也基本相同的固定资产,可以将最初的购置费用和使用后的维持费用相加在一起进行比较评价。计算公式为：

$$寿命周期总费用 = 最初购置费 + （每年维持费 \times 资金现值系数）$$

投资回收期法、净现值法在前面已经讲解过,这里不再介绍。

（二）固定资产的使用管理

固定资产的经济效果不仅取决于本身的质量,还与使用是否得当有关。科学正确地使用固定资产,能够延长使用寿命,减少事故的发生,提高利用率,节省维修费用,降低产品成本。如果乱用、滥用固定资产,将会增大磨损,增加故障的发生率,造成重大事故,增加产品成本。科学、合理使用固定资产应注意的事项有:

(1)按照固定资产的使用地点实行分级管理　将各类固定资产分别交给企业内部各单位掌握使用,建立各使用单位的保管责任制,严格执行各项财产管理制度,搞好日常管理,保障固定资产完整无缺,并发挥其效能。

(2)合理安排生产任务　结合企业自身的生产特点,配备适合的固定资产,并根据各种固定资产的性能、结构和技术经济特点,恰当地安排生产任务,避免乱用、滥用。

(3)配备合格的操作人员　对操作人员一定要进行培训和技术考核,要求操作者熟悉并掌握固定资产的性能、结构、工艺和加工范围,严格执行持证上岗制度。

(4)建设良好的工作环境　企业应按照设计说明书的要求,建设必须的工作环境,配备必需的监测和安保装置,保证固定资产的正常运行。

四、固定资产的维护和更新

(一)固定资产的维护

固定资产无论是使用或者是闲置,都会发生损耗。损耗分为有形损耗和无形损耗,有形损耗又分为自然损耗和使用损耗,自然损耗是由自然力的作用而丧失的生产力;使用损耗是在使用中由于摩擦、疲劳等原因而造成的磨损;无形损耗是由于科学技术的进步导致固定资产的贬值。固定资产在使用中的损耗是有一定规律的。在固定资产使用的初期,表面粗糙不平的部分会被磨损,因此看起来磨损较快,但时间较短。经过这段时间后,固定资产的表面会形成适宜的光洁度,在合适的工作环境下,损耗发展的速度较慢。当固定资产的磨损超过一定限度时,接触状况恶化,磨损的速度加快,固定资产的技术性能显著下降,故障发生率高。企业可以通过日常的检查和分析,掌握固定资产的损耗规律,在不同的阶段进行适宜的修理,延长使用时间,提高使用效率。

固定资产的维护内容主要有清洁、润滑、紧固、调整、防腐等。按照工作量的大小和难易程度可以分为:日常保养,操作工每班必须作的惯例保养;一级保养,主要是对重点部位进行拆卸清理、调整间隙等;二级保养,是进行局部解体、修复或更换零件,以恢复主要精度、校正基准坐标等。维护保养可以减轻损耗,但不能消除损耗,还需要通过修理恢复固定资产的原有机能。企业固定资产修理应正确地编制修理计划,这样就可以统筹安排设备的修理与生产,合理地使用维修力量,提高修理质量,缩短修理时间。按照计划期的长短,可以将修理计划分为:年度修理计划,是指对全年修理任务的总体安排,包括修理计划内容、修理数量和修理时间。季度修理计划,是指根据固定资产的技术状态和工作情况的变化,对年度计划中规定的任务做出进一步的调整和落实。月度修理计划,是指根据季度修理计划,对修理工作进行详细的安排。

(二)固定资产的更新

当固定资产使用一段时间后,修理已经无法恢复其原有的机能,而且故障率上升,可靠性降低。解决问题的途径就是对固定资产进行更新。

固定资产除了有形磨损和无形磨损,还具有物资寿命、经济寿命、技术寿命3种寿命形态。固定资产的物资寿命是开始投入使用到老化、坏损、直至报废所经历的时间。正确使用,合理保养,可以延长使用时间。经济寿命是指固定资产的使用费用限额决定的使用时间。如果使用费用大量增加,在经济上已经不合算,这时固定资产在尚可使用的情况下就应提前报废。技术寿命是指开始投入使用直到技术落后而被淘汰为止的这段时间。

固定资产更新的最佳时间的确定一般是按照经济寿命的原理来计算。下面介绍低劣化数值法。

假设固定资产的原值为 S,残值为 L 当用到第 n 年时,则每年分摊的原值为 $(S-L)/n$。随着使用年限的增加,均摊到每年的原值不断减少,但是随着使用时间的延长,有形磨损和无形磨损越来越严重,维护费用及燃料、动力消耗等费用增加,这就是固定资产的低劣化。如果这种低劣化每年以 e 的数值增加,第 n 年的低劣化数值为 en,n 年中年均低劣化数值为 $en/2$,每年的总费用为以上两项费用之合,即平均每年的费用总和为:

$$Y = \frac{e}{2}n + \frac{S-L}{n}$$

将公式整理,得到最佳更新期为:

$$n = \sqrt{2(S-L)/e}$$

【例 3-9】某项固定资产的原值为 72 000 元,每年低劣化增加值为 4 000 元,残值为 1 000 元,求其经济寿命。

$$n = \sqrt{2 \times (72\,000 - 1\,000 / 4\,000)} = 6(年)$$

第六节　财务报告和财务评价

财务报告是会计工作的直接结果,是向投资者、管理者、信贷者等财务信息使用者提供准确、及时的财务信息的工具。财务报告包括资产负债表、利润表、现金流量表及附注。资产负债表是按照"资产＝负债＋所有者权益"会计恒等式进行编制。报表的左边按照资产流动性的强弱从上至下排列；报表的右边按照负债、所有者权益的顺序从上至下排列。是反映企业在某一定日期（月末、季末或年末）财产状况的静态报表。利润表是按照"利润＝收入－费用"的公式进行编制。是反映企业在一定期间经营成果的财务报表。现金流量表是反映企业一定会计期间内现金流入、现金流出及现金存量的报表。现金流量表分为正表和补充资料两部分。正表部分是以"现金流入－现金流出＝现金流量净额"为基础，采取多步式分项报告企业经营活动、投资活动和筹资活动产生的现金流入量和现金流出量。现金流量表补充资料部分分为 3 个部分：第 1 部分是不涉及现金收支的投资和筹资活动；第 2 部分是将净利润调解为经营活动的现金流量；第 3 部分是现金及现金等价物的净增加情况。

一、理财行为与资产负债表

企业的理财就是对企业的资本进行配置的过程。企业的资本从来源上看，有所有者的权益资本（原始投资、经营积累）和属于债权人的债权资本两类，但是，企业自身资本的配置与所有者和债权人各自资本的配置绝不是等同的。对于其他的利益相关者而言，更是如此。可以说，企业是独立于各方利益相关者的理财主体。理财主体只是一个理财角色定位意义上的主体，它不同于法律意义上的主体。例如，企业内部有自身相对独立资本的部门，就是一个有别于该企业的理财主体；单个业主制企业与业主分别是独立的理财主体。企业的理财与利益相关者的理财又是有联系的。这些联系除了通常所说的直接的财务关系之外，还包括各种间接的影响关系（例如在理财效率卓著、资本组合价值高的企业工作的职工，更易于获取高额的住房按揭贷款），甚至外部性（例如股份公司因不当投资导致股票价格下跌，殃及股东，甚至与公司有密切业务关系的企业的价值）。更为突出的是，占据主导地位的利益相关者的理财行为和策略（基于各自资本配置的目标函数和约束条件的具体化），往往会对企业的理财行为产生较大的、甚至是支配性的影响。企业理财则关注可以减少资本成本、降低风险，并因而提高投资溢价和企业价值的策略，这些策略从本质上来说主要是财务方面的，并且主要关心资产负债表的内容，资产负债表数据及其结构实际上是企业理财行为的结果。投资决策决定了资产负债表的资产方的数据和结构；融资决策，股利政策决定了资产负债表的来源方数据和结构。合理的理财行为必将产生合理的资产负债表结构，不合理的资产负债表结构必定是不合理的理财行为导致的。

资产负债表是企业财务报告 3 大主要财务报表之一,选用适当的方法和指标来阅读,分析企业的资产负债表,正确评价企业的财务状况、偿债能力,对于一个理性的或潜在的投资者而言是极为重要的。阅读及分析资产负债表,可以对以下几个方面有所了解:

第一,资产负债表是一种静态的、反映企业在一定日期(即某一时点上)的财务状况的财务报表,它除了直接反映在报表编制日企业所掌握或拥有的经济资源(资产)、所负担的债务以及股东在企业中应享有的权益外,还可以通过对报表中的有关资料进行处理后间接地反映企业的财务结构是否健全合理和偿债能力高低等多方面的情况。

第二,由于企业总资产在一定程度上反映了企业的经营规模,而它的增减变化与企业负债、与股东权益的变化有极大的关系,当企业股东权益的增长幅度高于资产总额的增长时,说明企业的资金实力有了相对的提高;反之,则说明企业规模扩大的主要原因是来自于负债的大规模上升,进而说明企业的资金实力在相对降低、偿还债务的安全性亦在下降。

对资产负债表的一些重要项目,尤其是期初与期末数据变化很大,或出现大额赤字的项目要进一步分析,如流动资产、流动负债、固定资产、有息的负债(如短期银行借款、长期银行借款、应付票据等)、应收账款、货币资金以及股东权益中的具体项目等。例如,企业应收账款过多、占总资产的比重过高,说明该企业资金被占用的情况较为严重,而其增长速度过快,说明该企业可能因产品的市场竞争能力较弱或受经济环境的影响,企业结算工作的质量有所降低。此外,还应对报表附注说明中的应收账款账龄进行分析,应收账款的账龄越长,其收回的可能性就越小。又如,企业年初及年末的负债较多,说明企业每股的利息负担较重,但如果企业在这种情况下仍然有较好的盈利水平,说明企业产品的获利能力较佳、经营能力较强,管理者经营的风险意识较强、魄力较大。再如,在企业股东权益中,如法定的资本公积金大大超过企业的股本总额,这预示着企业将有良好的股利分配政策。但与此同时,如果企业没有充足的货币资金作保证,预计该企业将会选择送配股增资的分配方案而非采用发放现金股利的分配方案。另外,在对一些项目进行分析评价时,还要结合行业的特点进行。

第三,对一些基本财务指标进行计算。在对财务报表进行基础分析时,最常用的方法有结构分析法、趋势分析法和比率分析法 3 种。下面介绍几种情况中几项主要财务指标的计算及其意义。

（一）偿债能力分析

偿债能力是指企业偿还到期债务的能力。反映偿债能力的指标有以下几个：

1.短期债务偿还能力比率

短期债务偿还能力比率又称为流动性比率，主要有下面几种：

（1）流动比率

$$流动比率＝（流动资产总额÷流动负债总额）$$

流动比率表明公司每一元流动负债有多少流动资产作为偿付保证，比率较大，说明公司对短期债务的偿付能力较强。一般认为，流动比率若达到2倍时，是最令人满意的。若流动比率过低，企业可能面临着到期偿还债务的困难。若流动比率过高，这又意味着企业持有较多的不能赢利的闲置流动资产。使用这一指标评价企业流动指标时，应同时结合企业的具体情况。

（2）速动比率

$$速动比率＝速动资产总额÷流动负债总额$$
$$速动资产＝流动资产总额－存货总额$$

速动比率也是衡量公司短期债务清偿能力的数据。速动资产是指那些可以立即转换为现金来偿付流动负债的流动资产，所以这个数字比流动比率更能够表明公司的短期负债偿付能力。一般认为速动比率1∶1是合理的，速动比率若大于1，企业短期偿债能力强，但获利能力将下降。速动比率若小于1，企业将需要依赖出售存货或举借新债来偿还到期债务。

（3）流动资产构成比率

$$流动资产构成比率＝每一项流动资产额÷流动资产总额$$

流动资产由多种部分组成，只有变现能力强的流动资产占有较大比例时企业的偿债能力才更强，否则即使流动比率较高也未必有较强的偿债能力。

（4）现金比率

$$现金比率＝现金÷流动负债$$

现金比率是企业现金同流动负债的比率。这里说的现金，包括现金和现金等价物。这项比率可显示企业立即偿还到期债务的能力。

（5）资产负债率

$$资产负债率＝（负债总额÷资产总额）×100\%$$

资产负债率，亦称负债比率、举债经营比率，是指负债总额对全部资产总额之比,用来衡量企业利用债权人提供资金进行经营活动的能力,反映债权人发放贷款的安全程度。一般认为,资产负债率应保持在 50％左右,这说明企业有较好的偿债能力,又充分利用了负债经营能力。

2.长期债务偿还能力比率

长期债务是指一年期以上的债务。长期偿债能力不仅关系到投资者资金安全程度,还反映公司扩展经营能力的强弱。

(1)股东权益负债比率

$$股东权益负债比率＝(股东权益总额÷负债总额)×100％$$

股东权益负债比率表明每百元负债中,有多少自有资本作为偿付保证。数值越大,表明有足够的资本以保证偿还债务。

(2)负债比率

$$负债比率＝(负债总额÷总资产净额)×100％$$

负债比率显示债权人的权益占总资产的比例,数值较大,说明公司扩展经营的能力较强,股东权益的运用越充分,但债务太多,会影响债务的偿还能力。

(3)产权比率

$$产权比率＝(股东权益总额÷总资产净额)×100％$$

产权比率又称股东权益比率,表明股东权益占总资产的比重。

(4)固定比率

$$固定比率＝(股东权益÷固定资产)×100％$$

固定比率表明公司固定资产中有多少是用自有资本购置的,一般认为这个数值应在 100％以上。

(二)营运能力分析

营运能力分析可以根据企业目前和预计的销售水平,分析企业资产负债表上各类资产总额是否处于合理水平,现有的经济资源的利用效率是否合理。营运能力分析包括的指标有应收账款周转率、存货周转率、总资产周转率和固定资产周转率共 4 个指标。

1.应收账款周转率

这是反映应收账款周转速度的指标,有两种表示方法:

应收账款周转次数:反映年度内应收账款平均变现的次数,计算公式为:

应收账款周转次数＝销售收入净额÷应收账款平均余额

应收账款平均余额＝（期初应收账款＋期末应收账款）÷2

应收账款周转天数：反映年度内应收账款平均变现一次所需要的天数，计算公式为：

应收账款周转天数＝360÷应收账款周转率

公式中销售收入净额是扣除销售折扣折让后的净额，从利润表中取得；应收账款平均余额是扣除坏账准备后的净额，来自资产负债表。

【例3-10】红光园林公司2007年销售收入为6 000万元，期初应收账款为400万元，期末应收账款为800万元，则：

应收账款周转率＝6 000÷[（400＋800）÷2]＝10（次）

应收账款周转天数＝360÷10＝36（天）

假如该公司的信用天数是24天，而应收账款的周转天数是36天，说明有些客户不能及时偿还货款，这样就限制了公司的资金，使公司正常的生产和投资受到影响。客户不能及时偿还货款可能意味其已经陷入财务困境，使得企业收回货款更加困难。因此，企业应加强对应收账款的管理，制定合理的信用政策和收账政策，加快应收账款的周转速度。

2. 存货周转率

存货周转率是反映存货周转速度的比率，是衡量和评价企业购入存货、投入生产、销售回款等各环节管理状况的综合指标。有两种表示方法：

存货周转次数：反映年度内存货平均周转的次数，计算公式为：

存货周转次数＝销售成本÷平均存货

平均存货＝（期初存货＋期末存货）÷2

存货周转天数：反映年度存货平均周转的一次所需要的天数，计算公式为：

存货周转天数＝360÷存货周转率

【例3-11】红光园林公司2007年销售成本为5 288万元，期初存货为652万元，期末存货为238万元，则：

存货周转率＝5 288÷[（652＋238）÷2]＝11.88（次）

存货周转天数＝360÷11.88＝30.3（天）

存货的周转速度越快，存货占用水平越低，流动性越强。提高企业存货周转速度，可以是企业的变现能力增强，偿债能力增强。

3. 固定资产周转率

固定资产周转率是决定企业可持续发展的核心因素,它决定企业创造现金流量的能力。

固定资产周转率反映年度内企业使用固定资产的效率。计算公式为:

$$固定资产周转率＝销售收入总额÷固定资产净值$$

【例 3-12】红光园林公司 2007 年销售收入为 6 000 万元,固定资产净值为 2 476 万元,则:

$$固定资产周转率＝6\ 000÷2\ 476＝2.42(次)$$

假如行业平均值为 2.4,说明企业固定资产使用效率和同行业其他公司大致相当,固定资产数量和使用率比较合适。如果小于同行业平均值,说明企业可能存在大量闲置的固定资产。固定资产周转率用来检测公司固定资产的利用效率,数值越大,说明固定资产周转速度越快固定资产闲置越少。

4. 总资产周转率

总资产周转率反映企业资产总体周转情况。计算公式为:

$$总资产周转率＝销售净额÷平均资产总额$$

该项指标越大,周转速度越快,反映销售能力越强。

我国采用账户式的资产负债表,其格式如表 3-4 所示。

表 3-4　资产负债表

资产	期末数	年初数	负债及所有者权益	期末数	年初数
流动资产:		略	流动负债:		略
货币资金	137 000		短期借款	70 000	
交易性金融资产	30 000		交易性金融负债		
应收票据			应付票据		
应收账款	56 700		应付账款	291 200	
预付账款	36 100		预收账款	30 000	
应收利息			应付职工薪酬	36 000	
应收股利			应交税费	79 000	
其他应收款	4 500		应付利息	4 600	
存货	241 500		应付股利		
一年内到期的非流动资产	10 000		其他应付款	7 000	
其他流动资产			一年内到期的非流动负债	5 500	
流动资产合计	515 800		其他流动负债		

续表 3-4

资产	期末数	年初数	负债及所有者权益	期末数	年初数
非流动资产:			流动负债合计	523 300	
可供出售金融资产	50 000		非流动负债:		
持有至到期投资			长期借款	79 800	
长期应收款			应付债券		
长期股权投资	270 000		长期应付款		
投资性房地产			专项应付款		
固定资产	651 000		预计负债		
在建工程			递延所得税负债		
工程物资			其他非流动负债		
固定资产清理			非流动负债合计	79 800	
生产性生物资产			负债合计	603 100	
油气资产			所有者权益:		
无形资产	75 000		实收资本	880 000	
开发支出			资本公积	18 600	
商誉			减:库存股		
长期待摊费用	13 200		盈余公积	10 000	
递延所得税资产			未分配利润	63 300	
其他流动资产			所有者权益合计	971 900	
非流动资产合计	1 059 200				
资产合计	1 575 000		负债及所有者权益合计	1 575 000	

二、企业的盈利能力和利润表

利润表是反映企业一定会计期间经营成果的报表。主要功能是反映企业的获利能力,同时也反映企业的经营风险和财务风险。

在利润表中可以反映出企业的期间费用,即销售费用、管理费用和财务费用的管理水平。

销售费用是企业在销售过程中发生的各种费用。从行业形态上看,销售费用对于生产企业来说,是可控成本中的一部分。因此需要强化管理销售费用,甚至要强化到业务单位和个人身上。销售费用跟整个行业经营的形态也有关。来料加工的企业销售费用很少,而营销型企业的销售费用则很高。

管理费用是企业行政管理过程中发生的各种费用。管理费用与企业发展阶段有关。比如,有些外资企业刚进入中国时,因为外籍高层管理人员比较多,支付的费用较高,所以企业的管理费用成本会很高。当企业进入快速发展阶段以后,管理费用随着管理的跨度和难度的增加,直接表现为管理费用成倍上升。

财务费用是企业在筹集资金过程中发生的各种费用。财务费用与企业在每个阶段的融资风险是联系在一起的,有融资行为,财务费用就会发生,就产生了财务风险。

销售费用、管理费用和财务费用,这三项费用构成了企业经营的总成本。扣除这部分费用后,即得到营业利润。营业利润再加上投资收益、营业外收入,减去营业外支出,就构成了利润总额。利润总额减去所得税,就构成了净利润。

企业经营的最终目的是为了获得净利润,但如果企业的管理者不知道收入的来龙去脉,就无法获得长久的利润源支持。通过分析利润表,就可以分析出企业的利润来源。主要从如下两个方面分析:

第一,分析净利润,看净利润是从哪里来的,主营业务利润是否是它的总利润的主要来源。

第二,分析支撑营业利润的项目规模在国内或者在国际上是否名列前茅,是否具有竞争力。

(一)利润表的分析

1.利润的来源结构

利润主要有两个来源,一是销售收入的增加,二是费用成本的下降。

(1)销售收入的增加 销售收入是销量和售价的结合。当销售收入为一定时,同一类型的企业也会产生不同的净利润,这就是与每个企业自身的费用控制能力相关,进而与每个企业的管理能力密切相关。

(2)成本控制 控制成本主要分为两个方面:一方面是生产成本,即内部的加工成本;另一方面是经营成本,即外部的沟通成本。这两部分构成了总成本。所以,成本的控制力非常重要。

2.利润表所反映的问题

从利润表上,可以反映出以下 4 个问题:

(1)衡量经营成果 利润表可以衡量企业的经营成果。利润包括月度利润和年度利润。分析利润时要衡量未来发展趋势,不能用短期成绩检验一个企业的成功与失败。

(2)评估经营风险 企业利润的构成可借以评估其经营风险。企业利润主要来源于营业利润,其中,主营业务利润最关键。企业对外投资风险较大,其收益的稳定性相对较差。营业外收入是偶然利得,不能依靠其来增加利润。如果企业的整体利润主要来自于投资收益,由于投资收益具有不确定性,因此风险较大。

(3)衡量企业是否依法纳税 利润表可以衡量企业是否依法纳税,是否在享受国家的税收优惠,对企业的发展周期的影响。

（4）考察企业获利能力的趋势　当整个行业的毛利率开始下滑、整个净利润开始往下降的时候，需要引起企业的高度注意。这是一个渐变的过程，所以，依据利润表能够判断企业获利的能力以及未来的趋势。

（二）获利能力分析指标

获利能力分析包括的指标有资本金利润率、销售收入利润率、资产报酬率和成本费用利润率。

1. 资本金利润率

资本金利润率是衡量投资者投入企业资本的获利能力的指标。其计算公式为：

$$资本金利润率＝（利润总额÷资本金总额）×100\%$$

企业资本金利润率越高，说明企业资本的获利能力越强。

2. 销售收入利润率

销售收入利润率是衡量企业销售收入的收益水平的指标，其计算公式为：

$$销售收入利润率＝（净利润÷销售收入净额）×100\%$$

【例 3-13】红光园林公司 2007 年销售收入为 6 000 万元，净利润为 272 万元，则：

$$销售收入利润率＝（272÷6\ 000）×100\%＝4.5\%$$

假如行业平均值为 5.5%，企业销售收入利润率低于行业平均水平，说明企业成本费用占用水平过高，经营效率较低。因此，分析销售利润率时要将企业经营管理水平等因素结合起来，尽可能地提高盈利水平。销售收入利润率是反映企业获利能力的重要指标，这项指标越高，说明企业销售收入获取利润的能力越强。

3. 成本费用利润率

成本费用利润率是反映企业成本费用与利润的关系的指标。其计算公式为：

$$成本费用利润率＝（利润总额÷成本费用总额）×100\%$$

成本费用是企业组织生产经营活动所需要花费的代价，利润总额则是这种代价花费后可以取得的收益。这一指标的比较是很必要的。

4. 资产报酬率

资产报酬率也叫投资盈利率，表明公司资产总额中平均每百元所能获得的纯利润，可用以衡量投资资源所获得的经营成效，原则上比率越大越好。

$$资产报酬率＝（税后利润÷平均资产总额）×100\%$$

式中平均资产总额＝（期初资产总额＋期末资产总额）÷2。

对于上市公司,还有一些重要的财务指标:

1. 股本报酬率

指公司税后利润与其股本的比率,表明公司股本总额中平均每百元股本所获得的纯利润。

$$股本报酬率＝(税后利润÷股本)×100\%$$

式中股本指公司按面值计算的总金额。股本报酬率能够体现公司股本盈利能力的大小,原则上数值越大越好。

2. 股东权益报酬率

又称为净值报酬率,指普通股投资者获得的投资报酬率。

$$股东权益报酬率＝(税后利润－优先股股息)÷股东权益×100\%$$

股东权益或股票净值、普通股账面价值或资本净值,是公司股本、公积金、留存收益等的总和。股东权益报酬率表明普通股投资者委托公司管理人员应用其资金所获得的投资报酬,所以数值越大越好。

3. 每股盈利

是指扣除优先股股息后的税后利润与普通股股数的比率。

$$每股盈利＝(税后利润－优先股股息)÷普通股总股数$$

这个指标表明公司获利能力和每股普通股投资的回报水平,数值当然越大越好。

4. 每股净资产额

也称为每股账面价值,计算公式如下:

$$每股净资产额＝股东权益÷股本总数$$

这个指标反映每一普通股所含的资产价值,即股票市价中有实物作为支持的部分。一般经营业绩较好的公司的股票,每股净资产额必然高于其票面价值。

5. 营业纯益率

指公司税后利润与营业收入的比值,表明每百元营业收入获得的收益。

$$营业纯益率＝(税后利润÷营业收入)×100\%$$

数值越大,说明公司获利的能力越强。

6. 市盈率

市盈率又称本益比,是每股股票现价与每股股票税后盈利的比值。

$$市盈率＝每股股票市价÷每股税后利润$$

市盈率通常用两种不同的算法,第1种算法,使用上年实际实现的税后利润为标准进行计算。第2种算法,使用当年的预测税后利润为标准进行计算。市盈率是估算投资回收期、显示股票投机价值和投资价值的重要参考数据。原则上说数值越小越好。市盈率不能用于不同行业公司的比较。有较大发展空间的新兴行业市盈率普遍较高,而成熟行业的市盈率普遍较低,这并不代表其股票没有投资价值,只要市价不会降到零,即使每股收益很小,市盈率也会很高。市盈率的高低受市价的影响,而市价影响因素很多,因此需观察市盈率的长期变化趋势。

7.**市净率**

是与市盈率相对的一个指标,是评价公司状态的一个比率。市净率把每股净资产和每股市价联系起来,说明市场对公司资产质量的评价。计算公式为:

$$市净率＝每股市价÷每股净资产$$
$$每股净资产＝年末股东权益÷年末普通股股数$$

一般认为,市价高于账面价值时企业有发展潜力,资产质量好;反之,企业发展潜力小。

我国利润表采用单步式,其格式如表3-5所示。

表3-5　利润表

项　目	本期金额	上期金额
一、营业收入	430 600	略
减:营业成本	184 000	
营业税金及附加	4 000	
	79 300	
销售费用	87 600	
管理费用	8 000	
财务费用		
资产减值损失		
加:公允价值变动收益(损失以"－"号填列)	71 000	
投资收益(损失以"－"填列)		
其中:对联营企业和合营企业的投资收益	138 700	

续表 3-5

项　　目	本期金额	上期金额
二、营业利润（亏损以"－"填列）	9 000	
加：营业外收入	7 200	
减：营业外支出		
其中：非流动资产处置损失	140 500	
三、利润总额（亏损以"－"填列）	10 100	
减：所得税费用	130 400	
四、净利润（净亏损以"－"填列）		
五、每股收益		
（一）基本每股收益		
（二）稀释每股收益		

三、现金流量表和理财目标

　　如果企业制定了价值最大化的理财目标，现金流量表就是最核心的财务报表，因为只有现金流量表才能提供直接的、明确的现金流量信息。现金流量表能够直观地反映企业流动性最强的流动资产——现金的增减变化情况及变化后的结果。无论企业的经营方式、经营类别等有何种的不同，在现金流量表上仍能达到可比；无论企业有多少存货、有多少应提未提的折旧费用、有多少需增未增、需减未减的费用，现金流量表都能准确地反映出来，并能准确地反映企业的支付、偿债能力。

　　企业编制的资产负债表、利润表及现金流量表是以一系列财务数据来反映企业的财务状况和经营成果的。对报表使用者来说，这些数据资料是原始的、初步的，还不能直接为其决策服务。报表使用者应当根据自己的需要，运用各种专门的方法，对会计报表提供的数据资料加以进一步加工、整理、分析和研究，从中得出有用的信息，从而为预测和决策提供正确的依据。

　　（一）现金流量的结构分析

　　现金流量的结构分析就是在现金流量有关数据的基础上，进一步明确现金收入的构成、现金支出的构成及现金余额的形成情况。现金收入构成是反映企业的各项业务活动现金收入，如经营活动的现金收入、投资活动的现金收入、筹资活动的现金收入等在全部现金收入中的比重及各项业务活动现金收入中具体项目的构成情况，明确企业的现金来自何方，要增加现金收入主要采取的措施等。现金支出构成是指企业的各项现金支出占企业当期全部现金支出的百分比，它具体地反映现金的用途，让报表使用者能清楚地知道企业的现金支出去向，如何支出等。现金余额结构分析是指企业的各项业务,包括经营活动、投资活动、筹资活动及非常性项目,其现金收支金额占全部现金余额的百分比,主要是反映企业现金余额是如何形成的。通过现金流量结构分析,报表的使用者可以进一步了解企业财务状况的形成过程、变动过程及变动原因等。

1. 分析经营活动现金净流量是否正常

在正常情况下,经营活动现金净流量大于期间费用、本期折旧、无形资产、长期待摊费用摊销等各项费用之和。计算结果如为负数,表明该企业为亏损企业,经营的现金收入不能抵补有关支出。

2. 分析现金购销比率是否正常

在一般情况下,这一比率应接近于商品销售成本率。如果购销比率不正常,可能有两种情况:购进了呆滞积压商品或经营业务萎缩。

3. 分析营业现金回笼率是否正常

$$营业现金回笼率 = \frac{本期销售商品、提供劳务收回现金}{本期营业收入} \times 100\%$$

该项比率一般应在100%左右,如果低于95%,说明销售工作不正常;如果低于90%,说明可能存在比较严重的虚盈实亏。

4. 支付给职工的现金比率是否正常

$$支付给职工的现金比率 = \frac{支付给职工各项现金之和}{销售商品、提供劳务收回现金之和}$$

该比率可以与企业过去的情况比较,也可以与同行业的情况比较,如比率过大,可能是人力资源有浪费,劳动效率下降,或者由于分配政策失控,职工收益分配的比例过大;如比率过小,反映职工的收益偏低。

(二)支付能力分析

企业在生产经营过程中,除了用现金偿还贷款外,还需要用现金购买货物、支付工资、支付税金、对内(对外)投资、分配利润等等。如果企业没有足够的现金来支付这些款项,那么正常的经营活动就不可能顺利进行,企业就无法成长和发展,投资者就无法取得回报,所以无论是企业的投资者还是经营者,都非常关心企业的支付能力,都需要通过分析现金流量表了解企业的支付能力。

支付能力的分析,主要是通过企业当期取得的现金收入,特别是其中的经营活动的现金收入来和各种开支进行分析和比较。

首先,将企业本期经营活动所取得的现金收入和本期所偿还的债务、发生的各项支出进行对比,其余额即为企业可用于投资及分配的现金。

在不考虑筹资活动的情况下,它们的关系是:

可用于投资、分派股利(利润)的现金＝本期经营活动的现金收入＋投资活动取得的现金收入－偿还债务的现金支出－经营活动各项开支。

考虑筹资活动时,它们的关系是:

可用于投资、分派股利(利润)的现金＝本期经营活动的现金收入＋投资活动取得的现金收入＋筹资活动的现金收入－偿还债务的现金支出－经营活动各项开支。

如果企业本期可用于投资、分配股利(利润)的现金大于零,说明企业当期经营活动的现金收入加上投资活动取得的现金收入就足以支付本期债务及日常经营活动支出,可以有一部分余额再投资或利润分配;反之,当企业本期可用于投资、分派股利(利润)的现金小于零时,则说明企业当期经营活动的现金收入加上投资活动的现金收入不足以支付企业债务和日常经营活动支出。

(三)偿债能力分析

企业在生产过程中,经常通过举债来弥补自有资金的不足,筹集部分资金。但是举债是以能偿债为前提的,如果企业到期不能还本付息,则生产经营就会陷入困境,以至危及到企业的生存。因此,对企业投资者来说,通过现金流量表分析,测定企业的偿债能力,有利于其作出正确的决策;对债权人来讲,偿债能力的强弱是他们作出贷款决策的基本依据和决定性条件。

真正用于偿还债务的最直接的资产还是现金。因此,用现金流量和债务比较,可以更好地反映企业的偿债能力。相关指标有:

(1)到期债务比　计算公式为:

$$到期债务比＝现金余额÷本期到期的债务$$

式中本期到期的债务是指即将到期的长期债务和应付票据。对这个指标进行考查,可根据其大小直接判断公司的即期偿债能力。

(2)现金流动负债比　计算公式为:

$$现金流动负债比＝现金余额÷流动负债总额$$

在这个指标中,比率与偿债能力成反比,即该比率偏低,说明企业依靠现金偿还债务的压力较大,若较高,则说明企业能轻松地依靠现金偿债。

(3)现金债务总额比　计算公式为:

$$现金债务总额比＝现金余额÷债务总额$$

该指标同企业的偿债能力成正比。该比率越大,企业的偿债能力就越强;反之,比率越小,企业的偿债能力就越弱。

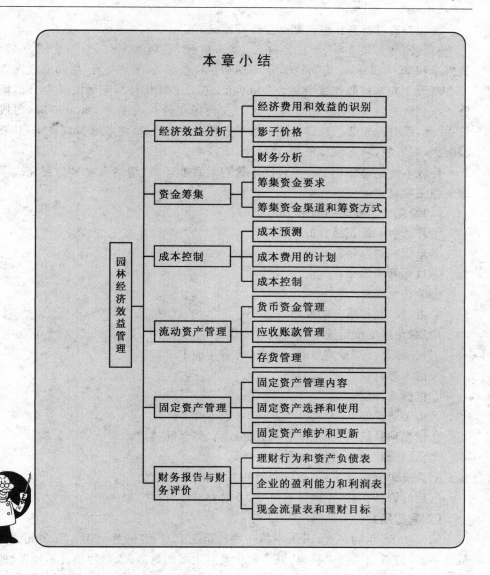

本章小结

园林经济效益管理

- 经济效益分析
  - 经济费用和效益的识别
  - 影子价格
  - 财务分析
- 资金筹集
  - 筹集资金要求
  - 筹集资金渠道和筹资方式
- 成本控制
  - 成本预测
  - 成本费用的计划
  - 成本控制
- 流动资产管理
  - 货币资金管理
  - 应收账款管理
  - 存货管理
- 固定资产管理
  - 固定资产管理内容
  - 固定资产选择和使用
  - 固定资产维护和更新
- 财务报告与财务评价
  - 理财行为和资产负债表
  - 企业的盈利能力和利润表
  - 现金流量表和理财目标

【关键概念】
　　资产负债表　利润表　现金流量表　流动比率　速动比率　应收账款周转率
存货周转率　固定资产周转率　市净率　市盈率
【复习思考题】
　　1.描述合理的资产负债表结构,如何通过资产负债表分析企业财务状况?

2.如何通过财务比率判断企业经营情况？

3.某园林公司 2007 年销售收入 300 000 元,毛利率 45％,赊销比例为 55％,销售净利率为 22％,存货周转率为 5,期初存货余额为 16 000 元,期初应收账款为 17 800 元。期末应收账款余额为 8 900 元,速动比率为 1.2,流动比率为 1.8,流动资产占总资产为 28％,流动负债为 37％。流通在外普通股为 780 000 股,每股市价 16 元,没有优先股。总资产期末数等于期初数。计算:应收账款周转率,总资产报酬率,每股收益,每股净资产,市净率,市盈率。

4.成本控制是绿化工程建设成本管理的重要环节,请结合××项目完成下列绿化施工项目成本控制方案:

(1)绿化成本控制的原则

①开源与节流相结合的原则;

②全面控制原则;

③目标管理原则;

④节约原则;

⑤责、权、利相结合的原则。

(2)绿化施工项目成本控制的有效途径

①按照"量、价"分离原则,控制工程直接成本

ⓐ苗木等材料的成本控制;

ⓑ机械费控制;

ⓒ人工费控制。

②精简项目机构、合理配置项目部成员、降低间接成本

③从"开源"原则出发,增加预算收入

ⓐ认真研究招标文件,树立明确的时间和成本观念。

ⓑ用好调价文件,正确计算价差,及时办理结算。

【观念应用】

例 1:1987 年的一天,田淑华捎一些树苗去北京,竟然挣回了 300 多元钱。钱虽然不多,她看到了一个机遇:城市绿化需要大批的树苗,既然种粮食不挣钱,能不能用自己的地培育绿化的树苗呢?她承包了 3 亩地加上自家的 3 亩地全部种上了爬山虎和桧柏。精心培育一年后,小树长势很好,又卖出了个好价钱,收入了 1 万多元。在原有的基础上,田淑华和丈夫又承包了 7 亩地。春天,他们带着从信用社贷的 7 万元到南方买树苗去了。在扬州,他们用这一大兜子钱换回了 5 000 株桧柏,回家后兴致勃勃地种在承包的地上。谁知,南方树苗经不住北方的春寒,还不到 1 个月,5 000 株小苗全都冻死,当时,打了水漂的 7 万元对她家来说是个天文数

字！不但没挣来钱反而背上了一身债，生活更加困难了。这时她才感觉到要想种好树苗必须有知识、懂技术，而自己连小学都没有毕业，上哪里去学呢？就在田淑华走投无路的时候，全国妇联系统的双学双比活动开始了。县、乡妇联组织了各种农业技术培训班，把专家们请到了农村。田淑华报名参加了苗木种植培训班，开始学习苗木种植和栽培技术。在妇联的牵线搭桥下，她与一些专家建立了联系，请专家帮助分析失败的原因。通过学习，她懂得了愚昧无知是贫穷的根源，科学技术才是"第一生产力"和"要想富，学技术"的道理。在参加学习班的同时，她还买来一些技术书学习，终于掌握了一定的专业技能。1990年，她和丈夫通过大量的市场调查，看准了黄杨苗木在北京市场的良好前景。他们注册成立了"天津市蓟县中林园艺有限公司"，又从亲戚家借了3万元，再次赴南方买树苗。这次他们走得更远，到了浙江的萧山和江苏的沭阳，2万株小黄杨跟着他们来到了蓟县。她总结了上次失败的教训，整天扎在田间地头，观察它们的习性和生长特点，一边在书本和报纸上查阅资料，一边做笔记，记录下它们的生长过程。她像照顾孩子一样精心照顾着小黄杨，终于使它们安全地度过了北方的寒冬，健康地成长起来，成活率竟然达到100%！辛勤的耕耘换来了丰硕的成果，隔年春天，小黄杨果然卖上了好价钱，以每株2.6元的身价全部进了北京，利润达5万元！他们苗木种植的规模不断扩大，承包土地由3亩变成了30亩、100亩、600亩、700亩、800亩。现在，田淑华经营的苗木品种已经达到了1500多个，苗木的资产达到2000多万元，被誉为"当代花王"。公司有技术顾问，有设计人员，有成套的园林施工机械设备，有经验丰富、技术先进的绿化施工队伍。多年来，她为北京、天津、河北等多个城市的绿化提供了大量优质的苗木。在田淑华的带领下，西二营村和周围的村庄都开始种植树苗，荒芜的大田变成了一片绿色的海洋。目前，东二营乡的苗木专业户已经有300多户，相继成立了十几个苗木公司，种植树苗2700多亩，成为京津地区最有名气的苗木种植基地。东二营乡许多人围绕着树苗开始经营树苗、农药、无纺布、草绳子、运输车、大吊车等。

资料来源：天津日报　日期：2008-4-21。

案例思考问题：总结出田淑华这个普通的农村妇女带出了周围一方的"树苗经济"的发展路径。

例2：在花卉有限公司的经营实践中，面临企业融资难、政府对新品研发的扶持力度不够和来自国外的绿色壁垒三大难题，制约了企业的发展壮大。融资问题不仅是外向型花木企业，也是所有花木企业碰到的第一大难题。第一，花木企业一般都是租用土地进行生产，而租用的土地及土地上的附着物不算在银行贷款的质押物之列，因而花企很难通过贷款得到发展资金。第二，花木企业大多为民营，规模小、融资渠道单一，其投资较大的固定资产——大棚，也不能作为贷款时的抵押物。因此，花企要向银行融资就变得更加艰难。造成花企融资难的原因，客观地说是因为现在对农业贷款银行没有衡量指标，也就是说没有一个客观的评价体系。政府对新品研发的扶持力度不够也是花木企业难以发展壮大的一个重要因素。为了提升企业的国际竞争力，花木企业必须要研发拥有自主知识产权的新品种，但新品种的研发周期长、见效慢，要投入很大的经费，这方面的负担企业难以承受，希望政府能够在新品研发的经费投入上能向企业有所倾斜。还有一个与此相关的问题是，企业在申请新品种保护时的手续很繁琐，这方面希望政府能够切实提高服务意识和层次，目前国外为了保护自己的利益，对植物的进口制定了很高的"门槛"，欧美市场对苗木的质量要求非常高，也许在国人眼里近乎苛刻，比如树干要通直，冠形要圆整，不偏冠，根系发达，同一批苗的高度和粗度要一致。处在被动地位的出口企业很难及时掌握国外买方市场、进口国检验检疫等方面的信息。

　　资料来源：中国绿色时报　　日期：2007-8-23。

　　案例思考问题：面临企业融资难、政府对新品研发的扶持力度不够和来自国外的绿色壁垒三大难题，园林企业要发展，应采取哪些措施？

第四章 管理的概述

知识目标

- 掌握管理的基本概念,管理者的素质要求、管理者的基本技能。
- 理解管理的基本职能、基本原理与管理方法。
- 理解计划、决策、组织、领导、激励和控制等管理过程的基本内涵与这些管理过程的相关理论。

技能目标

- 能够运用所学的管理知识分析学习、生活中存在的管理问题。
- 通过学习能有意识地去培养与提高自身的管理能力和管理素质。
- 能够用学过的管理理论对经济和管理现象进行分析,能够为企业拟订计划,为企业设计新的组织结构。

【引导案例】

唐僧为什么可以当领导?

领导不是谁都可以当,当好了就更难,在我们一般人看来要当好领导,就要能力超出常人,处处高人一筹。然而在小说《西游记》里的唐僧却是个例外,手无缚鸡之力,非但不能降妖伏魔,还经常错怪好人,但就是这样一个不中用的人,却是整个西天取经团队中的领导,并且率领众人完成了取经大业,说起来也算得上是一个合格的领导,这让人感到费解。

唐僧为什么可以当领导?有一家大型公司在新员工上班的第一天,经理就给员工提出这样的问题。当时员工们的回答五花八门,有人说唐僧有背景,是金蝉子转世;有人说他会念紧箍咒,通过念紧箍咒制服了最厉害的孙悟空就控制了整个团队;有人说他是奉了圣旨等等,而公司经理给出的答案是,也许这些都有些道理,但最重要的却是唐僧有两个其他人所不具备的特点,那就是目标始终如一,信念从未动摇。确实如此,队伍中几乎所有的人都曾打过退堂鼓,孙悟空回过几次花果山,老猪面对诱惑和困难随时都想撂挑子,忠厚的沙僧和白龙马能力不强没有主见,只是服从命令,在团队出问题的时候,他们也想到过放弃。然而唐僧没有,就是到了孑然一人时,他也没有考虑过停止取经的脚步。面对无数的困难和诱惑,他的目标始终没有改变过,无论是妖魔还是美色。在一个团队里领导就是整个团队的灵魂,唐僧就是靠他的灵魂在凝聚着这个取经队伍。可以说,在这样一个队伍里,他是当之无愧的也是唯一能胜任的领导。

资料来源:阿里巴巴商人论坛。

案例思考问题:

1. 唐僧是领导,是不是一个管理者?

2. 唐僧是如何管理这个团队的?

管理不是管理者或者领导者的专利,很多不是管理专业或者没有从事管理的人觉得学不学管理无所谓,然而,今天我们大家都生活在一个管理组成的社会,管理对我们的学习生活和职业生涯都很重要。从我们的出生开始我们就是被管理者,慢慢地可能成为管理者,比如做学生时,当上了班长你就成了一个管理者,开始职业生涯后,我们就成了更有专业意义的被管理者或管理者,那么,管理学的学习,可以让你更好地理解一个组织的运行机理,可以让你更好地理解你上司作为一个管理者的行为,以促进你职业生涯的发展。

从企业、国家机构到一个家庭,都需要好好地管理,才会更加有序,才会更好的发展。当今社会,要干好一件事,甚至做一些好事,都需要我们像管理者那样进行思考,即使我们本人并非管理者。当然,这并不意味着每个人都得去阅读管理巨著,也并不意味着大家都要去读 MBA。对于每个想运用它的人来说,管理学是一个开放的学科,很多世界上著名、能干的管理者就是自学成才的。

管理知识意味着:无论怎样称呼管理本身,我们将来都要像管理者那样思考。也就是说,我们都需要不断学习、领会管理学,它将会带给我们意想不到的收获。

第一节 管理的基本概念与问题

一、什么是管理

管理已经是我们生活中随时都可能遇到的活动之一,什么是管理?与很多学科概念不同,管理有很多专家从不同的角度给过很多权威的概念,每一个概念都体现了不同的侧重点。

强调对人的管理,认为管理就是通过其他人把事办妥,于是表述为:管理就是确切地知道你要别人去干什么,并使他用最好的方法去干。

强调管理的作业过程,认为管理就是组织他人去完成一定事务的活动过程,于是表述为:管理就是为了完成组织目标而进行的计划、组织、指挥、协调和控制活动。

强调管理者的个人作用,认为管理就是领导,指挥他人的一种行为。

强调管理的核心环节,认为管理就是决策。

我们认为比较全面的管理定义有两个表述:

(1)管理就是建立组织并根据组织目标,通过人员、计划和规则,对人、财、物、时间、信息等组织资源进行有效的配置,以实现组织和成员的良好发展。

(2)管理就是管理者为了实现组织既定的目标,在管辖范围内,通过计划、组织、指挥、协调、控制等职能,进行任务、资源、职责、权力和利益的分配,并协调着人们之间的关系的过程。

二、管理职能

管理职能是管理过程中各项行为的内容的概括,是人们对管理工作应有的一般过程和基本内容的理论概括。管理的职能包括管理的功能、管理应起的作用以及通过怎样的形式和方法来贯彻和实现组织的目标要求,通俗地说就是管理都干哪些事,起什么样的作用。

法国的法约尔在其主要著作《一般管理与工业管理》中,将经营和管理分开,提出经营是对企业全局性的管理,而管理只是经营的一个职能,在此基础上,他提出了经营的六项职能:技术活动(生产制造)、商业活动(供应和销售)、管理活动(生产指挥)、财务活动(资金的筹措和使用)、安全活动(设备和人员的防护)、会计活动(会计的核算)。企业经营的六项职能相互联系、相互配合,共同组成一个有机系统来完成企业生存和发展的目的。

　　法约尔对管理的定义是：管理就是计划、组织、指挥、协调、控制。他提出管理的概念主要是针对高级管理人员提出的行政管理的概念，它包括了计划、组织、指挥、协调和控制等 5 项职能，然而，这 5 项职能一直得到管理学界的肯定，也一直沿用至今。

　　在此，我们引用经典的法约尔管理 5 职能：计划、组织、指挥、协调、控制。

　　计划，就是对未来进行分析、预测，并制定对策和行动步骤。计划是企业发展的方向和脉络。主要内容：研究管理活动条件，制定决策，编制计划。

　　组织，建立组织机构并依靠组织机构，为组织的活动提供所需要的人、财、物、时间、信息等。主要内容：设计组织结构，人员配备，组织运行，组织监督。

　　指挥，就是通过命令和管理者的自身示范，促使人员同其岗位要求相匹配，并发挥出应有的作用。主要内容：拟订制度，明确目标，指明方向，分配任务。

　　协调，就是使组织成员的活动和谐配合，使组织活动有序而顺利地进行。主要内容：构建和谐的工作与学习生活环境。

　　控制，就是通过检查、发现和纠正问题，保证各项工作的贯彻落实与计划相符合，使下级的工作按既定的方向和轨道运行。主要内容：拟订标准，寻找偏差，下达纠偏指令。

三、管理的主体——管理者

1. 管理者含义

　　管理者是指履行管理职能，对实现组织目标负有贡献责任的人。如工厂的厂长、医院的院长、商场的经理、学校的校长或系主任等。也可以表述为管理者是那些在组织中行使管理职能、指挥或协调他人完成具体任务的人。管理者在管理活动中负责设计、组织和实施管理活动，管理者是管理的主体，也称管理主体。管理者工作绩效的好坏直接关系着组织的成败兴衰。

　　与管理者相对应的一个概念是操作者，或称作业人员，是指在组织中直接从事具体的业务，且不承担对他人工作监督职责的人。如工厂的工人、医院的护士、商场的导购员等。他们的任务就是做好组织所分派的具体的操作性工作。

　　领导是带领和指导群众为实现共同确定的组织目标而努力的各种活动过程，担当领导职能的人，称为领导者。尽管大部分的管理者也是领导者，但管理者与领导者不是同一个概念，只要有群体推荐或选举，每一个人都能成为领导者，但管理者不行，管理者必须有管理能力，必须有法人组织的任命，领导对象是人，而管理对象是人或物。

2.管理者分类

管理者按不同的标志可以进行以下分类：

(1)管理者按管理的层次分 可分为高层管理者、中层管理者和基层管理者。如图4-1所示。

高层管理者：是处于顶层或接近顶层的管理者，对整个组织的管理负有全面责任的人，他们的主要职责是：制定组织的总目标、总战略、掌握组织的大政方针并评价整个组织的绩效。典型头衔：总裁、执行副总裁、管理董事、总经理、首席执行官、董事会主席等。

中层管理者：处在基层和高层管理之间的各个管理层次的管理者，他们的主要职责是，贯彻执行高层管理人员所制定的重大决策，监督和协调基层管理人员的工作。与高层管理人员相比，中层管理人员特别注意日常的管理工作。典型头衔：部门经理、项目主管、工厂厂长、事业部经理等。

基层管理者：在生产经营第一线的管理者，他们的主要职责是，给下属作业人员分派具体工作任务，直接指挥和监督现场作业活动，保证各项任务的有效完成。典型头衔：班长、领班、主管、工长等。

(2)管理者按管理的领域分 可分为综合管理人员和专业管理人员。如图4-2所示。

综合管理人员：即负责管理整个组织或组织中若干类活动的管理者。如公司中的经理、大型企业的事业部经理、区域经理等。

图 4-1 组织的层次图

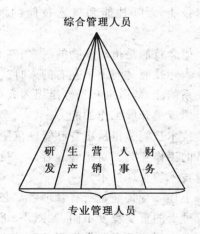

图 4-2 管理者按管理的领域分类

　　专业管理人员：即仅仅负责管理组织中某一类活动或职能的管理者，如营销经理、财务总监、人力资源部经理等。

　　3. 管理者素质

　　管理者的素质是指管理者与管理相关的内在基本属性与质量。其素质主要表现为品德、知识、能力与身心条件。主要包括基本素质和专业素质。

　　(1)基本素质　基本素质主要包括道德伦理素质、心理人格素质、基础知识素质和基本身体素质。

　　道德伦理素质，主要体现在正确的世界观和价值观、高尚的道德情操和修养、良好的职业道德和信誉。

　　心理人格素质，主要包括：宽广的胸怀、开放的心态、坚韧的毅力和意志力、个人的自我控制能力。

　　基础知识素质，主要指扎实的基础知识和完善的知识结构。

　　基本身体素质，企业管理者应具有健康的体魄。

　　(2)专业素质　专业素质是指企业管理者实施企业管理行动和活动必备的素质，主要包括：对企业管理的专注和热情、丰富的企业管理知识、产业与行业知识以及其他相关学科知识。

　　4. 管理者的技能

　　管理是否有效，在很大程度上取决于管理人员是否真正具备了一名管理者所必须具备的管理技能。美国的管理学专家卡特兹针对管理者的工作特点，提出了技术技能、人际技能和概念技能的概念。他认为，有效的管理者应具备这 3 种技能。

　　概念技能是指对事物的洞察、判断、抽象和概括的能力。

　　人际技能是与上下左右的人打交道的能力，包括联络、处理和协调组织内外人际关系的能力，激励和诱导组织内人员的积极性和创造性的能力，正确地指导和指挥组织成员开展工作的能力。

　　技术技能是指从事自己管理范围内的工作所需的技术和方法。它与一个人所从事的工作有关。对于管理者，应掌握诸如：决策技术、计划技术、组织设计技术、评价技术等管理技术。

　　上述 3 种技能是所有管理者都必须具备的。只是 3 种技能对不同管理层次上的管理者的重要程度不同，见图 4-3 所示。技术技能对基层管理者特别重要，概念技能对高层管理者非常重要，而人际技能是所有管理者必须掌握的基本技能。

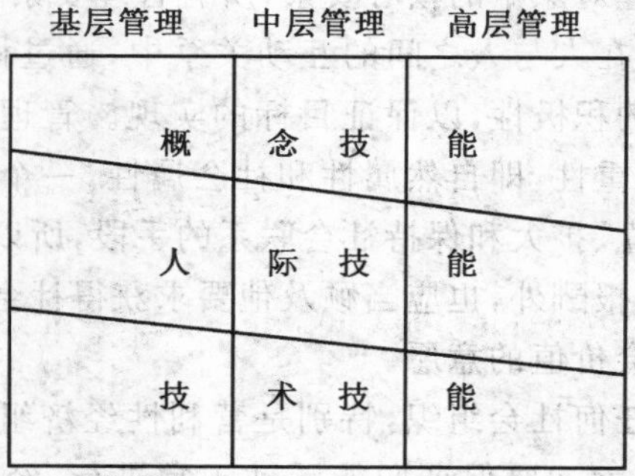
基层管理
中层管理
高层管理
概　念　技　能
人　际　技　能
技　术　技　能

图 4-3　不同层次对管理技能需要比例

四、管理客体——管理对象

管理对象就是管理者为实现管理目标，通过管理行为作用其上的客体。管理的基本对象是组织资源，管理的核心对象是人力资源。管理对象主要表现为组织、资源或要素、职能活动等 4 个不同的形态。

1. 组织的形态

社会组织。是指为达到特定目的、完成特定任务而结合在一起的人的群体。社会组织是按照组织的社会功能性质来划分的，具体内容如表 4-1 所示。

表 4-1　组织的形态

序号	名　称	举　例
1	政治组织	政党、政府
2	经济组织	工商企业
3	文化组织	教育和各种文化事业单位
4	宗教组织	教会
5	军事组织	军队
6	其他社会组织	行业协会

2. 资源或要素

组织的资源或要素，作为管理的直接对象各有其特定的属性与功能。为保证目标的实现，只有对这些资源或要素进行科学的配置与组织，才会有效地发挥其作用。管理的资源或要素主要包括人员、资金、物资设备、时间和信息。

（1）人员　人是管理对象中的核心要素，所有管理要素都是以人为中心存在和发挥作用的。管理者要在人与人之间的互动关系中，通过科学的领导和有效的激励，最大限度地调动人的积极性，以保证目标的实现。管理人，是管理者最重要的职能。管理活动具有二重性，即自然属性和社会属性，一个人加入一个组织，一是为了谋生，二是作为建立、扩大和保持社会联系的手段，所以，管理者在顾及一个管理对象获得应有的物质报酬外，也应当顾及他要求获得社会联系、获得同事和社会尊重、获得体现个人社会价值的意愿。

（2）资金　资金是任何社会组织，特别是营利性经济组织的极为重要的资源，是管理对象的关键性要素。要保证职能活动正常进行，经济、高效地实现组织目标，就必须对资金进行科学的管理。

（3）物资设备　物资设备是社会组织开展职能活动，实现目标的物质条件与保证。通过科学的管理，充分发挥物资设备的作用，也是管理者的一项经常性工作。

（4）时间　时间是组织的一种流动形态的资源，也是重要的管理要素。管理者必须重视对时间的管理，真正树立"时间就是金钱"的意识，科学地运筹时间，提高工作的效率。

（5）信息　在信息社会的今天，信息已成为极为重要的管理对象。现代管理者，特别是高层管理者，已越来越多地不再直接接触事物本身，而是同事物的信息打交道。信息既是组织运行、实施管理的必要手段，又是一种能带来效益的资源。管理者必须高度重视，并科学地管理好信息。

3. 职能活动

管理是使组织实现目标的过程效率化、效益化的行为，因此，管理对象最经常表现为社会组织实现基本职能的各种活动。管理的功效，主要体现在组织的各种职能活动在管理的作用下更有秩序、更有效率、更有效益。管理者正是在对各种活动进行计划、组织、指挥、协调和控制的过程中，发挥着管理的功能。

五、管理环境

任何组织都不是独立存在的，组织目标的实现往往主要取决于组织所处环境的影响，了解环境及如何评价组织所处环境对组织的发展尤为重要。

1. 管理环境的含义

管理环境是指存在于社会组织内部与外部的影响管理实施和管理功效的各种力量、条件和因素的总和。

2. 管理环境的分类

（1）按存在于社会组织的内外范围划分，可分为内部环境和外部环境。

（2）组织的外部环境还可以进一步划分为一般环境和任务环境。

3.管理与环境的关系

管理与所处的环境（主要指外部环境）存在着相互依存、相互影响的关系。具体表现为以下3种关系：对应关系、交换关系和影响关系。

4.环境对管理的影响

环境对管理的影响，体现在以下4个方面：经济环境的影响，技术环境的影响，政治与法律环境的影响，社会与心理环境的影响。

企业外部环境因素主要有：政府、社团、供应者、社区、竞争者、合作者、顾客、行业协会等。

企业内部环境因素主要有：股东、董事会、部门机构、员工、产品技术、财务状况、组织历史、组织文化等。

5.环境管理

环境对组织的生存发展及对管理的决定与制约作用，要求管理者必须抓好环境管理，能动地适应环境，谋求内部管理与外部环境的动态平衡。这就需要从以下3个方面来把握：了解与认识环境，分析与评估环境，能动地适应环境。

第二节　管理的基本原理与方法

由于管理科学一直处于发展过程中，人们对管理原理的认识和说法都不太一致，于此，介绍常用的7个管理原理。同时，管理方法在管理过程中也产生过很多，在这里仅介绍理论界比较认可的最基本的管理方法。

一、管理的基本原理

（一）系统原理

系统是具有特定功能的，由两个或两个以上的相互联系、相互作用的要素按照一定的结构和功能而组成的有机整体。系统一般具有以下基本特征：目的性、整体性、层次性、独立性。

系统原理：任何社会组织都是由人、物、信息组成的系统，任何管理都是对系统的管理，管理的各要素及其过程不是孤立的，而是相互发展和制约的，具有发展的内在规律性。

系统原理在管理中的应用：要实现组织目标，必须对管理活动及其各要素进行系统分析与综合管理。进行组织各管理环节的优化组合，提高组织整体效能，这是管理追求的目标。

　　系统原理的应用原则：目标明确，总分结合；明确系统内各要素和子系统在整体中的地位、作用和隶属关系，清晰层次，整体发展；以整体为主进行协调，局部服从整体，整体与局部均衡协调发展；适应环境，改善环境。

　　现代社会活动，特别是经济活动，其特点是规模大、因素多、关系复杂，常常是牵一发而动全身。因此，只有采用系统观点、理论和方法进行系统管理，才能全面地考虑问题，妥善处理好局部与整体、近期目标与长远目标等各种关系，收到良好的经济效益、社会效益和生态效益。

　　（二）人本原理

　　人是社会的主体，一切社会活动都是通过人来进行的。现代管理的核心是人，人即是管理的主体，又是管理的客体，离开了人，就不存在管理。因此，如何创造良好的社会环境和管理环境，充分发挥人的主观能动性，是一个组织管理的重要任务。人本原理就是以人为中心的管理思想。

　　人本原理：就是以人为本的管理，将人看为最重要的资源，通过激励，调动员工的积极性和创造性，引导员工去实现预定的目标。

　　人本原理的概念包含 3 个含义：

　　（1）人是组织管理的核心，离开人的管理就谈不上管理。

　　（2）人力资源的开发是无限的，管理活动的任务是调动人的能动性、创造性和积极性。

　　（3）管理的手段是通过对人的思想、感情和需求的了解，做好人的思想工作，尊重人的感情，采取各种激励措施，最大限度地调动人的积极性，挖掘人的潜能。

　　人本原理在管理中的应用：要鼓励参与，挖掘潜能，激励进取，创造一个使员工热心参与、心情舒畅、关系和谐、深感激励的组织文化和工作氛围，在实现组织目标的过程中，使每一个人的价值得以发挥。即充分调动人的积极性、主动性，以实现每一个人的价值。

　　人本原理的应用原则：充分发挥人的潜能，不断提高人的素质，进行人力资源的开发；构建和睦亲善、互相信任的人际关系，避免内耗，通过沟通和交流，产生团队精神；培养员工主人翁的自豪感、归宿感以及应有的责任感，进行民主管理；通过企业组织文化建设，培育与制定共同的思想、作风、价值观念和行为准则。

　　人本原理告诉我们：人是管理的主体，是管理系统的动力源泉，同时人的潜力具有开发性、无限性和弹性。只要做好人的思想工作，注重激励，就能极大地调动人的积极性和创造性。

(三)能级原理

能和级均是物理上的名词,能是指系统中物质做功的能力,级是能量差别所形成的不同级别。能级是指原子、分子、原子核等在不同状态下运动所具有的能量值,这些能量级好像台阶一样,故称为能级。人的能力大小也不相同,也形成能级。能级原理是指要建立一个合理的能级,使管理中的要素处于相应的能级中,以达到最佳的管理效率和效益。

每一个事物或人,都有能级问题,人各有所长所短,物各有所用,要取得良好的管理效果,就必须做到人尽其才,物尽其用。

任何一个组织都由不同能量的人组成,要使这些能量大小不同的人组合起来,就必须进行合理的分级,使不同能量级的人处于相应的能级中。依据一般的能级分类标准,可将管理能级分为4层:

(1)决策层　是组织管理系统中的最高层,其任务就是确定组织目标和方针,制定组织发展规划,对组织重大问题进行决策。一般来说,该层人员应该具有战略眼光,善于听取各方面的建议,并能正确地做出果断的决策。

(2)管理层　其任务就是贯彻组织的方针政策,制定合理的具体方法,拟订具体措施,直接领导和指挥各部门的管理活动。该层的人员应该具有较强的才能和良好的组织协调能力,综合分析能力强,善于解决问题。

(3)执行层　其任务就是贯彻执行管理层发出的各种管理指令和计划,调动和组织中的人、财、物等各种要素,协调各种操作活动。该层的人员应具有熟悉的业务知识,能联系群众,善于发现问题和处理日常事务的才能。

(4)操作层　这是组织中的最低层,其任务就是进行具体的操作,完成执行层发出的每一项业务。该层人员应具有忠实坚决,埋头苦干,任劳任怨,富于创新,精于时间的节约和利用。

能级原理在管理中的应用:适应社会化分工协作的要求,根据系统、岗位、职责的要求,形成完整的、有层次的、尽责尽才的管理能级,以保证管理最大能量的发挥管理效能。

能级原理的应用原则:建立合理稳定的管理能级,保证组织结构的稳定性;权、责、利与能级相对应,实现各能级责、权、利的有机统一;建立动态相适应的能级,各类能级应当动态对应,能上能下,经常保持最佳的管理效能。

(四)动力原理

动力是指推动生活、学习、工作、事业等前进和发展的力量。动力原理就是充分利用各种管理资源、要素、环境、机制,创造激励人的各种动力,并有效发挥各种动力的推动作用。

动力的类型，动力的类型有两种分类方法。

1.依据动力的性质不同分为

（1）物质动力　物质动力是由物质利益引发的动力。它是促进企业生产力发展，维持组织运行的根本动力。物质动力是各类动力的基础，是管理活动最基本的动力。无论是管理者或被管理者，其最基本的目的都是为获得一定的物质利益。因此，合理处理工资、奖金，合理处理经营责任制中的利润分配，对调动各方面人员的积极性，有非常重要的作用。

（2）精神动力　精神动力是指由人的思想、精神等因素激发的动力。它包括信仰、理想、成就、爱国主义、精神鼓励和思想政治工作等等。物质动力是基础，精神动力是支柱。精神动力是人们较高层次的需要，物质生活水平越高，文化程度越高，精神方面要求越多，精神动力的作用就越大。因此，提高人们的文化技术水平，进行理想、道德教育，满足个人爱好、追求等，就会更有利于提高人的积极性，推动组织各方面活动的开展。

（3）信息动力　信息动力是一种获取知识、资料、情报消息等的动力。信息动力是一种超物质和精神的动力。人们通过对信息的收集、加工、处理和交流，看到自己的不足，找出自己努力的方向，进而形成一种经常的动力。人们为获得知识，就会有一种求知欲动力；为探索自然界的奥秘，就会有一种追求科学真理的动力。所以，信息动力，是一种物质动力、精神动力兼有的动力。

2.按照引发动力的主体不同可将动力分为

（1）内在动力　内在动力是指由人们内在需要和冲动引发的一种动力。如人们为获得知识而不断努力学习，为获得高工资或奖金而努力工作。

（2）外在动力　外在动力是指由外在的压力所引发的动力。如在市场经济活动中，人们为在竞争中取胜而努力工作。竞争是一种外在压力，我们每个人都面临竞争，有就业竞争、晋升竞争、学习竞争、商场竞争等等，竞争是促使人们不断进取的动力。危机可使人们感觉到一种强大的压力，压力可以使人们产生一种奋发向上的动力，有动力就会产生前进的力量。

动力原理管理中的应用原则：

（1）尽力解决组织各成员正当合理的物质需要和精神需要，明确他们的主要动力源，正确认识各种动力的作用及相互关系。

（2）使每个人的工作都有明确的可考核的具体责任目标，根据目标对每个人的绩效进行考核，并与个人利益挂钩。

（3）要综合运用、协调运用好各种动力，以引导人们按既定的目标而努力。

（4）必须做到3种动力的协调统一，形成合力的作用，还要正确处理好个体动力和集体动力、眼前动力和长远动力的关系，在尊重每一个个体动力的基础上，使其与群体的动力方向保持一致。要做到这一点的关键是要协调个人目标与集体目标，使两者能保持基本一致的方向，管理者对个人目标要尊重、引导和教育。

（五）弹性原理

要使管理有效，就必须使管理具有很强的适应性和灵活性，以便及时适应客观事物发展变化的需要，有效的实现动态管理，这就是管理的弹性原理。

在对系统外部环境和内部情况的不确定性给予事先考虑，并对发展变化的诸种可能性及其概率分布作较充分认识、推断的基础上，在制定目标、计划和策略等方面，相适应地留有余地，有所准备，以增强组织系统的可靠性和管理对未来态势的应变能力。

弹性原理在管理中应用范围很广，计划工作中留有余地的思想，仓储管理中保险储备量的设定，新产品开发中技术储备的构思，劳动管理中弹性工作时间的应用等等，都在管理工作中得到了广泛的应用，且取得了较好的效果。

在实际管理工作中，人们把弹性原理应用于价值领域，收到了意想不到的效果，称其为产品弹性价值。产品价值是由刚性价值与弹性价值两部分构成，形成产品使用价值所消耗的社会必要劳动量叫刚性价值，伴随在产品使用价值形成或实现过程中而附着在产品价值中的非实物形态的精神资源，例如产品设计者、制造者、销售者、商标以及企业的声誉价值，都属于产品弹性价值，又称无形价值或精神价值，是不同产品的一种"精神极差"。这种"精神极差"是产品市场价值可调性的重要标准，是企业获得非常超额利润的无形源泉，在商品交换过程中呈弹性状态，是当今企业孜孜追求的目标之一。

管理弹性的分类：

1. **按管理的整体性分**

按管理的整体性可分为局部弹性和整体弹性。

（1）局部弹性　任何一类管理必须在其管理环节上保持可以调节的弹性，特别在重要的关键环节上应保持有足够的余地。

（2）整体弹性　整个管理系统的可塑性或适应能力。即整个系统的管理活动，都留有一定后备，以应付客观环境条件或其他可能发生的变故。这种对外、对内的应变、适应能力，显示了系统的弹性及其运用效果。

2.按管理的积极性分

按管理的积极性可分为积极弹性和消极弹性。

(1)积极弹性 着眼于遇事多一手,充分发挥人的聪明才智,不仅在关键环节保持一定的调节弹性,而且事先预备了可供选择的多种调节方案。无论事态的发展出现何种趋势,都能提出防范的应急措施。科学管理应强调积极的弹性。

(2)消极弹性 把留有余地当作留一手。计划订得松一些,指标订得低一些,预算大(小)一些,往往造成计划没压力,组织机构臃肿,人员积压等问题。

(六)效益原理

效益原理是指企业通过加强企业管理工作,以尽量少的劳动消耗和资金占用,生产出尽可能多的符合社会需要的产品,不断提高企业经济效益和社会效益。

企业在生产经营管理过程中,一方面努力设法降低消耗、节约成本;另一方面又努力生产适销对路的产品,保证质量,增加附加值。从节约和增产两个方面来提高经济效益,以求得企业的生存与发展。

企业在提高经济效益的同时,也要注意提高社会效益。一般情况下,经济效益与社会效益是一致的,但有时会发生矛盾。若出现这种情况,企业应从大局出发,首先要满足社会效益,在保证社会效益的前提下,最大限度地追求经济效益。

效益的高低可以看出管理水平,也直接影响着组织的生存和发展。效益的核心是效益评价,效益的评价可由不同的主体(管理者、群众、专家、市场等),从多个不同角度去进行,因此没有一个绝对的标准。不同的评价标准和方法,得出的结论也会不同,所以效益评价过程中应尽可能地做到公正和客观。

贯彻效益原理要求建立正确的效益追求观念,效益追求是管理活动的中心和一切活动的出发点,追求效益要有全局和长远的观点。

(七)创新原理

创新原理是指企业为实现总体战略目标,在生产经营过程中,根据内外环境变化的实际,按照科学态度,不断否定自己,创造具有自身特色的新思想、新思路、新经验、新技术,并加以组织实施。

企业创新一般包括产品创新、技术创新、市场创新、组织创新和管理方法创新等。

创新原理在管理中的应用:

(1)对创新活动过程的把握 寻找机会,提出构想,迅速行动,坚持不懈。

(2)对创新活动的组织引导 正确理解和扮演管理者的角色,大力促进创新的组织氛围的形成,制定有弹性的计划,正确地对待失败,建立合理的创新奖酬制度。

二、管理方法

管理方法是指管理者为实现组织目标,组织和协调管理要素的工作方式、途径或手段。

管理方法可按以下标志分类:

(1)按作用的原理,管理方法可分为经济方法、行政方法、法律方法和社会心理学方法,如表 4-2 所示。

表 4-2 按作用的原理的管理方法分类

序号	名称	含 义	特 点	局限性	形 式
1	经济方法	依靠利益驱动,利用经济手段,通过调节和影响被管理者物质需要而促进管理目标实现的方法	利益驱动普遍性持久性	可能产生急功近利、过分看重金钱等负面的作用	价格、税收、信贷、经济核算、利润、工资、奖金、罚款、定额管理、经营责任制等
2	行政方法	依靠行政权威,借助行政手段,直接指挥和协调管理对象的方法	强制性直接性垂直性无偿性	由于强制干预,容易引起被管理者的心理抵抗	命令、指示、计划、指挥、监督、检查、协调等
3	法律方法	借助国家法规和组织制度,严格约束管理对象为实现组织目标而工作的一种方法	高度强制性规范性	对于特殊情况有适用上的困难,缺乏灵活性	国家的法律、法规,组织内部的规章制度,司法和仲裁等
4	社会心理学方法	借助社会学和心理学原理,运用教育、激励、沟通等手段,通过满足管理对象社会心理需要的方式来调动其积极性的方法	自觉自愿性持久性	局限性主要表现为对紧急情况难以适用,单独使用常无法达到目标	宣传教育、思想沟通、各种形式的激励等

(2)按管理方法适用的普遍程度,可分为一般管理方法和具体管理方法。

(3)按方法的定量化程度,可分为定性管理方法和定量管理方法。

管理方法的完善与有效应用主要考虑 5 个方面的内容:一是要加强管理方法的科学依据;二是要弄清管理方法的性质和特点,正确地运用管理方法;三是要研究管理者与管理对象的性质与特点,以提高管理方法的针对性;四是要了解与掌握管理环境因素,采取适宜的管理方法;五是要注意管理方法的综合运用。

第三节　管理的过程

一、计划

(一)计划职能的含义

广义的计划职能是指管理者制定计划、执行计划和检查计划执行情况的全过程;狭义的计划职能是指管理者事先对未来应采取的行动所作的谋划和安排。

计划职能在管理各项职能中的地位集中体现在首位性上。这种首位性一方面是指计划职能在时间顺序上是处于计划——组织——领导——控制四大管理职能的始发或第一职能位置上;另一方面是指计划职能对整个管理活动过程及其结果施加影响具有首要意义。

(二)计划的特征

计划在管理过程中,相对于其他管理职能具有以下 5 个特征:

(1)目的导向　计划是为实现组织宗旨和目标服务的。

(2)涉及未来　计划是对未来一个阶段组织行为和行动步骤的设计。

(3)涉及行动　计划是行动的安排,因此计划之后必须紧跟行动,"如果你不能在未来 72 h 开始,你就永远不会开始",所以你必须现在就行动。

(4)涉及资源　设计、安排计划时必须考虑资源配套。

(5)约束作用　虽然计划制定后可以修正,但计划的严肃性和约束作用应当得到保证,否则,计划不能成为真正意义上的计划。

(三)计划的种类

计划按不同的标志划分,可以划分为不同的种类:

1. 按计划的期限划分

(1)长期计划　是确定和预测影响组织未来前途进程的一种动态策划。它是纲领性计划,规定较长时期的发展方向、规模、目标以及实现上述目标的战略性措施。一般是 5 年以上的计划。

(2)中期计划　中期计划是介于长期计划和短期计划之间的一种"发展计划";在长期计划和短期计划起着承上启下的作用;一般是 1 年以上 5 年以下的计划。

(3)短期计划　短期计划就是为了获得符合长期计划的短期成果,而对具体活动(方案、日程、预算等)所作的预见。为了获得具体的成果,必须有具体的方案、规划和明确的绩效控制。在企业里,短期计划常指年度计划,也包括半年、季度、月度甚至每周的计划。

2.按层次划分

(1)战略计划　　决定的是企业在未来时间内的工作目标和发展方向,是企业最重要的一种计划。它有 3 个显著特点:一是长期性;二是普遍性;三是权威性。

(2)生产经营计划　　企业生产经营计划是企业在战略计划的指导下,根据企业的经营目标、方针、政策等制定的计划。生产经营计划的特点是整体性和系统性,它一般包括利润计划、销售计划、生产计划、成本计划、物资供应计划等。另外,生产经营计划一般多以年度计划为主。

(3)作业计划　　它是企业生产经营计划的实施计划,是企业的短期计划。作业计划的特点是具体明确,即它一般是由基层管理人员或企业负责计划工作的职能人员制定,指标具体,任务明确。

3.按计划内容划分

按计划内容可分为专项计划、综合计划和各种企业职能计划。

(四)计划职能的重要性

计划职能的重要性主要表现在以下 4 个方面:

(1)计划是实施管理活动的依据。

(2)计划可有效规避风险,减少损失。

(3)计划有利于在明确的目标下统一员工思想行动。

(4)计划有利于合理配置资源,取得最佳效益。

(五)计划职能的基本程序

计划职能的基本程序包括:

(1)分析环境,预测未来　　在做计划时,管理者首先要考虑企业的各种环境因素,这既包括企业的内部环境,也包括企业的外部环境;既要考虑企业的现实环境,也要考虑企业的未来环境。而通过对外部环境,特别是未来环境的分析和预测,为确定可行性目标提供依据。

(2)制定目标　　目标通常是指组织预期在一定期间内达到的数量和质量指标。目标是计划的灵魂,也是企业行动的方向。

(3)设计与抉择方案　　为实现目标,要合理配置人、财、物等各种资源,选择正确的实施途径与方法,制定系统的计划方案。

(4)编制计划　　要依据计划目标与所确定的最优方案,按照计划要素与工作要求,编制计划。

(5)计划的实施与反馈　　计划付诸实施,管理的计划职能并未结束。为了保证计划的有效执行,要对计划进行跟踪反馈,及时检查计划执行情况,分析计划执行中存在的问题,并对计划执行结果进行总结。

二、决策

(一)决策的含义与重要性

决策的含义:决策是指管理者为实现组织目标,在调研分析的基础上,运用科学理论和方法设计与选择优化方案,用以实施的管理行为。

决策从广义上讲包括调查研究、预测、分析研究问题、设计与选择方案,直至付诸实施等一系列活动。从狭义上讲,决策仅指对未来行动方案的抉择行为。

决策的重要性主要体现以下两方面:第一,决策是计划职能的核心,第二,决策事关工作目标能否实现,乃至组织的生存与发展。

(二)决策的类型

决策按不同的标志划分,可以划分为不同的种类:

1. 按决策的作用范围可分为

(1)战略决策　指有关组织长期发展等重大问题的决策。

(2)战术决策　指有关实现战略目标的方式、途径措施的决策。

(3)业务决策　指组织为了提高日常业务活动效率而做出的决策。

2. 按决策的时间可分为

(1)中长期决策　一般在 1~5 年以内。

(2)短期决策　一般在 1 年以内。

3. 按照制定决策的层次可分为

(1)高层决策　指组织中最高层管理人员做出的决策。

(2)中层决策　指组织内处于高层和基层之间的管理人员所做的决策。

(3)基层决策　指基层管理人员所做的决策。

4. 按决策的重复程度可分为

(1)程序化决策　指按原已规定的程序、处理方法和标准进行的决策,如签订购销合同等。

(2)非程序化决策　指对不经常发生的业务工作和管理工作所作的决策,如新产品开发决策等。

5. 按决策的时态可分为

(1)静态决策　指一次性决策,即对所处理的问题一次性敲定处理办法,如公司决定购买一批商品等。

(2)动态决策　指对所要处理的问题进行多期决策,在不断调整中决策,如公司分 3 期进行投资项目的决策等。

6.按决策问题具备的条件和决策结果的确定性程度可分为

(1)确定型决策。

(2)风险型决策。

(3)不确定型决策。

(三)决策的方法

常用的决策方法可以归为两类:定性方法和定量方法。

(1)定性方法 主要包括畅谈会法,也称头脑风暴法、征询法、方案提前分析法等。

(2)定量方法 主要包括确定型决策,常用的有盈亏平衡分析法;风险型决策,常用的有决策树法;不确定型决策,常用的有乐观法、悲观法、折中法和后悔值法。

(四)决策的程序

由于决策所要解决的问题复杂多样,决策的程序也不尽相同,但一般都遵循一些基本程序,如图 4-4 所示。

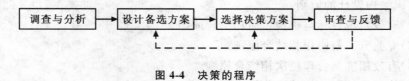

图 4-4 决策的程序

决策的基本程序:调查与分析,设计备选方案,选择决策方案,审查与反馈。

三、组织

(一)组织的含义

一般意义上的组织是人们进行合作活动的必要条件,泛指各种各样的社会组织或单位。即人们为了达到目标,进行合作而形成的群体。

管理学意义上的组织,是管理的一个基本职能,是指为有效实现组织目标,建立组织结构,配备人员,使组织协调运行的一系列活动。组织职能主要包括以下基本工作内容:

(1)设计并建立组织结构。

(2)设计并建立职权关系体系、组织制度规范体系与信息沟通模式,以完善并保证组织的有效运行。

(3)人员配备与人力资源开发。

(4)组织协调与变革。

组织职能有 4 个重要概念:职权、职责、负责和组织机构图。

职权:通过一定的正式程序赋予某项职位的一种权力。

职责:指某项职位或岗位应该完成某项任务的责任。

负责:反映上下级之间的一种关系,下级有向上级汇报工作的义务和责任,上级有向下级进行指导的责任。

组织系统图:反映组织内各岗位上下左右相互关系的一种图像。

(二)组织结构

组织结构是组织内的全体成员为实现组织目标,在管理工作中进行分工协作,通过职务、职责、职权及其相互关系构成的结构体系。组织结构的本质是成员间的分工协作关系,组织结构的内涵是职、责、权关系,所以,组织结构也可以称为权责结构。

组织结构设计:组织结构设计指的是对组织的结构和活动进行创建、变革和再设计。

组织结构设计的原则:

(1)有效实现目标与机构精简相结合原则。

(2)专业分工与协作相结合原则。

(3)有效幅度与合理层次相结合原则。

(4)统一指挥与分权管理相结合原则。

(5)责权利相结合原则。

(6)稳定性和适应性相结合原则。

(7)择优选拔与最佳组合相结合原则。

(8)人才使用与人才发展相结合原则。

组织结构的设计程序:

(1)确定设计的方针和原则。

(2)职能分析与设计。

(3)设计与建立基本结构。

(4)建立组织联系与规范。

(5)人员配备与培训。

(6)反馈与修正。

组织结构设计包括横向设计与纵向设计。组织横向结构设计主要解决管理与业务部门的划分问题,反映了组织中的分工合作关系;组织纵向结构设计主要解决管理层次的划分与职权分配问题,反映了组织中的领导隶属关系。

1.组织横向结构设计

部门划分,就是将组织总的管理职能进行科学分解,按照分工合作原则,相应组成各个管理部门,使之各负其责,形成部门分工体系的过程。部门划分的原则:

(1)有效性原则。

(2)专业化原则。

(3)满足社会心理需要原则。

划分部门的主要方法有:

(1)按人数划分部门。

(2)按运动项目划分部门。

(3)按职能划分部门。

(4)按区域划分部门。

2.组织纵向结构设计

组织的纵向结构设计主要是科学地设计有效的管理幅度与合理的管理层次问题。

管理幅度:管理幅度是指一名管理者直接管理下级的人数。一个管理者的管理幅度是有一定限制的。管理幅度过小,会造成资源的浪费;而管理幅度过大,又难以实现有效的控制。

决定管理幅度的主要因素有管理工作的性质与难度,管理者的素质与管理能力,被管理者的素质与工作能力,工作条件与工作环境。

管理层次:管理层次是指组织内部从最高一级管理组织到最低一级管理组织的组织等级。管理层次的产生是由管理幅度的有限性引起的。正是由于有效管理幅度的限制,才必须通过增加管理层次来实现对组织的控制。

管理幅度与管理层次之间存在反比关系。对于一个人员规模既定的组织,管理者有较大的管理幅度,意味着可以有较少的管理层次;而管理者的管理幅度较小时,则意味着该组织有较多的管理层次。

由于管理幅度与管理层次这两个变量的取值不同,就会形成高层结构和扁平结构两种组织结构类型。

高层结构的特点:高层结构是指组织的管理幅度较小,从而形成管理层次较多的组织结构。高层结构的优点是有利于控制,权责关系明确,有利于增强管理者权威,为下级提供晋升机会。缺点是增加管理费用,影响信息传输,不利于调动下级积极性。

扁平结构的特点:扁平结构是指组织的管理幅度较大,从而形成管理层次较少的组织结构。扁平结构的优点是有利于发挥下级积极性和自主性,有利于培养下级管理能力,有利于信息传输,节省管理费用。缺点是不利于控制,对管理者素质要求高,横向沟通与协调难度大。

　　3.组织结构的基本类型

　　(1)直线制组织结构　组织中各种职务按垂直系统直线排列,各级主管对所属下属拥有直接管辖权,组织中每一个人只是向一个直接上级负责。优点是结构比较简单,权力集中,责任分明,命令统一。缺点是组织规模较大时,所有的管理职能都集中由一人承担,往往难以应付,会发生较多的失误。

　　(2)职能制组织结构　这种组织结构的设计,是基于按管理过程中的专业知识、专业方法和专业要求划分部门的考虑,设立若干职能部门,各职能部门在自己的业务范围内有权向下级下达命令和指示。优点是便于发挥职能机构的专业管理功能。缺点是容易出现多头领导、政出多门、破坏了统一指挥的原则。

　　(3)直线职能制组织结构　也称直线参谋制,以直线制为基础,参照职能制,在最高管理层或在中间管理层设置职能部门,作为领导者的参谋机构,是一种倾向于权力集中的组织结构。优点是既保证了组织的统一指挥,又有利于强化专业化的管理,因此,运用比较普遍。缺点是下级缺乏必要的自主权,各职能部门之间联系不紧,难以协调。

　　(4)事业部制组织结构　是一种分权制的组织形式,实行公司统一政策,事业部独立经营的一种体制。优点是最高层管理可以集中精力做好战略决策和长远规划,组织内权、责、利分明,各事业部独立经营,有利于提高组织对外反应能力和竞争能力。缺点是机构重复、管理人员臃肿、易产生官僚主义。

　　(5)矩阵制组织结构　纵向系统是按职能划分,横向是按产品、工程项目或服务组成的管理系统。适用于变动大的组织或临时性的组织。矩阵制是把业务资源和职能资源结合起来,将按职能划分的垂直领导系统和按产品(项目)划分的横向领导系统有机结合在一起的组织结构。

　　矩阵制组织形式是在直线职能制垂直形态组织系统的基础上,再增加一种横向的领导系统。矩阵制组织是为了改进直线职能制横向联系差、缺乏弹性的缺点而形成的一种组织形式。它的特点表现在围绕某项专门任务成立跨职能部门的专门机构,例如,组成一个专门的产品(项目)小组去从事新产品的开发工作,在研究、设计、试验、制造各个不同阶段,由有关部门派人参加,力图做到条块结合,以协调有关部门的活动,保证任务的完成。这种组织结构形式是固定的,人员却是变动的,项目小组和负责人也是临时组织和委任的,任务完成后就解散,有关人员回原单位工作。因此,这种组织结构非常适用于横向协作和攻关项目。矩阵制形式加强了横向联系,克服了职能部门相互脱节、各自为政的现象,专业人员和专用设备能得到充分利用。具有较大的弹性,可随项目的开发与结束进行组织或解散,人力、物力有较高的利用率。各种专业人员同在一个组织共同工作一段时间,完成同一任务,为了一个目标互相帮助、相互激发,思路开阔,相得益彰,加强了不同部门之间的配合和信息交流。

矩阵制形式的缺点是参加项目的人员都来自不同部门,隶属关系仍在原单位,所以项目负责人对他们管理困难,没有足够的激励手段与惩治手段,这种人员上的双重管理是矩阵结构的先天缺陷;同时由于项目组成人员来自各个职能部门,当任务完成以后,仍要回原单位,因而容易产生临时观念,对工作有一定的负面影响。

(6)集团控股型　集团控股型组织是在非相关领域开展多种经营的企业常用的一种组织结构形式。它以企业间资本参与关系为基础,即一个大公司通过对另一个企业持有股权,形成以母公司为核心的,各子公司、关联公司、协作企业为紧密层、半紧密层、松散层的企业集团。集团公司或母公司与它所持股公司的企业单位之间不是上下级之间的行政管理关系,而是出资人对被持股企业的产权管理关系。母公司作为大股东,对持股单位进行产权管理控制的主要手段是:母公司凭借所掌握的股权向子公司派遣产权代表和董事、监事,通过这些人员在子公司股东会、董事会、监事会发挥积极作用而影响子公司的经营决策。

(7)虚拟型　虚拟组织作为一种企业组织创新形式,在网络经济条件下日益显示出其巨大的优势和生命力。虚拟组织利用现代信息技术手段,以契约关系的建立和维持为基础,依靠外部机构进行制造、销售或其他重要业务经营活动的组织结构形式。它可以是公司产品价值链的虚拟企业,由供应商、经营企业、代理商、顾客,甚至竞争对手共同组建,也可以是公司职能部门的虚拟化,也就是公司通过生产外包、销售外包、研发外包、策略联盟等方式与其他企业形成业务关系。

虚拟经营在组织上突破有形的界限,虽有生产、营销、设计、财务等功能,但企业体内却没有完整的执行这些功能的组织,仅保留企业中最关键的功能,而将其他的功能虚拟化——通过各种方式借助外力进行整合弥补,其目的是在竞争中最大效率地发挥企业有限的资源。组建的虚拟企业,对所有联合企业的产品和服务,要从市场需求出发,在核心企业或产品总体计划下组织生产、服务,通过统一的网络渠道并以卓有商誉的品牌销售,最后按各自产品(服务)的价值构成或份额分享利润。这些联合的成员可以是一个小企业,也可以是大企业的一个车间,可在不同的地区和国家。它们分别控制某项核心技术或某种产品,其产品设计、生产工艺、质量保证等在同行业中处于领先地位。它与核心厂不是传统的母子公司关系,而是以最终产品为纽带的合同和信誉关系,体现为企业间的一种契约关系、利益关系,虚拟企业不是法律意义上的完整的经济实体,不具备独立的法人资格。

在这种组织结构中,企业职能的大部分都从组织外"购买",这给管理当局提供了高度的灵活性,并使组织集中精力做其员工擅长的事。虚拟组织的建立要以企业核心竞争力为基础。一家企业越具有内在的核心竞争力,就越容易被核心企业看中而被吸纳到某一供应链上,就越容易确立自己在整个供应链上不可替代的地位,也越能为企业带来价值增值,越能增强企业的核心竞争力。虚拟经营实行"大幅度、少层次"的扁平式管理,抛开传统的"大而全"、"小而全"的犹如巨龙般的架构,使其能以最快的速度回应市场的需求,保持高度的灵活性。通过虚拟生产模式避免企业间重复建设,实现资源共享,减少投资、降低风险。使各个组织间实现优势互补,保留竞争优势的职能,适应于现今追求企业弹性化的经营管理潮流。

四、领导

(一)领导的含义

领导的本质是一种影响力,即对一个组织为确立目标和实现目标所进行的活动施加影响的过程。或表述为,领导是指导和影响群体或组织成员为实现群体或组织目标而做出努力和贡献的过程或艺术。

领导的作用:领导活动对组织绩效具有决定性的影响。领导的这种决定性作用具体表现在如下 3 个方面:指挥作用、协调作用和激励作用。

领导的本质:领导的本质就是领导者获得被领导者的追随和服从。

领导与管理的区别:从本质上说,管理是建立在合法的、有报酬的和强制性权利的基础上对下属命令的行为。领导可能建立在合法的、有报酬的和强制性的权利基础上,但更多的则是建立在个人的影响力、专长权以及模范作用等的基础之上。因此,一个人可能既是管理者又是领导者,也可能不是管理者却是领导者。

(二)领导权力的构成

权力指的是一个人藉以影响其他人的能力。领导权力包括两个方面:一是管理者的组织性权力,即职权。二是管理者的个人影响权,主要指管理者个人的威信。

权力划分为 5 种:合法权、奖赏权、强制权、专家权和感召权。前 3 种为职权,后 2 种为个人影响权。

领导者正确运用权力的原则:慎重用权,公正用权,例外处理。

领导者权力的来源:职位权力,来源于个人在组织中的地位,任何人只要有这职务,也就同时拥有这些权力;个人影响权力,是由个人性格、品质和才能所决定的,是表率的作用即威信,常表述为领导魅力。

权力、责任、服务三位一体,权力是实现责任的条件,责任是权力的本质体现,服务是职责的具体化。

领导权力的有效性：

(1)任何权力都不是绝对的,还要受其他权力的约束。

(2)在规定的范围内,权力必须得到充分的行使。

(3)不能盲目乐观地认为,由于拥有权力而发出的每一项指令都能得到完满执行。

(三)领导艺术

领导艺术是指建立在一定知识、经验、智慧基础上的非规范化的有创造性的给人以美感的领导技能。

领导艺术的特征：

(1)随机性　非规范化的变通能力。

(2)经验性　领导艺术都有经验的痕迹,包含着个人的感情色彩、感染人、吸引人的魅力。

(3)创造性　构思新颖,风格独特,有惊人的独到之处。

领导艺术的原则:领导艺术必须服从管理目标,领导艺术必须服从于科学,领导艺术必须服从社会道德。

领导艺术的应用：

(1)对人的领导艺术　因人制宜,区别对待;要互相尊重职权;爱人之心,容人之量,举贤之能;技能是小,用人为大;感情投资,事半功倍;令行禁止,以身作则;容人之短,用人之长;要善于协调人际关系;用人不疑;用养结合。

(2)处理事的艺术　领导要干领导的事;要专心于正业;要谋之以众,断之以独;要疏之以导,策之以励;学会"弹钢琴"的艺术。

(3)掌握时间的艺术　时间观念;时间支配;开好会议;审时度势,抓住有利时机;会问"三不能",即能不能不办,能不能与别的工作一起办,能不能用更简便的方法办。

(4)领导层讨论问题应讲究的艺术　深思熟虑,周详准备;表明见解要清晰;善于发问,平等协商;全面评价,切忌片面;学会制造轻松气氛;表达合乎逻辑。

(5)授权的艺术　因事择人,视能授权;按责定权,权责相当;适度授权;逐级授权。

(四)领导手段

领导作为一种影响力,其施加作用的方式或手段主要有:指挥、激励和沟通,如表 4-3 所示。

表 4-3　领导的主要手段

手段	含　义	具 体 形 式	特　点	作　用
指挥	是指管理者凭借权威，直接命令或指导下属行事的行为	部署、命令、指示、要求、指导、帮助	强制性、直接性、时效性	是管理者最经常使用的领导手段
激励	是指管理者通过作用于下属心理来激发其动机、推动其行为的过程	能够满足人的需要，特别是心理需要的种种手段	自觉自愿性、间接性和作用持久性	是管理者调动下属积极性，增强群体凝聚力的基本途径
沟通	是指管理者为有效推进工作而交换信息、交流情感、协调关系的过程	信息的传输、交换与反馈，人际交往与关系融通，说服与促进态度（行为）的改变	目的性、信息传递性和双向交流性	是管理者保证管理系统有效运行，提高整体效能的经常性职能

五、激励

（一）激励的含义与激励要素

激励是指管理者运用各种管理手段，刺激被管理者的需要，激发其动机，使其朝向所期望的目标前进的心理过程。激励最显著的特点是内在驱动性和自觉自愿性。

激励在管理中的作用：最主要作用是通过动机的激发，调动被管理者工作的积极性和创造性，自觉自愿地为实现组织目标而努力，激励在管理中的核心作用是调动人的积极性。

激励要素主要包括动机、需要、外部刺激和行为。

激励的核心要素就是动机，动机是推动人从事某种行为的心理动力。关键环节就是动机的激发。

需要是激励的起点与基础：人的需要是人们积极性的源泉和实质，而动机则是需要的表现形式。

外部刺激是激励的条件，它是指在激励的过程中，人们所处的外部环境中诸种影响需要的条件与因素。主要指各种管理手段及相应形成的管理环境。

行为是被管理者采取有利于组织目标实现的行动，是激励的目的。

（二）激励的过程、方式与手段

激励的实质过程是在外界刺激变量（各种管理手段与环境因素）的作用下，使内在变量（需要、动机）产生持续不断的兴奋，从而引起被管理者积极的行为反应

（实现目标的行为），如图 4-5 所示。

图 4-5　激励的过程

有效的激励，必须通过适当的激励方式与手段来实现。按照激励中诱因的内容和性质，可将激励的方式与手段大致划分为 3 类：物质利益激励、社会心理激励和工作激励。

物质利益激励，是指以物质利益为诱因，通过调节被管理者物质利益来刺激其物质需要，以激发其动机的方式与手段。主要包括以下具体形式：奖酬激励，关心照顾，处罚。处罚是一种负强化，是一种特殊的激励方式。

社会心理激励，是指管理者运用各种社会心理学方法，刺激被管理者的社会心理需要，以激发其动机的方式与手段。这类激励方式是以人的社会心理因素作为激励的诱因的。主要包括以下一些具体形式：目标激励，教育激励，表扬与批评，感情激励，尊重激励，参与激励，榜样激励，竞赛（竞争）激励。

工作激励，按照赫茨伯格的双因素论，对人最有效的激励因素来自于工作本身，因此，管理者必须善于调整和调动各种工作因素，搞好工作设计，千方百计地使下级满意于自己的工作，以实现最有效的激励。

（三）激励的原则

在激励过程中必须坚持以下原则：

（1）目标认同原则　目标本身就是一种刺激，当目标被职工认同后，他们就会自觉地努力去工作，包括对个人报酬目标的认同和对企业目标的认同。

（2）公平公正原则　如果背离这个原则，不仅会挫伤职工的积极性，还会阻碍企业和社会的安定和发展。

（3）按劳分配原则　按劳动的质量和数量分配。

（4）物质奖励和精神奖励相结合的原则。

（5）沟通原则　上下左右良好的沟通能形成一种良好的氛围，让职工心情舒畅地在和谐的人文环境中工作。

（6）民主管理原则。

六、控制

(一)控制的含义与类型

控制,就是按照计划标准衡量计划的完成情况和纠正计划执行中的偏差,以确保计划目标的实现,或适当修改计划,使计划更加适合于实际情况。

管理控制工作的目标主要有两个:限制偏差的累积,适应环境的变化。

控制的类型:根据控制获取的方式和时点的不同而将管理控制划分为预先控制、同步控制和反馈控制 3 类,如表 4-4 所示。

表 4-4　管理控制的 3 种基本类型

名　称	含　义	中心问题
预先控制	是指为增加将来的实际结果达到计划结果的可能性,而是事先所进行的管理活动	防止组织所使用的资源在质和量上产生偏差
同步控制	是指管理人员在计划执行过程中,指导、监督下属完成计划要求的行动	防止与纠正执行计划行动与计划标准的偏差
反馈控制	是把对行为最终结果的考核分析作为控制将来行为的依据的一种控制方式	分析评价计划执行的最终结果与计划目标的偏差

(二)控制的作用

(1)控制能保证计划目标的实现,这是控制的最根本作用。

(2)控制可以使复杂的组织活动能够协调一致、有序地运作,以增强组织活动的有效性。

(3)控制可以补充与完善期初制定的计划与目标,以有效减轻环境的不确定性对组织活动的影响。

(4)控制可以进行实时纠正,避免和减少管理失误造成的损失。

(三)控制的过程与要素

管理控制的工作过程,一般由 3 个主要步骤组成:

(1)制定控制目标,建立控制标准　控制目标和控制标准是控制工作得以开展的前提,是检验和衡量实际工作的依据和尺度。

(2)衡量实际工作,获取偏差信息　了解和掌握偏差信息是控制工作的重要环节。

(3)分析偏差原因,采取纠正措施　纠正措施、对策和办法的提出必须建立在对偏差原因进行正确分析的基础上。

管理控制的基本要素:控制目标与标准,偏差信息,纠正措施。

为了使控制工作做得更加切实有效,管理控制一般需要注意以下原则:

(1)控制应该同计划与组织相适应。

(2)控制应该突出重点,注意例外。

(3)控制应该具有灵活性、及时性和经济性的特点。

(4)控制过程中应避免出现目标扭曲的问题。

(5)控制工作应注意培养组织成员的自我控制能力。

第四节 管理的发展

19世纪末20世纪初,"泰罗制"以科学管理取代了"经验管理",从而实现了企业管理的"第一次革命"。那么,当人类进入了21世纪,世界正在经历着急剧的变革,管理也面临严峻的挑战,有专家预言,以"知识管理"为代表的一个崭新的经营管理时代已悄然来临,这种管理的变化趋势主要体现在:管理理念上的人本思想,组织运作形态上的虚拟化,总之,我们已经走到了必须改变传统管理方法,开创新的组织管理模式的重要转折点,如果想赢得企业发展的未来就必须进行管理创新。

一、人本管理

(一)人本管理的内涵

人本管理是指在人类社会任何有组织的活动中,从人性出发来分析问题,以人性为中心,按人性的基本状况来进行管理的一种较为普遍的管理方式。由此出发,建立或考察人本管理,都要从分析人本管理的基本要素开始,确定人本管理的理论模式和基本内容,建立人本管理体系。

具体来说,主要包括如下几层含义:

1.依靠人——全新的管理理念

在过去相当长的时间内,人们曾经热衷于片面追求产值和利润,却忽视了创造产值、创造财富的人和使用产品的人。在生产经营实践中,人们越来越认识到,决定一个企业、一个社会发展能力的,主要并不在于机器设备,而在于人们拥有的知识、智慧、才能和技巧。人是社会经济活动的主体,是一切资源中最重要的资源。归根结底,一切经济行为,都是由人来进行的;人没有活力,企业就没有活力和竞争力。因而必须树立依靠人的经营理念,通过全体成员的共同努力,去创造组织的辉煌业绩。

2.开发人的潜能——最主要的管理任务

生命有限,智慧无穷,人们通常都潜藏着大量的才智和能力。管理的任务在于如何最大限度地调动人们的积极性,释放其潜藏的能量,让人们以极大的热情和创造力投身于事业之中。解放生产力,首先就是人的解放。

3.尊重每一个人——企业最高的经营宗旨

每一个人,无论是领导人,还是普通员工,都具有独立的人格,都有做人的尊严和做人的应有权利。无论是东方或是西方,人们常常把尊严看作是比生命更重要的精神象征。一个有尊严的人,他会对自己有严格的要求,当他的工作被充分肯定和尊重时,他会尽最大努力去完成自己应尽的责任。

作为一个企业,不仅要尊重每一名员工,更要尊重每一位消费者、每一个用户。因为一个企业之所以能够存在,是由于它们被消费者所接受、所承认,所以应当尽一切努力,使消费者满意并感到自己是真正的上帝。

4.塑造高素质的员工队伍——组织成功的基础

一支训练有素的员工队伍,对企业是至关重要的。每一个企业都应把培育人、不断提高员工的整体素质,作为经常性的任务。尤其是在急剧变化的现代,技术生命周期不断缩短,知识更新速度不断加快,每个人、每个组织都必须不断学习,以适应环境的变化并重新塑造自己。提高员工素质,也就是提高企业的生命力。

5.人的全面发展——管理的终极目标

人的自由而全面的发展,是人类社会进步的标志,是社会经济发展的最高目标,从而也是管理所要达到的终极目标。

6.凝聚人的合力——组织有效运营的重要保证

组织本身是一个生命体,组织中的每一个人不过是这有机生命体中的一分子,所以,管理不仅要研究每一成员的积极性、创造力和素质,还要研究整个组织的凝聚力与向心力,形成整体的强大合力。从这一本质要求出发,一个有竞争力的现代企业,就应当是齐心合力、配合默契、协同作战的团队。如何增强组织的合力,把企业建设成现代化的有强大竞争力的团队,也是人本管理所要研究的重要内容之一。

(二)人本管理的核心思想与基本要素

人本管理的立足点与核心是人的知识与能力的提高和创造力的培养,它要求管理者应始终坚持"以人为本"的观念,建立起让每一个员工都有机会施展才能的激励机制,努力营造尊重、和谐、愉快、进取的氛围,激发人们的工作热情、想象力和创造力。同时,人本管理也更加注重企业文化的建设和员工合作精神的培养,管理方式将更加的多元化和人性化。

人本管理就是以人为本的管理,遵循管理的人本原理,这不仅体现在企业组织经营理念的深刻变化,同时也反映在组织管理方法和手段乃至组织构建上的一系列根本性的变革。

以人性为核心,人本管理有员工、环境、文化及价值观4项基本要素。这4项基本要素是学习与建立人本管理时必须予以重视和研究的。

(三)人本管理的机制

有效地进行人本管理,关键在于建立一整套完善的管理机制和环境,使每一个员工不是处于被管的被动状态,而是处于自动运转的主动状态,激励员工奋发向上、励精图治的精神。人本管理主要包括相互联系的如下一些机制:

(1)动力机制 旨在形成员工内在追求的强大动力,主要包括物质动力和精神动力,即利益激励机制和精神激励机制。二者相辅相成,不可过分强调一方而忽视另一方。

(2)压力机制 包括竞争压力和目标责任压力。竞争经常使人面临挑战,使人有一种危机感;正是这种危机感和挑战,会使人产生一种拼搏向前的力量。因而在用人、选人、工资、奖励等管理工作中,应充分发挥优胜劣汰的竞争机制。目标责任制在于使人有明确的奋斗方向和责任,迫使人去努力履行自己的职责。

(3)约束机制 制度规范和伦理道德规范,使人的行为有所遵循,使人知道应当做什么,如何去做并怎样做对。制度是一种有形的约束,伦理道德是一种无形的约束;前者是企业的法规,是一种强制约束,后者主要是自我约束和社会舆论约束。当人们精神境界进一步提高时,这两种约束都将转化为自觉的行为。

(4)保证机制 包括法律保证和社会保障体系的保证。法律保证主要是指通过法律保证人的基本权利、利益、名誉、人格等不受侵害。社会保障体系主要是保证员工在病、老、伤、残及失业等情况下的正常生活。在社会保障体系之外的企业福利制度,则是作为一种激励和增强企业凝聚力的手段。

(5)选择机制 主要指员工有自由选择职业的权力,有应聘和辞职、选择新职业的权力,以促进人才的合理流动;与此同时,企业也有选择和解聘的权力。实际上这也是一种竞争机制,有利于人才的脱颖而出和优化组合,有利于建立企业结构合理、素质优良的人才群体。

(6)环境影响机制 人的积极性、创造性的发挥,必然受环境因素的影响。主要有两种环境因素:即人际关系、工作本身的条件和环境。

人际关系:和谐、友善、融洽的人际关系,会使人心情舒畅,在友好合作、互相关怀中愉快地进行工作;反之,则会影响工作情绪和干劲。

工作本身的条件和环境：人的大半生是在工作中度过的，工作条件和环境的改善，必然会影响到人的心境和情绪。提高工作条件和环境质量，首先是指工作本身水平方向的扩大化和垂直方向的丰富化；其次是指完成工作任务所必备的工具、设备、器材等的先进水平和完备程度；再次则指工作场所的宽敞、洁净、明亮、舒适程度，以及厂区的绿化、美化、整洁程度等。

创造良好的人际关系环境和工作条件环境，让所有员工在欢畅、快乐的心境中工作和生活，不仅会促进工作效率的提高，也会促进人们文明程度的提高。

二、虚拟化经营管理

（一）什么是虚拟化经营

虚拟经营，就是指企业在组织上突破有形的界限，虽有生产、行销、设计、财务等功能，但企业内部没有完整的执行这些功能的组织，仅保留企业中最关键的功能，如知识、技术等，而将其他的功能虚拟化，这样就可以在企业资源有限的情况下，通过各种方式借助外力对自身劣势进行整合弥补，从而将企业有限的资源投入到最关键的功能上去，使企业在激烈的市场竞争中能够最大效率地发挥优势，最大限度地提高竞争力。

从交易费用经济学的角度看，当企业的内部交易费用大于市场交易费用时，企业就应该重新选择通过市场来完成资源的配置。从企业价值链和供应链的角度考察，虚拟经营的精髓是将有限的资源集中在附加值高的功能上，而将附加值低的功能虚拟化。利用供应链的整合，实现战略联盟企业的"多赢"。

虚拟化经营在国外早已十分普遍，像耐克、锐步等运动鞋公司根本就没有自己的工厂，而国内所能见到的多数进口电器也都是以这种方式进行经营和生产。正是因为国外虚拟企业将一些劳动密集型产业的生产部分虚拟化，并把它转移到劳动力成本较低的我国来做，所以才有深圳和珠江三角洲的发展。

（二）虚拟化经营的形式

虚拟经营的企业运用核心能力，利用外部优势条件，创造高弹性的运作方式。虚拟经营在实际操作中一般有以下几种方式：

（1）虚拟生产　企业通过协议、委托、租赁等方式将生产车间外化，不仅减少了大量的制造费用和资金占用，还能充分利用他人的要素投入，降低自身风险。

（2）虚拟营销　这是指公司总部借用独立的销售公司的广泛联系和分销渠道，销售自己的产品。这样，公司不但可以节省一大笔管理成本和市场开拓费用，而且使本公司能专心致力于新产品开发和技术革新，从而保持公司的核心竞争优势。

（3）战略联盟 这是指几家公司拥有不同的关键资源，而彼此的市场有某种程度的间隔，为了彼此的利益，进行战略联盟，交换彼此的资源，以创造竞争优势。微软公司将它的"视窗"与 IBM 公司进行战略联盟，"视窗"是优秀的面向用户的友好操作界面，IBM 则是久负盛名的 PC 商，双方在联盟中创造了双赢。

（4）虚拟研发 企业以项目委托、联合开发等形式，借助高等院校、科研机构的研发优势，完成技术创新、技术改造、新产品开发等工作，以弥补自身研发能力之不足。国内知名的 IT 企业清华同方和北大方正，其成功是与背靠清华大学和北京大学这样的研发环境的优势分不开的。

不管采取哪一种方式，虚拟经营的企业必须控制关键性的资源，如专利、品牌、营销网络或研发能力，不能完全借助于外部环境，以免受制于人。

（三）企业虚拟化经营管理应注意的问题

由于多方面的原因，特别是企业虚拟经营组织上的不稳定和管理上的复杂性，以致在实际操作中存在或可能出现一些问题，应当注意下面几个方面的问题：

（1）看到参与虚拟化经营体各方利益目标的差异性 各企业在虚拟经营合作中，尽管有着共同的利益，尤其是虚拟化程度较高的合作方式，相互间有相同的战略目标，建立了互补型的合作关系，但在实际过程中仍不可避免地会发生经济利益上的冲突，这种现象会削弱虚拟化经营方式的生命力。

（2）要防止核心技术优势的流失 参与虚拟经营的有关各方，互相之间总有一定的对于双方来讲存在相对优势地位的能力，特别是技术方面的优势。但随着时间推移，技术优势、高新技术在合作中的推广运用，形成扩散，当技术处于劣势的一方企业完全熟悉了生产工艺，掌握了技术诀窍后，就可能出现这一企业脱离合作群体而单独经营，以取得更大利益的情况。

（3）要尽力避免企业文化的冲突 企业文化是一个企业长期形成积淀起来的能体现企业风格、特性的有关的企业经营思想、理念、管理技术、价值观念等内容，它有鲜明的个性。企业间的合作，其物质性资源的合作相对好处理，而像企业文化这类软资源的合作就很困难，有时会出现不同企业不同价值观和经营理念的冲突，最后往往由于文化上的不和谐而导致合作失败。

（4）要摒弃"大而全"、"小而全"的企业组织结构和地区经济结构 我国有一些企业专业化协作水平低，同类产品生产厂家多等问题仍然较为突出。而且，还有一些地区由于热衷于"填补空白"项目，把建立健全自己的生产体系作为发展的重要目标，因而缺乏重要的分工，盲目发展，重复建设现象时常发生，使得地区部门结构有很强的趋同性。这些都是与虚拟经营管理的要求相悖的。

（5）要注重人才的使用和培养　实施虚拟经营的企业，其上下游的合作者大都不是依靠产权关系来维系，而是靠无形资产来整合。企业如果没有很强的统帅能力和协调能力，就很难保证产品及服务的质量以及合作与协调的高效率、高水平。虚拟经营管理实际上是一种更高层次的形态经营管理，对企业应变能力、调控能力、整合能力、创新能力提出了更高的要求，对企业的竞争战略、企业文化、营销方式等提出了新的挑战。因此，虚拟经营管理一定要由高素质的管理人员来实施才能获得成效。

三、管理创新

（一）什么是管理创新

通常而言，创造是指以独特的方式综合各种思想或在各种思想之间建立起独特的联系的这样一种能力。能激发创造力的组织，可以不断地开发出做事的新方式以及解决问题的新办法。

管理创新是指组织形成一系列创造性思想并将其转换为有用的产品、服务或作业方法的过程。即富有创造力的组织能够不断地将创造性思想转变为某种有用的结果。也可以表述为，管理创新是指企业把新的管理要素（如新的管理方法、新的管理手段、新的管理模式等）或要素组合引入企业管理系统以更有效地实现组织目标的创新活动。

管理创新是知识经济和现代科学技术的要求，是市场经济和激烈的市场竞争的要求，也是企业发展和深化企业改革的要求。

（二）管理创新的基本条件

为使管理创新能有效地进行，必须创造以下的基本条件：

1. 创新主体（企业家、管理者和企业员工）应具有良好的心智模式

这是实现管理创新的关键。心智模式是指由于过去的经历、习惯、知识素养、价值观等形成的基本固定的思维认识方式和行为习惯。创新主体具有的心智模式：一是远见卓识；二是具有较好的文化素质和价值观。

2. 创新主体应具有较强的能力结构

管理创新主体必须具备一定的能力才可能完成管理创新，创新管理主体应具有：核心能力、必要能力和增效能力。核心能力突出地表现为创新能力；必要能力包括将创新转化为实际操作方案的能力，从事日常管理工作的各项能力；增效能力则是控制协调加快进展的各项能力。

3.企业应具备较好的基础管理条件

现代企业中的基础管理主要指一般的最基本的管理工作,如基础数据、技术档案、统计记录、信息收集归档、工作规则、岗位职责标准等。管理创新往往是在基础管理较好的基础上才有可能产生,因为基础管理好可提供许多必要的准确的信息、资料、规则,这本身有助于管理创新的顺利进行。

4.企业应营造一个良好的管理创新氛围

创新主体能有创新意识,能有效发挥其创新能力,与拥有一个良好的创新氛围有关。在良好的工作氛围下,人们思想活跃,新点子产生得多而快,而不好的氛围则可能导致人们思想僵化,思路堵塞,头脑空白。

5.管理创新应结合本企业的特点

现代企业之所以要进行管理上的创新,是为了更有效地整合本企业的资源以完成本企业的目标和任务。因此,这样的创新就不可能脱离本企业和本国的特点。在当前的国际市场中,短期内中国大部分企业的实力比西方企业弱,如果以刚对刚则会失败,若以太极拳的方式以柔克刚,则可能是中国企业走向世界的最佳方略。中国企业应充分发挥以"情,理,法"为一体的中国式管理制度的优势和特长。

6.管理创新应有创新目标

管理创新目标比一般目标更难确定,因为创新活动及创新目标具有更大的不确定性。尽管确定创新目标是一件困难的事情,但是如果没有一个恰当的目标则会浪费企业的资源,这本身又与管理的宗旨不符。

（三）如何提高企业的管理创新能力

(1)有意识地进行管理创新　企业应该培养员工的创新意识,建立创新制度,明确创新职责。

(2)创造一个怀疑的、解决问题的企业文化　当面临挑战时,企业应当鼓励员工寻求解决问题的新方法。

(3)寻求不同企业的类比和例证　建立"学习型"的文化氛围,多学习不同企业的管理经验,开阔员工的视野并激发思维。

(4)培养低风险试验的能力　每种创新只能在有限的人员范围和有限的时间内进行,既保证新创意有机会实施,同时也降低创新所带来的风险。

(5)持续地进行管理创新。

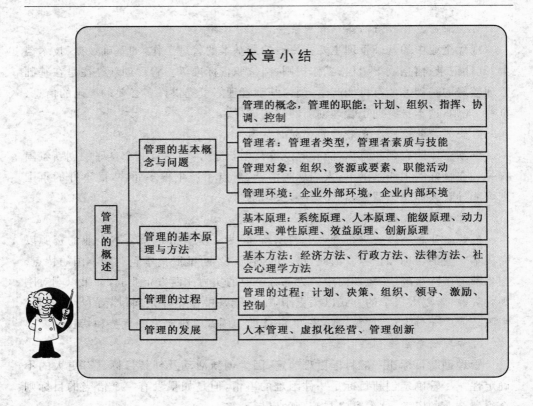

管理的基本概念与问题
- 管理的概念，管理的职能：计划、组织、指挥、协调、控制
- 管理者：管理者类型，管理者素质与技能
- 管理对象：组织、资源或要素、职能活动
- 管理环境：企业外部环境，企业内部环境

管理的基本原理与方法
- 基本原理：系统原理、人本原理、能级原理、动力原理、弹性原理、效益原理、创新原理
- 基本方法：经济方法、行政方法、法律方法、社会心理学方法

管理的过程
- 管理的过程：计划、决策、组织、领导、激励、控制

管理的发展
- 人本管理、虚拟化经营、管理创新

管理的概述

【关键概念】

管理　计划　组织　指挥　协调　控制　管理者　管理环境　领导　激励

【复习思考题】

1.什么是管理？在你的印象中谁是一个成功的管理者？

2.管理者需要具备哪些素质和技能？分析一下，自己已经具备和尚未具备哪些管理者素质？

3.举例谈谈管理者和领导者的区别与联系。

4.通过报刊杂志和网络等，了解一下世界企业管理的发展趋势，并分析一个前沿的管理理论。

5.用学过的管理理论对一家你熟悉的企业进行分析，并试着为其拟订一个管理创新的计划，或试着为其设计一个更为合理的组织结构。

【观念应用】

以人为本,营造最佳人居环境

1. 发展状况

随着城市的建设和发展,新建居住区如雨后春笋般拔地而起。居住区的绿化与城市建设、交通、卫生、教育、商业服务及其他物业管理等,共同构成现代化城市居住区的总体形象。居住区绿地是城市园林绿化系统的重要组成部分,是伴随现代化城市建设而产生的一种新型绿地。它最贴近生活、贴近居民,也最能体现“以人为本”的现代理念。在城市的大园林中占有相当大的比重。仅以石景山区居住区的发展为例,从 20 世纪 80 年代初,到“九五”末期,居住区的占地面积 406 hm²,绿化面积达到 109 hm²,绿化覆盖率 30%,远远超过其他公共绿地的增长速度。其投入经费虽不及房地产投资高,但创造了良好的生态效益,得到各级领导和有识之士的高度重视,更深受小区居民的关心和瞩目。

2. 存在问题

(1)自觉执行绿化法规的意识不够,尚未形成规范化管理。

①由于缺乏有效的保护管理措施,一些建设单位在经济利益的驱动下,改变了部分规划绿地的使用性质。如摆摊设亭,建存车棚、停车场等。绿地成了无视法规的挤占对象。

②存在各行其是的现象,设计与施工未经园林部门审核(设计施工资质、绿化规划设计),影响了居住区绿化美化水平的提高。

③宣传执法力度不够,管理办法不够落实。对随意折枝、摘花、伐树和车辆碾压绿地等行为,查处工作薄弱,无形中助长了侵占、蚕食、破坏绿地的行为,致使一些人和个别单位的领导绿化意识淡薄,法制观念极差。

(2)绿化规划与快速发展的城市建设不相适应　一些开发商在报规划时,各项指标均符合要求,但具体到施工时,一些配套设施就发生了“计划赶不上变化”的现象。待到投入使用时,问题接踵而至。例如,停车场问题、商业配套设施问题等。为了缓解矛盾,开发商不得不考虑补扩建,而补扩建的唯一办法就是挤占绿地。

(3)管理体制不顺,经费明显不足　建成区的居住区绿化,有时因为产权和管理范围交接不明晰,责任不清而造成管理不到位。依照法规规定,小区绿化建设和养护经费,应由房屋产权单位负责。但由于目前实行房改,房屋产权多样化,至今养护经费不能落实。如果此类问题得不到解决,包袱越背越重,势必会造成将来承受不了而被迫弃管。另外,有一些市政工程,在居住区或重点大街施工,毁坏树木、占用绿地不缴纳绿化损失费,无形中为绿化养护经费不足的管理单位雪上加霜,影响了整体绿化水平的提高。

3.营造最佳人居环境的措施

(1)规划设计是关键

①严格执行规划设计要求:要想提高新建居住区绿化美化水平,就必须做到规划设计合理,使规划到位,建设过程中严格执行规划设计要求。例如,执行居住区绿化面积占小区总面积的30%,还要按照设计人口居住小区集中绿地面积人均1 m²、居住区人均2 m²的要求,必须具有一定数量的游憩康体设施、供居民游憩赏景及进行各类活动的公共绿地。

②配套设施完善,综合功能齐全:居住区的基础设施除了绿地外,还应包括教育设施、商业网点、卫生保健、娱乐场所、行政管理、市政公用设施等。

③规划要有超前意识,留出一定比例的待建用地。

④居住区绿化规划设计要注重创新,注重经济实用,注重管理,注重绿化设计手法。

儿童活动区内要树种树型丰富,色彩明快,比例恰当。一般采用生长健壮,少病虫害,树姿优美,无刺、无毒、无飞絮的树种。配置的方式要适合儿童的心理,色彩丰富、体态活泼,便于儿童记忆和辨认。老人活动区应选择高大的乔木为老人休息处遮荫,为晨练、散步创造意境。对于大多数中年户外活动的人群要通过用自然流畅的林缘线,与丰富的大色块相结合的方式,取得良好的感官环境效果。居住区是居民一年四季生活、憩息的环境。在植物的配置上应考虑季相变化,营造春则繁花吐艳、夏则绿荫清香、秋则霜叶似火、冬则翠绿常延的景观,使之同居民春夏秋冬的生活规律同步。建议选择一些具有强烈季相变化的植物。如雪松、玉兰、法桐、元宝枫、紫薇、女贞、大叶黄杨、柿树和应时花卉等,萌芽、抽叶、开花、结果的时间相互交错,达到季相变化。还应乔灌花草相结合,常绿与落叶相结合、速生与慢长相结合。同时考虑住宅的通风、采光。最后达到功能优先、注重景观、以绿为主、方便居民的目的。

(2)增加投资是提高绿化水平的重要保障　绿化经费投入一定终身或一次性使用的办法,都可能造成绿化水平的参差不齐和管理水平逐年滑坡。建立稳定的、多元化的小区绿化建设和养护管理资金渠道,是提高新建居住区绿化美化水平的重要保障。所以,小区开发商应加大绿化投资力度,同时也要建立多渠道的资金筹集机制,鼓励和引导社会资金用于小区的绿化建设和管理,也是提高新建居住区绿化水平的有效途径。

　　具体可采取如下措施：

　　①单位自管的房屋，按照《北京市绿化条例》规定，可由该单位按年度制定支出预算；物业公司或房管站管理的房屋，则应由物业公司或房管站按年度制定支出预算。无论由谁管理，都要确保绿化养护经费足额到位。随着房改的不断深化、房租的不断调整以及公房出售，应积极推行把绿化养护经费列入物业管理预算，使其有稳定的来源。

　　②本着"谁受益、谁投资"的原则，在居民中筹集一定数量的绿化养护经费，按照物业有关管理规定中的 0.55 元/m² 的标准收取绿化费。使居民既尽了义务，又对绿地增加了一份责任和情感。

　　③分清职责，加强对居住区绿化的保护和管理。园林绿化部门要认真履行政府管理职能，对居住区的绿化管理制定出切实可行的具体办法，采取切实有效的措施，依法加强管理。并制定出养护管理的标准，开展检查评比活动，奖优罚劣。街道办事处和居委会要把监督管理绿化作为己任，纳入工作日程。房屋产权单位或物业公司，是居住区绿化的责任单位，一方面要安排好绿化养护经费；组织养护管理专业力量或委托园林绿化部门进行规范有效的养护管理；另一方面要接受园林绿化管理部门或街道办事处的监督检查和指导，积极参加绿化养护管理的评比，使工作不断改进和加强。

　　④对于尚未实行物业管理的小区，居民委员会要采取新的有效措施，积极鼓励认建认养绿地的活动，增强广大居民爱绿、护绿的意识。

　　(3)完善绿化管理体制，加强养护管理，是提高新建居住区绿化水平的重要保证。

　　过去，由于管理体制不顺畅，养护管理主体单位不明确，责任不清，出现了一年绿、二年荒、三年光的现象。为了避免此现象的发生，在房屋产权单位多样化的今天，对新建居住区的综合管理，应由开发商组织物业公司进行管理。物业公司可自管，也可委托具有一定实力、资质的专业部门管理，但绿化行政管理单位一定要严把质量关，实行养护管理责任制，明确责任。并执行绿地养护考核管理标准，加强各项养护措施并进行现场指导和监督。

　　(4)增强绿化意识，加大执法力度，保护绿化成果，是提高绿化水平的有效措施

　　①要强化全民绿化意识，提高公众爱护绿化成果的自觉性，力戒有法不依的现象，就必须坚持不懈地对群众进行绿化法规的宣传、教育和引导，特别是对青少年的教育，让他们从小就懂得绿化的功能和作用。

②充分利用媒体大造声势,利用植树节设立绿化宣传、咨询站点,发放宣传材料。发动中小学生分送《致公民的一封信》等,宣传绿化美化的重要性;宣传绿化法规和保护绿化成果的重要性,使绿化造福人类的思想家喻户晓。

③加大执法力度,严格按照《北京市城市绿化条例》依法行政,遏制破坏绿化的违法犯罪行为,严格控制树木的伐移审批手续。凡不按绿化法规缴纳有关费用的单位和个人,不予办理绿化审批手续;凡单位庭院绿化尚未达标的,一律从严审批开工项目;凡挤占破坏绿地的一律限期腾、辟出绿地,由区绿化部门统一规划、实施绿化,从而有效地保护绿化成果。

(5)正确处理好几种关系

①处理好规划与建设的关系:居住区绿化水平的高低,主要看规划起点的高低。凡是要建设成高标准的绿化环境,既要有足够的土地,还要有资金。若不具备这两点,再高明的设计者、施工者也难为"无米之炊"。绿化所需之地来源于规划,规划要具有前瞻性,只要努力追求绿地指标,就能够争取更多的绿化用地。例如石景山海特花园居住区就是这样的范例。

②处理好大众绿化和精品绿化的关系:居住区绿化应力求创新,打造精品。这是首都创造国际化大都市的要求。但是我们又必须考虑绿化建设的实际投资水平、居民的实际生活水平,做到主观与客观相适应,协调发展。即便是一般的绿化,也必须坚持"精心设计、精心施工、精心管理",力争体现出较高水平。作为示范工程和居住区集中绿地,在集中财力的基础上,要创造精品工程,使居民步行不出小区 500 m 就可以上公园。

③处理好建设和管理的关系:绿化成果向来是"三分种、七分管"。这也充分说明了养护管理的重要性,小区绿化同样如此。但是就目前的状况而言,"重建轻养"的现象较为普遍,更有甚者只建不管,甚至弃管,把好端端的一处绿地弄得面目全非。当然,大多数居住区管理还是很完善,那是在当今房屋制度改革的大好形势下,开发商和物业公司深刻认识到环境质量的好坏,直接影响到广大居民的切身利益。我们要总结推广好经验,对于管理不好的单位,必须依法严加处罚。同时,政府绿化管理部门也要加大监督检查。

④处理好绿化与居民的关系:小区绿化的最直接服务对象就是本区居民。因此在规划设计阶段,首先要考虑到广大居民的需求、地理环境,创造自然优美的居住环境,促进居民自身素质的进一步提高。另外,加强宣传教育,提高民众的文明素养,增强绿化意识,使大家自觉参加到绿化养护和保护的公益事业上来,这将会达到质的飞跃。

总之,居住区的绿化美化工作,只要严格遵循总体规划的原则,体现绿化设计的最佳效果,实行规范的施工程序,强化有力的养护管理措施,加大资金投入和宣传以及执法力度,严把设计关、质量关和管理关,协调处理好各种关系,定能打造出精品工程。

资料来源:http://www.yuanlin168.com/Papers/content/2007/10/2010.html

案例思考问题:参考上述案例,请您说说学校绿化、工厂绿化、公园绿化、公共绿地绿化等的现状,存在的问题,解决的措施。

第五章　园林市场营销

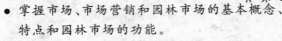

知识目标

- 掌握市场、市场营销和园林市场的基本概念、特点和园林市场的功能。
- 掌握园林市场的需求、供给的基本原理及其影响因素。
- 掌握园林市场营销的"4P"策略,园林市场调查和预测。

技能目标

- 能够运用所学的市场营销学知识分析身边存在的园林市场营销实例与问题。
- 通过学习能有意识地去培养与提高自身的市场分析能力、营销策划能力和销售能力。
- 能够用学过的园林市场营销理论对一个地方的园林市场的基本状况与特征、园林市场的影响因素等进行分析,并能够为其提出有针对性的园林市场营销策略。

【引导案例】

园林景观助力餐厅营销
——生态主题餐厅稼濮园

　　朝阳区十八里店乡十八里店村开张了一家超大规模绿色生态主题餐厅稼濮园。这不是一个普通的餐厅,1 万 m² 的院落像是南国的雨林,像是盛夏的片片绿茵,又像是小桥流水的苏州园林。餐厅内集南国园林景观、北方建筑并配有亚热带珍奇植物为一体,260 余种奇花异草,争奇斗艳,实现了在翠绿环绕中与自然生态环境零距离接触。稼濮园以 70% 的园林设计,16 000 个餐位、200 多个泊位,全心打造一个永恒的绿色主题。

　　走进园中,泉水叮咚,取地下水引造响泉,花红叶绿交相辉映,一派田园风光。餐厅 1 万 m² 的院落像一个偌大的热带雨林,有 100 多个品种、近 10 万株具有观赏价值的花卉树木。南国园林景观与北方建筑特色结合,这边小桥流水,那边亭台楼阁假山,再加上满眼的亚热带珍奇植物,260 余种奇花异草让人仿佛置身于盛夏的片片绿阴,呼吸都匀畅了许多。

　　1. 园林景观、饮食文化共同谱写天人和谐

　　稼濮园在餐饮文化中不断创新,以优美的环境、优质的服务来充分地体现人与自然的和谐统一。

　　室内以植物类别划分为 4 个大区、8 个小区,就餐区融入植物丛中。能容纳 2 000 人就餐的餐厅内仅设置了 800 个餐位,即使客满时人均绿化面积也在 5 m² 以上。可开启的天棚与几十个巨型换气扇使室内空气每 3 min 就更新一次,与餐厅配套的几千亩蔬菜大棚,不仅每天能为餐厅提供几十个品种、上千斤新鲜蔬菜,也为餐厅增添一抹新绿。

　　万余平方米的温室内,80 多个品种、10 万多株热带植物郁郁葱葱,酒瓶椰、仙人掌等热带植物一应俱全,在这个里外看上去都酷似植物大温室的玻璃建筑餐厅里,落座于藤制的餐桌椅,在通透的自然光屋顶之下,竟有坐在室外的感觉。在这里既可以品尝到粤菜和广东客家菜、也有山野农家风味,还有随意的自助餐选择,最具风味的当属该餐厅的招牌菜"鲜花菜肴"。无论是环境与氛围相结合的婚宴、晚会,还是荫荫绿树下的几位好友小酌,都会因特别的装修风格显得绰然有余、趣味颇多。各类主题餐厅的出现,使人们在对高品质生活追求的同时,将更多的文化、健康等个性理念带进日常生活,绿色就餐环境与食品健康的融合,"稼濮园"更符合现代都市人追求健康的需求。

　　稼濮园经营六大菜系:官府菜、粤菜、吉菜、辽菜、山东菜、川菜。在北京经营粤菜的食府举不胜举,而以经营客家菜的不多,在稼濮园你不仅能品尝到纯正的客家菜,而且还能详细具体的了解客家人的由来。

　　脚登滑轮、身着七彩小丑服装的餐厅上菜员如风般穿梭在各种植物与餐桌之间,动作娴熟,成为餐厅中生动的一景。经过系统植物知识培训的餐厅服务员,俨然一个植物王国导游。20 多只小鸟是园内的空气预报员。

　　各类主题餐厅的出现,使人们在对高品质生活追求的同时,将更多的文化、健

康等个性理念带进日常生活,绿色就餐环境与食品健康的融合,稼濮园更符合现代都市人追求健康的需求。

2.豪客壮行鲜花宴

北京第一家用鲜花做菜的餐厅只有稼濮园,真的不敢想象,娇嫩的鲜花如何能保持原样,又经厨师的巧手烹制成佳肴,纯天然花卉菜肴带给你视觉、嗅觉与味觉的享受,原汁原味的鲜花菜肴有 20 多种。一道道美丽的鲜花菜品端上桌来,"玫瑰之约"、"年年有鱼"、"竹林仔鸡"等等应有尽有,一个花篮插满了菊花,你没想到的是这些花确是能吃的。拿一朵鲜花在手,你再怜香惜玉,也忍不住谗眼欲滴,变成辣手摧花了。

"稼濮园"3 字取典于古代爱国诗人辛弃疾的"稼轩"之号中一个"稼"字,以示"稼濮园"经商的爱国思想,另取"濮"字的含义在于"稼濮园"经商讲的是信义,濮阳人关羽可为天下最重信义者也,因此借用这位古人大将军的故里一字。

用自然环境与实际人文打造的生态餐厅,上千人相聚于此不躁不乱,园中设有"餐"、"云"、"易"、"阁",餐即择宴、云即交谈、易则通商、阁备管弦。幽幽竹篁深处亦可席地设案饮宴,遥闻古乐声声,坐看秀山泉水潺潺,品广东佳肴风味,尝一尝山野农家饭,随心所欲的自助餐尤乘人愿,概观奇景恰似神游古国画卷!

案例思考问题:

1.稼濮园餐厅的营销理念? 营销除了卖有形产品,还可以卖什么?

2.你觉得本案例给我们展示了哪些营销方式和营销渠道?

第一节 市场、市场营销与园林市场

一、市场

市场是商品经济发展的产物,是随社会分工和商品经济的产生和发展而产生和发展起来的。最初的市场主要是指买卖双方进行商品交换的场所。随着交换关系的复杂化,市场这一概念包含了 4 层含义:

(1)市场是商品交换场所和领域。

(2)市场是商品生产者和商品消费者之间各种经济关系的汇合和总和。

(3)市场是有购买力的需求。

(4)市场是现实顾客和潜在顾客。

所以,市场从一般意义上讲,就是指商品交易关系的总和,主要包括买方和卖方之间的关系,同时也包括由买卖关系引发出来的卖方与卖方之间的关系以及买方与买方之间的关系。

市场是社会分工和商品经济发展的必然产物。劳动分工使人们各自的产品互相成为商品,互相成为等价物,使人们互相成为市场;社会分工越细,商品经济越发达,市场的范围和容量就越扩大。同时,市场在其发育和壮大过程中,也推动着社会分工和商品经济的进一步发展。

市场通过市场信息反馈,直接影响着人们生产什么、生产多少以及上市时间、产品销售状况等;联结商品经济发展过程中产、供、销各方,为产、供、销各方提供交换场所、交换时间和其他交换条件,以此实现商品生产者、经营者和消费者各自的经济利益。

市场的形成必须具备 3 个基本条件:

(1)存在买、卖双方,即存在欲出售商品的卖主和具有购买力、购买欲望的买主,这是市场的主体。

(2)存在着可供交换的产品(包括有形的实物产品和可供出售的无形产品),这是市场的客体。

(3)存在着买卖双方都能够接受的交易价格及其条件。

一个现实有效的市场,需要具备人口、购买力和购买欲望 3 个要素,可以用公式简单的表示为:

$$市场＝人口＋购买力＋购买欲望$$

这 3 个要素是相互制约、缺一不可的,只有 3 者结合起来才能构成现实的市场,才能决定市场的规模和容量。人口是构成市场的基本因素,是决定市场大小的基本前提。购买力是指人们支付货币购买商品或劳务的能力,购买力的高低由购买者收入多少决定。购买欲望是指消费者购买商品的动机、愿望和要求,是消费者把潜在的购买能力变为现实购买行为的重要条件。在这 3 个要素中,如果购买力和购买欲望中的任何一个不具备都意味着市场是潜在市场。

市场类型的划分是多种多样的。按产品的自然属性划分,可分为商品市场、金融市场、劳动力市场、技术市场、信息市场、房地产市场等;按市场范围和地理环境划分,可分为国际市场、国内市场、城市市场、农村市场等;按消费者类别划分,可分为中老年市场、青年市场、儿童市场、男性市场、女性市场等。

二、市场营销

(一)市场营销的含义

美国著名市场营销学家菲利普·科特勒在 1984 年提出,市场营销是企业的这样一种职能:识别目前未满足的需要和欲望,估计和确定需求量的大小,选择本企业能最好的为之服务的目标市场,并确定产品计划,以便为目标市场服务。

市场营销,就是在变化的市场环境中,为满足消费需求、实现营销目标所进行的整体商务活动过程。它包括市场调研、选择目标市场、产品开发、价格制定、渠道选择、产品促销、产品储存和运输、产品销售、售后服务等一系列与市场有关的企业经营活动。

(二)市场营销学的研究对象

市场营销学的研究对象是市场营销活动及其规律,即研究企业如何识别、分析评价、选择和利用市场机会,从满足目标市场顾客需求出发,有计划地组织企业的整体活动,通过交换,将产品从生产者手中转向消费者手中,以实现企业营销目标。

(三)市场营销的核心概念

1. 需要、欲望和需求

(1)需要 需要是指没有得到某些基本满足的感受状态,是人类与生俱来的。如人们为了生存,有食物、衣服、房屋等生理需要及安全、归属感、尊重和自我实现等心理需要。

(2)欲望 欲望是指对人类基本需要的具体满足物的愿望与企求。人的欲望受社会环境及不同文化,诸如职业、团体、家庭、教会等影响。

(3)需求 需求是指有支付能力和愿意购买某种物品的欲望。可见,消费者的欲望在有了购买力之后就转变成为需求。市场营销者不仅要了解有多少消费者对其产品有欲望,还要了解他们是否有能力购买,何时有能力购买。

2. 产品

人类靠产品来满足自己的各种需要和欲望。市场营销学中所讲的产品是广义的,任何能满足人们某种欲望和需求的东西都可称为产品,除了我们通常所理解的实体的物品外,还包括无形的服务和人物、地点、组织、事件、活动及观念等。例如,当一个人感到烦闷,需要消遣轻松时,他可以去观看表演或去某旅游点度假,还可以参加一些俱乐部的活动等。从消费者的角度来讲,这些都满足了其消遣轻松的需求,因而都可称为产品。服务也可以通过有形物体和其他载体来传递。市场营销者切记销售产品是为了满足顾客需求,如果只注意产品而忽视顾客需求,就会产生"市场营销近视症"。

3. 效用和价值

效用是消费者对满足其需要的产品整体效能的评价。效用实际上是一个人的自我心理感受,它来自人的主观评价。所谓价值,就是消费者的付出与所得之间的比率。一般来说,消费者在获得利益的同时也要承担成本。所获利益包括感官利益和情感利益,所承担的成本包括金钱成本、时间成本、精力成本和精神成本。所以,营销者应通过增加利益、降低成本来提高产品带给消费者的效用和价值。

4.交换和交易

交换是指从他人处取得所需之物,而以某些东西作为回报的行为。交易是交换活动的度量单位,是由双方的价值交换所构成的行为。一项交易要包括这样几个方面:至少有两个有价值的事物;双方同意的条件、时间和地点;共同遵守使用的交易规则。

5.市场营销者

市场营销者则是从事市场营销活动的人。市场营销者既可以是卖方,也可以是买方。在交换双方中,如果一方比另一方更主动、更积极地寻求交换,就将前者称之为市场营销者。当买卖双方都在积极寻求交换时,他们都可称为市场营销者,并称这种营销为互惠的市场营销。所以,也可以说,所谓的市场营销者,是指希望从别人那里取得资源并愿意以某种有价值的东西作为交换的人。

6.顾客让渡价值

顾客让渡价值是指顾客总价值与顾客总成本之间的差额。顾客总价值是指顾客购买某一产品与服务所期望获得的一组利益,它包括产品价值、服务价值、人员价值和形象价值等。顾客总成本是指顾客为购买某一产品所耗费的时间、精神、体力以及所支付的货币资金等,因此,顾客总成本包括货币成本、时间成本、精神成本和体力成本等。

由于顾客在购买产品时,总希望把有关成本包括货币、时间、精神和体力等降到最低限度,而同时又希望从中获得更多的实际利益,以使自己的需要得到最大限度的满足,因此,顾客在选购产品时,往往从价值与成本两个方面进行比较分析,从中选择出价值最高、成本最低,即"顾客让渡价值"最大的产品作为优先选购的对象。企业为在竞争中战胜对手,吸引更多的潜在顾客,就必须向顾客提供比竞争对手具有更多"顾客让渡价值"的产品,这样,才能使自己的产品为消费者所注意,进而购买本企业的产品。为此,企业可从两个方面改进自己的工作:一是通过改进产品、服务、人员与形象,提高产品的总价值;二是通过降低生产与销售成本,减少顾客购买产品的时间、精神与体力的耗费,从而降低货币与非货币成本。

(四)市场营销观念

市场营销观念是指企业从事市场营销活动的基本指导思想,它概括了一个企业的经营态度和思维方式。它的核心问题是以什么为中心来开展企业的生产经营活动。无论是西方国家企业或我国企业经营观念思想演变都经历了由"以生产为中心"转变为"以顾客为中心",从"以产定销"变为"以销定产"的过程。

现代企业的市场营销管理观念可归纳为 5 种,即生产观念、产品观念、推销观念、市场营销观念和社会市场营销观念。

1. 生产观念

生产观念是指导销售者行为的最古老的观念之一。企业经营哲学不是从消费者需求出发,而是从企业生产出发。其主要表现是"我生产什么,就卖什么"。生产观念认为,消费者喜欢那些可以随处买得到而且价格低廉的产品,企业应致力于提高生产效率和分销效率,扩大生产,降低成本以扩展市场。例如,美国汽车大王亨利·福特曾傲慢地宣称:"不管顾客需要什么颜色的汽车,我只有一种黑色的。"言下之意你爱买不买。这就是生产观念的典型表现。我国在长期的计划经济体制下物资短缺,商品供不应求,那时工商企业基本上都是奉行生产观念。

2. 产品观念

这也是一种古老的经营思想。这种观念认为,消费者欢迎那些质量优、性能好、有特色、价格合理的产品,只要注意提高产品质量,做到精益求精、物美价廉,顾客就会自动找上门来,无需大力推销。如果说生产观念强调的是"以量取胜",产品观念则强调"以质取胜"、"以廉制胜"。这种观念本质上还是生产什么就销售什么,但它比生产观念多了一层竞争的色彩,在产品供应不太紧张或稍有宽裕的情况下,这种观念常常成为一些企业的经营指导思想。

3. 推销观念

当一个企业不是担心能不能大量生产而是担心生产出来的产品能不能全部销售出去时,推销观念便应运而生。这种观念认为,消费者一般不会大量地购买某种产品或劳务,但只有你努力地推销,他就会更多地购买。因此,企业必须重视和加强推销工作,千方百计地使消费者对产品产生兴趣,以扩大销售,增加盈利。由于这种观念还是从既有的产品出发,因而本质上依然是"我们生产什么就推销什么"。这种观念虽然比前两种观念前进了一步,开始重视广告术及推销术,但其实质仍然是以生产为中心的。

4. 市场营销观念

这是一种全然不同于上述 3 种营销观念的现代经营思想。这种观念认为,企业的市场营销工作应该以目标顾客的需求为中心,从顾客需求出发,集中企业的一切资源和力量设计生产适销对路的产品,安排适当的市场营销组合,采取比竞争者更有效的策略,满足顾客需求,取得利润。市场营销观念的核心就是:消费者或用户需要什么,企业就应当生产、销售什么,一切以消费者需要为中心。流行的口号是"顾客至上","顾客就是上帝","哪里有消费者需求,哪里就有我们的市场"。

市场营销观念是在买方市场的条件下形成的。20世纪50年代以来,整个资本主义世界市场的格局发生了根本变化,买方市场全面形成。企业家们认识到,只抓生产或推销是不够的,在激烈的市场竞争中,必须善于发现和了解顾客需求。市场需要什么,就生产什么、销售什么,市场需求在整个市场营销中处于中心地位。从推销观念到市场营销观念是企业经营观念的一次深刻变革,是一次根本性的转变。

5.社会市场营销观念

社会市场营销观念是对市场营销观念重要的补充和完善。这种观念认为,企业的市场营销活动不仅应当满足顾客的需要并使企业获取利润,还应考虑到消费者和社会的长远利益,它强调要正确处理消费者需要、企业利润和社会整体利益之间的矛盾,要统筹兼顾,求得3者之间的协调与平衡。

社会市场营销观念产生于20世纪70年代西方资本主义出现能源短缺、通货膨胀、失业增加、环境污染严重、消费者保护运动盛行的新形势下。因为市场营销观念回避了消费者需要、消费者利益和长期社会福利之间隐含着冲突的现实。社会市场营销观念认为,企业的任务是确定各个目标市场的需要、欲望和利益,并以保护或提高消费者和社会福利的方式,比竞争者更有效、更有利地向目标市场提供能够满足其需求、欲望和利益的物品或服务。

三、园林市场

(一)园林市场的概念

园林市场是指园林商品交易关系的总和。在园林市场中,园林产品完成从生产领域到消费领域的流通过程,实现园林产品商品价值和使用价值的转换。在这个过程中形成了园林市场的参与者,包括买方、卖方和各种政府组织、中介组织或个人之间的相互关系。

园林市场中交换的产品是园林商品,包括园林规划设计市场、园林工程施工市场、园林绿化苗木市场和花卉市场等。

(二)园林市场的特点

园林市场是以园林产品为对象的市场,由于园林产品是以园林资源(包括设计等无形产品和苗木花卉等实物产品)为基础生产出来的商品,其生产流通和消费不同于其他商品,表现出自己独有的特点。

(1)实物园林产品供给受到约束　园林实物产品生产的基础是林木资源,林木资源的供给受其生长量和生长周期的约束,同时林木资源的供给还受到城市绿化用地有限性的制约,尽管可以通过科学技术增加林木生长量和缩短林木生长周期,但由此而带来的园林苗木供给也是有限的,而且还要有一个较长的过程。正由于受到这些自然条件的限制,园林苗木的供给不能像其他许多产品那样通过提高社会劳动生产率而得到较大幅度的提高。

(2)园林苗木价格对供求的影响速度和强度较低　不同的商品市场,价格的调节周期是不同的,价格机制对消费资料市场的调节较为迅速,而对生产资料市场的调节相对迟缓,由于生产周期长和生产受资源、供给及技术状况影响,园林苗木企业要对价格作出反应需要相对较长的时间。

(3)需求的多样性和广泛性　社会对园林产品的需求是具有多样性的,而且随着社会经济的不断发展,这种需求的多样性还会扩大。为了适应这种多样性的需求,园林企业的生产组织和经营活动就必须具有更大的弹性。

(三)园林市场的分类

园林市场按不同的分类标志可以进行以下分类:

(1)按需求和供给的状况不同,园林市场可分为卖方市场和买方市场　当园林产品的需求大于供给时,称为卖方市场,当需求小于供给时称为买方市场。

(2)按园林产品交易者参与的集中与分散程度,可分为集中市场和分散市场　企业或个人根据自身经营状况进行园林产品的购买和营销活动构成了分散市场。从我国园林产品流通的现状来看,分散市场在交易中占主导地位。当交易参与者较多,并进行多种林产品的交易活动时称为集中市场。我国园林产品市场一直是集中市场与分散市场并存,两种市场各自有着自己的特点,随着我国市场体系的不断完善,集中市场以其公开、公正、公平、规范的特点,将在园林产品流通中发挥越来越大的作用。集中市场一般又可以分为集贸市场、批发交易市场、交易中心、订货会、展销会等形式。集中市场一般是经营多种产品,但也有特定产品大类的专业市场,如花卉市场、苗木市场等。

(3)按交易的品种的不同,园林市场可以分为单一品种的专业化市场和多种产品的综合市场　从我国目前来看,花卉、苗木、园林机械已形成了一些专业市场。专业市场与综合市场互为补充,是我国园林产品市场体系建设的一个重要方向。

(四)园林市场的功能和对经济发展的作用

园林市场的功能一般表现为园林市场在运作过程中存在的客观职能。

(1)交换功能　市场最基本的作用之一,是提供各种环境和条件,完成和促进商品的交换。

(2)价值实现功能　园林产品在生产过程中往往无法实现其价值,只有通过园林市场,交易者通过双方认可的方式,在合适的价格水平上自愿的进行交易,方能实现园林商品的价值和使用价值。

（3）信息反馈功能　园林市场作为园林商品交换关系的总和,会把园林商品的交易价格、供求情况等各种信息汇集起来,并将通过各种渠道传递给园林生产者、经营者和消费者。

（4）调节功能　通过园林市场的信息反馈之后,园林生产者、经营者和消费者就可以根据市场变化的信息作出相应的决策,由此调节生产和消费,实现生产和消费的有机结合。

（5）资源配置功能　市场机制就具有合理配置资源的作用,市场机制承认每一个生产单位和个人独立的经济利益,通过市场竞争,产生资源最优配置需要的信息,为了获取自身的利益,无论是生产者、经营者还是消费者就会根据这样的信息采取行动,尽力实现资源的最优配置。

园林市场所具有的上述功能,对经济的发展起着极大的作用。具体表现在:

（1）园林市场能成为连接园林生产者与园林消费者的纽带。

（2）园林市场能把分散的园林生产经营活动和错综复杂的园林产品买卖关系联结成一个有机整体。

（3）园林市场有助于与园林生产相关的生产资料和消费资料在国家或民众之间的分配。

（4）园林市场能在一定程度上自发地调节园林产品产销之间、供求之间的经济利益关系,包括调节园林商品供求总量的状况、园林商品供求构成状况、园林商品供求的主要品种状况和园林行业商品的供求状况。供求关系是市场调研人员研究市场问题最重要的信息。

第二节　园林需求与供给

市场及其运行机制是由需求和供给两大经济力量综合作用而形成的。需求是全部经济活动的出发点和归宿,是决定市场结构及其发展趋势、生产者导向和生产规模的主导力量。满足需求是供给的基本任务和动力。所以,需求与供给是决定市场均衡价格、驱使市场运作的两大基本力量。园林需求既有物质性的,也有精神性的;园林供给既有法人性质的产品——法人产品,也有公共性质的产品——公共产品。园林需求与供给的关系与内容比一般商品表现得更为复杂。

一、园林需求

（一）园林需求的发展——园林的历史沿革

人类初始,人的数量不大,人们完全生活在大自然环境之中。到了原始公社时期,出现了种植场地,在房前屋后开始种植蔬菜、果树,这可以算做园林绿化的胚胎或前奏。

古代的园林:在奴隶社会后期的商末周初、出现了"囿"、"苑",供天子、诸侯狩猎游乐,这就是园林的雏形。至秦汉时期有了"建筑宫苑",就是散布在广大自然环境中的建筑组群。到魏晋南北朝时期,由于文人、士大夫崇尚自然、寄情山水,为追求大自然风光和山林野趣的享受而建私家园林,使园林由建筑宫苑转向了创造自然山水环境,从而奠定了中国风景式园林的思想基础。唐宋时期,园林创作从单纯模仿自然环境发展到在较小的境域内体现山水的主要特点,产生了"写意山水园"。明清时期,是中国封建社会最后一个繁荣时期,我国传统园林形式特点也完全成熟,达到了最高峰。今天我们看到的保留下来的古代园林,多是这一时期的代表作,包括了北方的皇家园林,如北京的颐和园、承德的避暑山庄和江南的私家宅第园林,如苏州的拙政园、留园、扬州的个园、片石山房等。这一时期建设园林主要是建立一个美的居住环境,为了游憩和满足视觉景观的享受,以达到精神寄托的目的。这时的园林是为少数人所有并为其服务的。

近代的园林绿化:随着工业文明的崛起,社会逐渐过渡到工业社会,出现了公园,并有了少量的绿化。在我国国土上建成的第一个公园是1868年外国人在上海租界所建的外滩公园。1911年辛亥革命前后,城市开始建了一些公园,以后并陆续出现街道、广场绿化以及校园、公共建筑、住宅区等多种形式的绿地。这一时期的园林绿地在内容和性质上有所发展、变化,除了私人所有的园林之外,还有了向公众开放的公共园林,形式也从只有封闭的内向型园林,增加了外向型园林。兴造园林已不仅仅是为了获得视觉景观之美和精神陶冶,也为市民提供公共游憩和交往活动的场地。

当代的园林绿化:新中国成立后,学习前苏联城市绿化理论,把传统园林扩大到整个城市绿化,并提倡城市绿化形成系统,城市园林绿化有了很大发展。但是由于认识上和经济上的原因,我们的园林绿化还处在较低水平上。随着工业、交通业高速发展,人们的生活环境受到污染,这才认识到环境的重要性,要求保护生态环境,于是,创建园林城市——建设城市大园林应运而生,园林的范围更加扩大,内容更充实,园林需求被越来越多的人认可。

总之,随着我国国民经济的迅速发展和人民生活水平的大幅度提高,改善生活环境,提高生活质量成为新的时尚,植树造林、绿化美化的需求日益高涨,从而带动了园林业的快速发展。我国成功加入世界贸易组织和北京赢得奥林匹克运动会举办权的双重利好,进一步推动了园林市场的快速发展。

（二）"三废"等污染加重激活对园林业的需求

随着工业、交通业的高速发展，"三废"等各种污染日趋严重，人们逐步认识到园林的自然净化能力，从而激活了对园林业的需求。园林具有以下的自然净化能力：

（1）园林能减少粉尘污染　植物有吸附粉尘、烟灰的功能，可以净化大气，增加太阳辐照度。

（2）小气候效应　国内外的研究表明，城市植被的小气候效应极为明显，尤以炎热的热带、亚热带地区更为明显，在温带地区的夏天亦有明显的作用。

（3）降低有毒气体浓度及有毒气体的危害　植被可以吸附某些有害气体，如二氧化硫、二氧化碳等，并在光合作用的过程中吸收二氧化碳，放出氧气，从而改善空气的质量。据研究表明，几乎所有的园林植物都能吸收一定量的有毒气体而不受害。园林植物通过吸收有毒气体，降低大气中有毒气体的浓度，避免有毒气体积累到有害的程度，从而达到净化大气的目的。

（4）恢复地表土壤及微生物对生态循环的贡献。穿过林冠枝叶落下和沿树干流下的降水，K、P、Ca、Mg 及其他可溶性物质都有增加。植物根系及落叶对土层有保护作用。树冠可减少暴雨、大雨对地表的冲刷，树木可阻挡风沙。因此，园林可以保护城市、减少水土流失和风沙寒流的危害。从森林土壤渗透出的流水，无色、无臭、无怪味、透明度高、溶氧量为 7 mg/kg 以上，可以改善城市水体。此外，水生植物也具有净化水体作用。

（5）美化城市地貌　园林对于城市地貌具有不可取代的美化作用，使得景观丰富、市容美化，并以其季节性的变化使城市充满生机。尤其对于高层建筑来说，舒展的园林无疑是其纵向伸展的横向补充。

（6）减弱噪声　植被具有明显的隔声、消声作用。30 m 宽的林带可减噪声 6～8 dB，40 m 宽的林带可减噪声 10～15 dB，如配置叶面松软的灌木，效果更好。因此，配置适当的植被可作为"天然消声器"。

园林对于全面改善城市环境，完善城市基础设施建设具有不可取代的作用。它之所以成为城市建设中需求日增的公共产品，正因为它关系到人们的生存与工作、健康与寿命。因此，人们已经意识到并要求把城市建设中公共开支的一部分用于园林，这表明城市基础设施建设已经越来越离不开园林了。

（三）需求

需求是在一定的时期，在一既定的价格水平下，消费者愿意并且能够购买的商品或服务的数量。

需求显示了随着商品价格升降而其他因素不变的情况下，某个体在每段时间内所愿意买的某货物的数量。在一定时期内,在某一价格下,消费者愿意购买的某一货物的总数量称为需求量。在不同价格下,需求量会不同。需求也就是商品价格与该商品需求量的关系。

需求的表示:需求可表示为需求表、需求曲线和需求函数。

需求表:它是一张某种商品的各种价格和与各种价格相对应的该商品的需求量之间关系的数字序列表。如表 5-1 所示。

表 5-1　需求表

价格	5	4	3	2	1
需求量	9	10	12	15	20

需求曲线:需求曲线是根据需求表中的商品的不同的价格与需求量的组合,在平面上拟合的一条曲线。需求曲线可以形象直观地反映商品价格和需求量之间反向变动的关系。需求曲线可以是直线型(一元一次线性函数),也可以是曲线型(非线性函数)见图 5-1 所示,纵轴表示单位商品价格,横轴表示商品的需求量,曲线 D 即表示需求曲线。需求量是需求曲线上的一个点,见图 5-1 中的 A 和 B,需求是指在不同价格水平时不同需求量的总称,需求曲线图中的整个曲线反映的就是需求。

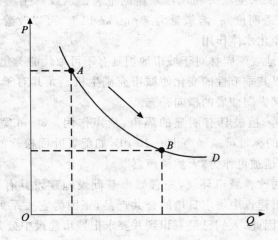

图 5-1　需求曲线

需求函数:假定商品的价格与需求量的变化具有无限的分割性,把商品价格视为自变量,把需求量作为因变量,则:$D = f(P)$。即为需求函数。

需求函数的扩展形式 $(Qd) = f(P, m, P_t)$

式中：P 为商品的价格；m 为消费者的收入；P_t 为其他商品的价格。

（四）园林需求及其影响因素

园林需求是指人们对园林产品喜欢偏好且有支付能力的园林需要的获得与满足。而园林需要与园林需求既有着十分密切的联系，又是不同的概念。园林需要产生的行为动机的影响因素主要有审美动机、健康动机、游憩动机等。其中，审美动机主要表现为人们对园林美化生活居住环境功能的认同；健康动机主要表现为园林植物能有效改善居住生活区域生态环境功能的认同；游憩动机主要表现为人们对园林观赏景观价值的认同。

园林需求更多地体现在人们较高层次的物质和文化精神需求，只有当社会生活水平提升到比较高的程度时，园林的社会需求才有可能成为人们生活的必然需求。园林产品既可以是法人产品，也可以是公共产品。法人产品的受益或亏损存在具体的实体（个人），供需状况受到市场的调节；而公共产品则不同，其受益或亏损者是广泛化的公众，供需状况可以不受市场的调节，但两者都会受到需求的牵引和资源的约束。

影响园林需求的因素主要有人们的收入水平、消费结构、园林产品的价格、个人偏好、心理预期、城市化水平和其他多种因素。

1. 收入水平的影响

在其他条件不变的情况下，当人们的收入水平提高时，会增加对商品的需求量，反之则减少，劣等品除外。园林产品有相当部分是属于公共产品，所以，只有当整个社会收入水平普遍提高时，才会明显增加对园林产品的需求。

2. 价格因素的影响

这里的价格包括该商品本身的价格和相关商品的价格。一般而言，某商品的价格与该商品的需求量成反方向变动，即价格越高，需求越少，反之则越多。相关商品的价格，当一种商品本身价格不变，而其他相关商品价格发生变化时，这种商品的需求量也会发生变化。相关商品一般有两种：一是替代品，这是指两种可以互相代替来满足同一种欲望的商品，如鲜花与仿真的绢花。园林产品不是人们的生活必需品，其替代消费品是多元化的，而且如果园林商品价格太高时，人们往往有可能紧缩开支，不消费或少消费这种商品。二是互补品，是指两种互相补充使用商品，如照相机和胶卷，胶卷的需求量与照相机的价格有着密切关系，一般而言，照相机价格上升，胶卷的需求量下降，两者呈现反方向变化。

3. 消费者偏好的影响

当消费者对某种商品的偏好程度增强时，该商品的需求量就会增加，相反偏好程度减弱,需求量就会减少。消费者偏好取决于个人生理与心理的欲望,但消费者偏好会受社会生活文化环境的影响,如社会传统习俗、宗教信仰、消费流行时尚等,而影响消费流行时尚的主要有示范效应和广告效应。示范效应是更高层次消费群体的消费方式影响着较低层次消费群体的消费方式。

4.消费者心理预期影响

消费者的心理预期包括消费者对自己未来收入与商品价格走势的预期。当消费者预期某种商品的价格即将上升时,就会增加对该商品的现期需求量,因为理性的人会在价格上升以前购买产品。反之,就会减少对该商品的预期需求量。如果分析某商品的社会需求还应考虑人口数量等因素。

5.城市化进程的影响

随城市化水平的提高,将使城市人口增加,污染加重,人们的生存空间变得更为拥挤,导致城市生态环境恶化,而园林产品能有效地净化环境、改善环境状况,美化环境,从而极大地推动园林需求的增长。

6.其他因素的影响

社会闲暇时间、国际市场、消费者的数量和结构、广告宣传、政府政策、地域等因素都有可能对园林市场需求产生不同程度的影响。

园林需求一样可以用需求表、需求曲线和需求函数等形式来说明。如果把影响园林需求的各种因素作为自变量,把园林需求量作为因变量,则可以将园林需求函数扩展为:

$$Qd = f(P, P_s, P_c, T, I, I_e, P_e, \cdots)$$

式中:Qd 为对某种商品的需求量;P 为商品本身的价格;P_s 为替代品的价格;P_c 为互补品的价格;T 为消费者偏好;I 为消费者的收入;I_e 为预期收入;P_e 为预期价格;$\cdots$ 为没有直接给出的其他有关因素。

(五)园林需求规律与需求的变动

需求规律的含义是当影响商品需求量的其他因素不变时,商品的需求量随着商品价格的上升而减少,随着商品价格下降而增加。园林需求规律就是,在园林影响需求的其他因素不变的前提下,园林需求量随着园林价格的上升而减少,随着园林价格的下降而增加。

需求的变动包括需求量的变动和需求的变动:需求量的变动前面已经叙述,即在其他影响因素不变的情况下,商品本身价格变动所引起的该商品需求数量的变动。如前面的图 5-1 所述的变动;需求的变动,即在商品价格不变的情况下,商品本身价格之外其他因素(如收入)的变动所引起该商品需求数量的变动,如图 5-2

所示,它常表现为需求曲线的平行移动。

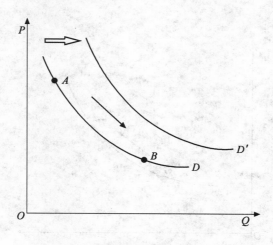

图 5-2 需求与需求量的变动

二、园林供给

(一)供给

供给是指在一定的时期,在一既定的价格水平下,生产者愿意并且能够生产的商品或提供的服务的数量。其基本点有两个:一是生产者有出售商品或提供服务的愿望,二是生产者有供应商品或提供服务的能力。两者缺一不可。

与需求一样,供给显示了随着商品价格升降而其他因素不变的情况下,某生产者在每段时间内所愿意生产或提供的商品或服务的数量。在一定时期内,在某一价格下,生产者愿意生产或提供的商品或服务的总数量称为供给量。在不同价格下,供给量会不同。供给就是商品价格与该商品供给量的关系。

供给的的表示:供给可表示为供给表、供给曲线和供给函数。

供给表:它是一张某种商品的价格与对应的供给量之间关系的数字序列表。如表 5-2 所示。

表 5-2 供给表

价格	2	3	4	5	6
供给量	0	20	40	60	80

供给曲线:它是根据供给表中的商品的价格与供给量的组合在平面图上所绘

制的一条曲线。见图 5-3,供给曲线可以形象直观地反映商品价格和供给量之间
正向变动的关系。

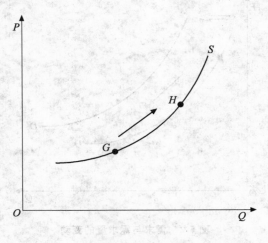

图 5-3　供给曲线

供给函数:假定商品的供给量与商品的价格具有无限的分割性,并把商品的价
格视为自变量,把供给量作为因变量,则 $S=f(p)$ 即为供给函数。

供给函数的一般形式:　　　　$Qs = f(P,T,P_l)$

式中:P 为商品的价格;T 为生产技术水平;P_l 为相关商品的价格。

(二)园林供给及其影响因素

园林供给就是园林生产者在一定时期和一定价格水平下愿意而且能够提供的
园林商品的数量。

园林供给体系庞大,其中,作为园林公共产品的现代城市园林不仅包括公园,
还包括其他所有的城市绿化与美化工程,如街道、广场、动植物园及其他各类专用
绿地。其突出的供给特点是从城市全局出发,因地制宜,并注重使用功能。尤其随
着工业的迅猛发展、城市化的不断扩大,环境污染恶化等问题,园林被历史性地赋
予新的功用,即保护环境,改善环境。

建设部颁发的《城市园林绿化当前产业政策实施办法》指出,"城市园林绿化事
业具有为其他产业和人民生活服务的性质,是城市社会保障和社会服务系统中的
组成部分,属于第三产业"。"产业"是商品经济的产物,其开发生产是以盈利为目
的,积累资本,扩大再生产。而事实上,园林体系涉及一、二、三产业,作为第三产业
的园林法人产品与一般商品的供给特点基本一致。但作为兼具第一、第三产业的

园林绿化建设,更多体现的是公共产品的特点。作为现代园林供给应特别强调以下2点:

1.大园林观念与生态可持续发展

园林内涵的扩大,使园林不再是单纯的一个园子一个园子地进行建设,而是要从狭隘的造园转入整个城市的园林化,乃至大地园林化。可持续发展要求生态稳定与经济增长同步进行,要保证人与自然环境之间的生态平衡。在城市生态系统中,唯一能够以自然更新方式改造被污染环境的因素就是园林绿化。因而提高生态系统质量可谓是新时期园林的主要目的之一,应加强以生态学原理指导园林的规划设计,让园林起到保护环境、防止污染、调节城市小气候、保持水土等作用。

2.兼顾社会效益、环境效益和经济效益

园林绿化的性质和作用决定了园林绿化有3个效益,即环境效益、社会效益和经济效益,环境效益是指园林绿化在维护生态平衡,改善城市小气候,降低环境污染,美化市容等方面的效益。社会效益是指园林绿化为群众提供休闲、娱乐、科普教育等方面的能力和水平。经济效益是指园林绿化本身产生的经济价值和为群众提供旅游服务的经济收入。在园林绿化的3个效益中,环境效益是根本,社会效益是宗旨,经济效益是手段,它们是共同存在,相互联系,辩证统一的关系。对待3个效益,不能绝对化,没有环境效益,就谈不上园林绿化,没有社会效益,环境效益就得不到利用,是最大的资源浪费,也就谈不上经济效益,没有经济效益,环境效益、社会效益就成了"无源之水,无本之木",园林绿化就要衰退。

园林供给的内容:以城市园林供给为例,目前的城市园林大体上可以分为4大类。第1类是城市整体环境绿化,用以改善城市的总体生态环境质量;第2类是局部环境绿化,如城市的街头绿化,居住区绿地及城市公园等,主要功能是为城市居民提供方便的、经常性的休憩活动空间;第3类是一些以经济效益为主的旅游性园林,配合城市旅游业的发展;第4类是企事业单位专用绿地。对于第1类园林绿化,一般为政府领导之下全社会的投入;第2类园林则可以结合住宅开发建设形式,由发展商承担,纳入物业管理范畴,或通过公园邻近地段提高地价,收取绿地费的方式进行经营管理;第3类园林有的是政府财政投入,也有的是集体或个人兴办,大部分为开发商的举措,只要建设项目合理,经营管理得法,这类园林最容易实现社会、环境、经济效益的兼顾;第4类园林则应由企事业单位进行合理地绿化,并因情制宜地局部打开围墙,使之融入整个城市环境。

园林供给应建构一个合理的价值体系,以经济学为指导,综合园林绿化对社会,对环境产生的直接经济效益和间接经济效益,将园林的生态价值、环境保护价值、保健休养价值、文化娱乐价值、美学价值等纳入整个社会经济大系统。

影响园林供给的因素很多,既可能有经济因素,也可能有非经济因素,主要有园林商品的价格、园林商品生产成本、生产技术、生产要素和管理水平、相关商品的价格、生产者对未来预期、政府政策和其他多种因素。

(1)园林商品价格的影响　在影响某种商品的供给的其他因素(如生产该种商品生产要素的价格)既定不变的条件下,园林商品的价格如果越高,园林生产者就会愿意投入更多的资源来提高供给量或提供更多的服务;反之,生产资源就会被生产者转用于其他相对价格较高的商品的生产,从而使园林商品的供给量减少。

(2)园林商品生产成本的影响　在园林商品价格不变的情况下,如果生产成本下降了,相对应的生产者的利润就增加,从而会激发生产者的生产积极性,使园林商品的供给量增加。

(3)生产技术、生产要素和管理水平的影响　技术的进步、生产要素价格的降低以及管理水平的提高,都会使单位商品的成本下降,从而使一定价格水平下的供给量增加;反之,成本上升就会使供给量减少。

(4)相关商品价格的影响　相关商品一般包括替代品与互补品,这在需求部分已经叙述。一种商品价格不变,但与其相关商品的价格发生变化时,此商品的供给量会发生相应的变化。

(5)生产者对未来预期的影响　如果生产者对未来的经济持乐观态度,则会增加供给。如果生产者对未来的经济持悲观态度,则会减少供给。

(6)政府政策影响　政府的税收政策、扶持政策等的变化,会对生产者生产相关商品的积极性产生影响,对一种商品的税收提高将会使卖价提高,在一定条件下会通过需求的减少而使供给减少。反之,减低商品租税负担或政府给予补贴,会通过降低卖价刺激需求,从而引起供给增加。

(7)其他因素的影响　园林商品的供给受土地等资源条件的约束,受人们消费观念、审美观念等因素的影响。

园林供给一样可以用供给表、供给曲线和供给函数等形式来说明。如果把影响园林供给的各种因素作为自变量,把园林供给量作为因变量,则可以将园林供给函数扩展为:

$$Qs = f(P, P_i, P_j, M, E, \cdots)$$

式中:Qs 为对某种商品的供给量;P 为商品本身的价格;P_i 为相关商品的价格;P_j 为生产成本;M 为生产技术、管理水平;E 为生产者对未来的预期;$\cdots$ 为没有直接给出的其他有关因素。

(三)园林供给规律和供给的变动

供给规律的含义是当影响商品供给的其他因素不变时,商品的供给量随着商品价格的上升而增加,随着商品的价格的下降而减少。园林供给规律的含义就是园林商品供给的其他因素不变时,园林商品的供给量随着园林商品价格的上升而增加,随着园林商品的价格的下降而减少。

供给的变动也包括供给量的变动和供给变动。供给量是指某时期内在某一价格水平时,生产者提供的商品数量。商品价格变动引起生产能力的扩大或缩小,称之为供给量的变动,它表现为沿供给曲线变动,见图5-3,用供给曲线表示供给量的增加或减少,在供给曲线上,供给量增加是沿着同一条供给曲线向右上方移动,供给量减少是向左下方移动。

供给是在一系列价格水平时的一组产量,当商品价格不变时,非价格因素的变动所引起的产量变动,如技术进步、生产要素价格变动等,称之供给的变动,它表现为供给曲线的移动,见图5-4,用供给曲线表示的供给增加或减少,供给的增加是整个供给曲线向右移动,供给减少是整个供给曲线向左上方移动。

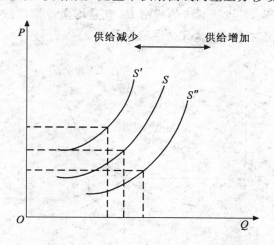

图5-4 供给与供给量的变动

(四)供求规律

供求规律是指商品的供求关系与价格变动之间的相互制约的必然性,它是商品经济的规律,包括以下内容:

(1)供求变动引起价格变动 供不应求,价格上涨,这种供不应求会引起价格上涨的趋势;供过于求,价格就要下降。

(2)价格变动引起供求变动 其他因素不变,市场需求量与价格成反方向变动,即价格上涨,需求减少;价格下跌,需求增加。同理,市场供给与价格成同方向变动,即价格上涨,供给增加;价格下跌,供给减少。价格的涨落会调节供求,使之趋于平衡,即趋于市场均衡。

三、园林市场均衡

均衡是经济事物中有关变量在一定条件的相互作用下,所达到的一种相对静止的状态。需求和供给是市场上两种相反的力量,当某种商品价格下降时,消费者对这种商品的需求就增加,而生产者的供给量却会减少,反之亦然。所以,生产者的供给量与消费者的需求量是不完全相等的,或供大于求,或求大于供。但在这供求的消长过程中,会有一种价格水平下,供给量恰好等于需求量,此时的市场需求和市场供给两种相反的力量正好处于一种平衡状态,这种供求状况就是市场均衡,见图 5-5,图中需求曲线 D 与供给曲线 S 相交于 E 点,E 点就是表示该商品市场达到均衡状态的均衡点,E 点所对应的价格 P_e 就是均衡价格,与这个价格对应的均衡数量 Q_e 既是均衡时的需求量又是供给量。

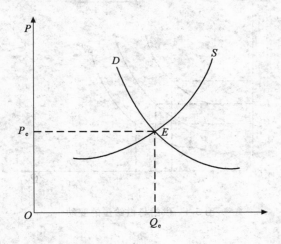

图 5-5　均衡价格与均衡产量

在完全的市场经济条件下,当供给价格高于均衡价格 P_e 时,供给增加,需求减少,这时就会出现超额供给量,就会导致供给方的激烈竞争,结果将造成价格的逐渐下降,供给量逐渐减少,需求量逐渐增加,这一过程将一直持续到价格回落到 P_e,需求量和供给量都等于均衡数量时为止。反之,当供给价格低于均衡价格 P_e

时,同理可推,需求竞争将逐渐的使价格逐渐上升,直至价格上升到 P_e,需求量和供给量都等于均衡数量时为止。由此可见,在完全的市场经济条件下,市场这只"无形的手"使需求与供给这两种相反的力量得以自发调节,总围绕市场均衡运动。市场均衡的作用使市场经济中商品交换的双方感到公正互利,有利于刺激生产者、经营者通过各种途径降低成本,争取更大的利润空间,并惠及消费者。

园林商品的市场均衡具有特殊性,因为园林商品当前很大部分仍属于公共产品,还有消费观念等问题,园林商品对于一般消费者来说,边际效用比较小。面对园林商品价格相对较高的情况,消费者或减少消费,或放弃消费。然而我们也应该看到,园林商品的发展机遇。首先,以追求人与自然和谐共处为目标的"绿色革命"正在全球范围内蓬勃展开,我国园林绿化的地位越来越高,中央和各地、各级领导普遍重视园林绿化工作,无疑为我们发展园林绿化事业提供了良好的条件和机遇。其次,国民需求增强,近年来,我国城乡居民的经济收入有了大幅度提高,人民生活水平不断提升,人们休闲、旅游的欲望明显增强,作为旅游经济物质基础之一的园林建设无疑具有巨大的市场潜力。再次,我国城市化进程很快,城市人口迅猛增加,由于对城市环境保护不力和对城市园林绿化重视不够,致使城市生态环境在这一进程过程中受到极大的破坏,面对不断恶化的生态环境,人们渴望自然,要求建设"生态城市"的呼声越来越高,而城市园林绿化在保持整个城市的生态平衡中起着重要的作用。一般商品的市场均衡法则对法人商品的园林供给与园林消费具有同等的效力。

第三节 园林市场营销策略

一、园林市场营销环境

(一)市场营销环境

市场营销环境总是纷繁多变的,企业的营销活动会受到周围环境的制约和影响。环境的变化,既可以给企业带来市场机会,也可以形成某种环境威胁。企业要在激烈的市场竞争中求得生存和发展,就必须及时地调整自己的企业行为和营销行为,去适应不断变化的市场环境。市场营销环境是指影响企业生存与发展的各种外部条件。这里所说的外部条件,不是指整个外界事物,而是指那些与企业营销活动有关联的因素,即作用于企业营销活动的一切外界因素和力量。

市场营销环境的内容既广泛又复杂,按影响范围的大小,可分为微观环境和宏观环境;按控制的难易程度,可分为可控环境因素和不可控环境因素;按环境的性质,可分为自然环境和文化环境等。

微观环境因素包括:企业本身、供应商、营销中介、顾客、竞争者和公众,这些因素与企业市场营销活动有着十分密切的联系,并对企业产生直接的影响。如企业在选择供应商时,需要了解供应商的数目、规模及其分布,着重分析本企业对其所供产品的依赖程度以及对本企业的供货占其全部产品的比例等;企业在分析竞争者时,应着重分析竞争者的数目、竞争者的规模和能力、竞争者对竞争产品的依赖程度、竞争者的营销策略等。

宏观环境因素包括:人口环境、经济环境、政治法律环境、自然环境、科学技术环境、社会文化环境等,这些因素不仅会直接影响企业的营销活动,而且还直接对企业营销环境中的微观环境因素产生影响,进而影响企业的市场营销活动,对其产生限制和促进作用。比如,科技环境除直接影响到企业技术装备水平、产品更新换代速度外,还会通过消费者或竞争者对企业的营销活动产生影响。再如,人们的价值观和信念等会影响消费者的消费态度、兴趣爱好,从而形成对某些或某类产品的好恶,由此使消费者增大或减少对某些产品的选择机会。

企业所面对的微观环境和宏观环境并不是固定不变的,而是处于经常变动之中。环境的变化,或者给企业带来可以利用的市场机会,或者给企业带来一定环境威胁。企业要监测和把握环境各种力量的变化,善于从中发现并抓住有利的发展机会,避开或减轻由环境带来的威胁,一个企业如果不重视对环境因素的研究和分析,不能顺潮流而动,就有可能因不能适应环境的变化而被淘汰。所以,企业必须重视对市场营销环境的研究,重视对环境变化趋势的监视和预测,适时、适度地调整市场营销策略和市场营销组合,适应环境的变化,使自身获得生存和发展。企业要做好市场营销,就必须做好市场营销环境分析。

1. 做好市场营销环境分析是企业市场营销活动的立足点和根本前提

企业市场营销活动的目的就是为了更好地满足市场的需要,实现生产目的,并使企业获得最好的效益。只有深入细致地对企业市场营销环境进行调查、预测和分析,才能准确、及时地把握消费者需求,为消费者提供适销对路的产品,从而更好地满足其需要。

2. 有利于企业发现新的市场机会,避免环境威胁

环境变化有可能会给企业带来机会,也有可能给企业带来一定的威胁。企业能否从中发现并抓住有利于企业发展的机会,规避或减轻不利于企业发展的威胁,就成为市场营销环境分析的极其重要的课题。因此,企业要客观认真地分析市场

营销环境,善于抓住机会,化解威胁,使企业在竞争中获得发展。

3.有利于企业制定和调整营销策略及战略

企业的一切营销活动只有与其环境相适应,才能取得良好的经营效果。由于营销环境多变,有很多因素企业无法控制,因此,企业必须随时监控、分析和了解营销环境的变化趋势。当发现环境变化构成机会或威胁时,可以及时调整和制定新的营销策略及战略,主动适应环境的变化,发挥优势,克服劣势,更好地实现市场营销目标。

4.有利于企业对经营和管理进行科学决策

企业的市场经营受着诸多环境因素的制约。企业的外部环境、内部条件与经营目标的动态平衡是科学决策的必要条件。对市场营销环境分析是否正确,直接关系到企业最高领导层对企业投资方向、投资规模、技术改造、产品组合、促销策略等所作决策的正确与否,并关系到上述活动的成功与失败。因此,客观翔实的市场营销环境分析有利于企业进行科学的决策。面对不同的市场营销环境,企业应善于分析和识别由于环境发展变化而给企业造成的主要机会和威胁,及时采取适当的对策,使企业与环境变化相适应。

(二)园林市场营销环境

随着国民经济持续快速增长、城市化进程加快和房地产业兴起、旅游及休闲度假产业崛起、环境保护意识提高,再加上重大基础设施建设如交通建设对园林绿化和环境建设等配套项目的拉动,中国园林产业高速发展的外部条件已经基本成熟,将进入起跑和起飞阶段,估计今后几年,中国园林产业将快速发展。

改善生态环境、提高人居质量,目前正成为我国城市建设的主旋律。为解决空气污染、噪声、热岛效应等不利于人们身体健康的"城市病",我国许多大中城市正致力于发展城乡一体的城市绿化,竞相为城市营造一道绿色的"生态屏障",园林产业的发展也被人们所看好。

(1)国民经济持续快速增长是园林产业快速发展的根本动力　中国是近20年来世界上经济发展速度最快的国家。根据"十一五"规划,"十一五"期间年平均经济增长速度预期为7%左右。今后20年,国民经济仍然将快速健康发展,这是园林业得以持续快速发展的保证。

(2)城市化进程加快和房地产业持续发展是园林产业快速发展的加速器　当前,改善人居环境越来越被人们所重视,房地产开发商认为房地产环境质量好坏是房地产项目开发能否成功的关键因素之一。根据国务院关于加强城市绿化建设的通知,到2010年,全国城市规划建成区绿地率将达35%以上,绿化覆盖率达到

40％以上,人均公共绿地面积达到 10 m² 以上,目前很多城市建成区绿地覆盖率还没有达到该标准,需要大量苗木用于城市园林绿化。除公共绿地的稳步增长外,各地居住区、单位、防护绿地和生态绿化也在快速发展。住宅区园林景观得到房地产开发商的高度重视,房地产项目园林建设市场迅速扩张。

(3)重大基础设施建设拉动配套园林绿化和环境建设项目发展　大规模基础设施建设和固定资产投资强有力地拉动园林绿化产业的发展。铁路、公路沿线的绿色通道建设需要大量的园林植物材料用于绿化和景观建设。

(4)国民收入水平提高与素质提升将大大促进园林材料产品消费　居民家庭绿化、私人庭院造园也将快速启动,园林产业市场范围将大大拓展。

(5)旅游及休闲度假产业迅速崛起大大刺激风景园林建设和旅游城市的园林绿化建设,新兴风景名胜区及旅游城市园林景观建设,大大拉动了园林产业的发展。

(6)环境保护意识不断提高为园林产业发展奠定了思想基础　据调查,环境问题已经成为中国城市居民关心的焦点,随着市民环保意识的提高,以及政府对环保投入力度的不断加大,将大大促进了环境建设和园林建设的发展,从而拉动园林产业的发展。

因此,可以说我国园林产业市场营销环境已经基本成熟,中国园林将从传统园林和城市绿化,进一步走向大地景观的广阔领域。然而,企业在分析市场营销环境时也要注意对园林发展十分不利的因素,比如水资源危机、生态环境恶化、人口和土地的持续压力,以及对传统文化认识的局限性等,这些也是国民经济发展的障碍。企业在充分抓住市场机遇的同时,必须正视市场可能带来的威胁,用新思维、新方式、新路子适应市场的发展,深入发掘发展机会,积极制定行之有效的应对策略,推动园林建设持续快速发展。

二、园林市场调查

市场调查就是指运用科学的方法,有目的地、有系统地搜集、记录、整理有关市场营销信息和资料,分析市场情况,了解市场的现状及其发展趋势,为市场预测和营销决策提供客观的、正确的资料。园林市场调查就是以科学的方法、客观的态度,明确园林市场营销有关问题所需的信息,有效地收集和分析这些信息,为园林市场决策部门制定更加有效的营销战略和策略提供基础性的数据和资料。

市场调查的内容很多,有市场环境调查,包括政策环境、经济环境、社会文化环境的调查;有市场基本状况的调查,主要包括市场规范,总体需求量,市场的动向,同行业的市场分布占有率等;有销售可能性调查,包括现有和潜在用户的人数及需求量,市场需求变化趋势,本企业竞争对手的产品在市场上的占有率,扩大销售的可能性和具体途径等;还可对消费者及消费需求、企业产品、产品价格、影响销售的社会和自然因素、销售渠道等开展调查。

园林市场调查的内容包括所有与园林企业有关的社会、政治、经济、环境及各种经济现象。包括园林企业外部调查和园林企业内部调查。园林企业外部调查是指对园林企业外部环境予以调查研究,其主要对象为:园林市场环境调查、园林市场需求调查、园林市场供给调查和园林市场营销调查等。园林企业内部调查是指园林企业内部的调查研究,主要包括:产品调查、竞争对手调查、技术发展调查、销售渠道调查和价格调查等。

市场调查的程序一般包括以下步骤:确定调查目标、调查准备分析、非正式调查(看需要而定)、正式调查、整理分析资料、补充调查(看需要而定)、撰写调查报告、跟踪调查(看需要而定)。

市场调查的方法一般包括:获得第一手资料的实地调查法,获得第二手信息的文案调查法,通过互联网了解和掌握市场信息的网络调查法。

三、园林市场预测

园林市场预测,就是运用科学的方法,对影响园林市场供求变化的诸因素进行调查研究,分析和预见其发展趋势,掌握园林市场供求变化的规律,为经营决策提供依据的过程。预测为决策服务,预测可以提高管理的科学水平,减少决策的盲目性,通过预测可以进一步把握经济发展或者未来市场变化的有关动态,减少未来的不确定性,降低决策可能遇到的风险,使决策目标得以顺利实现。

市场预测的过程大致包含以下的步骤:确定预测目标、搜集整理信息、选择预测方法、建立预测的模型、评价模型、利用模型进行预测、分析预测结果、分析评价预测结果得出预测报告。

市场营销预测的方法很多,由粗略的估计到比较精确的预测,有定性分析方法,也有定量分析方法。这些方法各有特点,互有短长,使用时应根据需要加以选择。

定性预测方法是依据预测者个人的经验和分析能力,通过对影响市场变化的各种因素的分析、判断、推理,来预测市场未来的发展变化。它的特点是简便易行,不需要经过复杂的运算过程。但也正因为如此,它往往不能提供以精确数据为依据的市场预测值,而只能提供市场未来发展的大致趋势。常用的定性预测方法主要有:专家调查法、经验判断法、顾客意见法、头脑风暴法。

定量预测方法即根据一定数据,运用数学模型来确定各变量之间的数量关系,并据此预测市场未来的变化。它的特点是"凭数据说话",能够准确地测算市场未来的发展趋势,为经营决策提供确切的科学依据。它的不足之处是单纯量的分析会忽视非量的因素。常用的定量预测法有简单平均法、移动平均法、指数平滑法和回归分析法。

四、园林市场营销策略

传统的 4P 营销组合策略,即由产品、价格、渠道和促销组成的营销策略为企业的营销策划提供了一个有用的框架,其中,产品代表企业提供给目标市场的物品和服务的组合,包括质量、外观、式样、品牌名称、包装、尺码或型号、服务、保证、退货等;价格代表顾客购买商品时的价格,包括价目表所列的价格、折扣、折让、支付期限、信用条件等;渠道代表企业使其产品可进入和到达目标市场(或目标顾客)所进行的各种活动,包括渠道选择,中间商管理、物流管理等;促销代表企业宣传介绍其产品的优点和说服目标顾客来购买其产品所进行的种种活动,包括广告、销售促进、宣传、人员推销等。园林市场营销策略一样包括产品策略、价格策略、分销策略和促销策略。

(一)产品策略

现代市场营销学所说的产品是指向市场提供的能满足人们某种需要的一切东西,包括有形物品、无形的服务和人员、组织、观念或它们的组合,亦称作产品的整体概念,向消费者提供整体效用,满足消费者的整体需求。园林产品是以园林资源为基础生产出来的商品,包括园林设计、园林观赏等无形产品和苗木花卉等实物产品。

产品策略是指通过产品的品牌、包装、产品组合等,打造具有市场竞争力的产品。园林产品策略是指园林企业如何根据自己的优势和特点,在激烈的市场竞争中适时地生产出有竞争力的园林产品和服务。

产品的整体概念由 3 个基本层次构成:核心产品、形式产品和附加产品(延伸产品)。

核心产品是消费者购买某种产品时所追求的实际效用和利益,也就是产品的使用价值,如产品的用途、功能、效用等。这是产品整体概念最基本的层次,是产品整体概念中最重要的部分。

形式产品是指产品在市场上出售时的物质形态。它通过产品的质量水平、特色、款式、品牌和包装 5 个侧面来表现的。产品的形式向人们展示的是核心产品的外部特征，它能满足同类消费者的不同需求。

附加产品也称延伸产品是指超出产品实体以外的一系列附加利益和附加服务，包括提供信贷、免费送货、维修保证、安装、技术培训、售后服务等在消费领域给予购买者的好处。

在现代市场营销环境下，企业销售的绝不仅仅是产品的使用价值，而必须是产品整体概念所反映的全部内容。顾客的需求能否得到最大限度的满足，不仅取决于生产领域产品的设计和开发，也取决于流通领域的购买过程，更取决于产品在消费领域的使用过程。在日益激烈的市场竞争中，利用产品实体本身来赢得竞争主动权的机会已越来越小，营销者争夺顾客的主战场将逐步地转移到售后服务上来。因此，能够向顾客提供完善的产品附加利益的企业必将在竞争中获胜。

产品整体概念形成于生产、流通、消费各个领域。顾客所追求的是整体产品，企业向市场提供的也必须是整体产品。

1. 新产品开发策略

市场营销意义上的新产品除包含因科学技术在某一领域的重大发现所产生的新产品外，还包括在生产销售方面，只要产品在功能或形态上发生改变，与原来的产品产生差异，甚至只是产品从原有市场进入新的市场，都可视为新产品；在消费者方面，则是指能进入市场给消费者提供新的利益或新的效用而被消费者认可的产品。按产品研究开发过程，新产品可分为全新产品、模仿型新产品、改进型新产品、形成系列型新产品、降低成本型新产品和重新定位型新产品。新产品开发策略包括冒险策略、进取策略、跟随策略和保持策略。

开发新产品具有较大的风险，园林企业必须根据市场需要、竞争动态和企业实力，正确选择新产品开发策略。

2. 品牌策略

品牌是生产者或经营者加在产品上的标志。品牌是由名称、图形、符号、标记或它们的组合形成的，它的基本功能是把不同企业之间的同类产品区别开来，不使竞争者之间的产品发生混淆。品牌是一个集合概念，它包括品牌名称、品牌标志和商标。

首先，产品是否使用品牌，是品牌策略要回答的首要问题。品牌对企业有很多好处，但建立品牌需要成本，比如市场上很难区分的原料产品、地产商品、地销商品或消费者不是凭产品品牌决定购买的产品，可不使用品牌。其次，如果企业决定使用品牌，则面临着使用自己的品牌还是别人品牌的决策，如使用特许品牌或中间商品牌。对于实力雄厚、生产技术和经营管理水平俱佳的企业,一般都使用自己的品牌。使用其他企业的品牌可以节约成本,但也有风险,得结合企业的发展战略来决策。再次,使用一个品牌还是多个品牌。这些都是要根据企业的经济实力、市场需求和战略目标进行决策。

由于园林产品的特殊性,我国的园林产品尚未真正进入品牌营销的时代,但随着市场经济的发展,经济全球化的进程加快,品牌将同其他产品一样在营销中的作用会越来越大,在未来的市场上,消费者在购买园林产品时一样可以无需去探究产品质量、生产来源等,而仅仅依靠品牌的良好声誉就可以享受到称心如意的园林产品。

3.服务策略

顾客服务是伴随产品一起提供给消费者的附加利益与活动。顾客服务的目的是使消费者在购买和使用产品的过程中,获得更大的效用和满足。产品越复杂,消费者对各种附加服务依赖性越强。随着市场竞争的日趋激烈,仅凭技术因素是难以创造持久的竞争优势的,服务将成为企业之间竞争的主要手段。由于园林产品的特殊性,在园林产品营销过程中实施服务策略尤为必要。

为消费者提供的服务总的宗旨是,实施顾客满意服务策略。通常包括以下内容:消费宣传、消费指导服务,接待来访和访问,提供业务技术咨询与服务,质量保证承诺,信用服务,根据用户的特殊要求提供服务。

(二)价格策略

价格策略是为实现企业定价目标,在特定的经营环境下采取的定价方针和价格竞争方式。在园林产品交易中定价合理与否,不仅影响交易的成败,而且会影响园林生产的发展及其经济效益,因此价格策略很重要。

园林产品定价时,需要考虑产品成本、市场和产品特性3大因素。成本是价格形成的重要依据,园林产品的成本主要是指生产成本和流通费用,生产成本主要是指产品在生产过程中所支出的费用总和,如种苗费、肥料费等,流通费用是指产品从生产者向消费者转移过程中所消耗的全部费用,如贮藏运输费、采后处理费等。市场影响着商品价格,是影响价格波动的主要因素,包括市场供求状况、市场竞争情况及市场需求特点等。园林产品自身特性、质量、等级和品牌的不同,其价格也不同。

1.以成本为中心的价格策略

这是一种以产品单位成本为基本依据,再加上预期利润来确定价格的成本导向的价格策略。从本质上说,以成本为中心的价格策略是一种卖方定价导向,它忽视了市场需求、竞争和价格水平的变化,有时候与定价目标相脱节。此外,运用这一方法制定的价格均是建立在对销量主观预测的基础上,从而降低了价格制定的科学性。因此,在采用该策略时,需要充分考虑需求和竞争状况,来确定最终的市场价格水平。

2.以竞争为中心的价格策略

在竞争十分激烈的市场上,企业通过研究竞争对手的生产条件、服务状况、价格水平等因素,依据自身的竞争实力,参考成本和供求状况来确定商品价格。这种策略是以竞争者的价格为导向,特点是价格与商品成本和需求不发生直接关系。商品成本或市场需求变化了,但竞争者的价格未变,就维持原价,反之,虽然成本或需求都没有变动,但竞争者的价格变动了,则相应地调整其商品价格。当然,为了谋求企业的生存或发展,为了市场占有的争夺,企业可以在其他营销手段的配合下,将价格定得高于或低于竞争者的价格。

3.以需求为中心的价格策略

现代市场营销观念要求企业的一切生产经营必须以消费者需求为中心,并在产品、价格、分销和促销等方面予以充分体现。这种策略是以市场需求为导向,价格随市场需求的变化而变化,不与成本因素发生直接关系,符合现代市场营销观念要求,企业的一切生产经营以消费者需求为中心。

(三)流通策略

流通策略就是关于如何将各种类型的园林产品传递到园林消费者手中的策略,也称分销渠道策略。分销渠道是指商品从生产者那里转移到消费者手里所经的通道,包括两层含义:一是指把商品从生产者转送到消费者手里的经营环节或经营机构,如批发商、零售商等分销商和生产企业自己的销售机构;二是指产品实体从生产者到消费者手里的运输储存过程。流通策略就是对这两层含义所涉及的内容进行决策,使园林企业最快最便捷地进入目标市场,尽量缩短产品传递的过程,节省流通费用,更快更好地满足园林消费者的需求。

(四)促销策略

促销策略是指企业如何通过人员推销、广告、公共关系和营业推广等各种促销方式,向消费者或用户传递产品信息,引起他们的注意和兴趣,激发他们的购买欲望和购买行为,以达到扩大销售目的的策略。由此可以看出,促销包括人员推销和非人员推销两类,其中非人员推销又包括广告、公共关系和营业推广等多种方式。

(1)园林人员推销 就是指园林推销人员直接与消费者或潜在消费者洽谈或宣传介绍园林产品或服务,以达到促销目的的活动过程。

（2）广告　广告是指企业或个人以付费的形式，通过一定的媒体，公开传播企业及其产品的各类信息，以达到促进销售、增加赢利目的的一种自我宣传方式。有很多园林产品的功能是无形的，让广大的消费者接受就需要进行广告宣传。

（3）营业推广　营业推广是一种适宜于短期推销的促销方法，是企业为鼓励购买、销售商品和劳务而采取的除广告、公关和人员推销之外的所有企业营销活动的总称。营业推广方式主要有赠品促销、发放优惠券、抽奖促销、现场演示、会议促销等。开展园林产品展销会、园林知识竞赛等活动都是园林产品的营业推广促销方式。

（4）公共关系　是指企业在市场营销活动中运用沟通手段使自己与公众相互了解和相互适应，以争取公众的理解、支持和协作的一系列管理活动。公共关系活动有利于树立企业的良好形象，沟通与协调企业内部以及企业与社会公众的各种联系，有利于创造良好的市场营销环境。

根据促销手段的出发点与作用的不同，可分为两种促销策略：

（1）推式策略　是以人员推销为主，辅之以中间商销售促进，兼顾消费者的销售促进，把商品推向市场的促销策略，其目的是说服中间商与消费者购买企业产品，并层层渗透，最终说服消费者购买。

（2）拉式策略　是以广告促销为主，通过广告宣传直接诱发消费者的购买欲望，由消费者向零售商、零售商向批发商、批发商向生产商求购，由下而上，层层拉动购买。

推式策略和拉式策略都包含了企业与消费者双方的能动作用，但前者的重心在"推"，着重强调了企业的能动性，表明消费需求是可以通过企业的积极促销而被激发和创造出来的；而后者的重心在"拉"，着重强调了消费者的能动性，表明消费需求是决定生产的基本因素。企业在经营过程中要根据客观实际的需要，综合运用两种基本的促销策略。

一个好的促销策略，往往能起到多方面作用，如提供信息情况，及时引导采购；激发购买欲望，扩大产品需求；突出产品特点，建立产品形象；维持市场份额，巩固市场地位等。

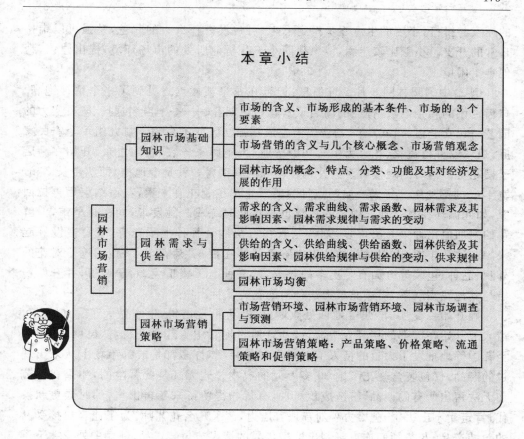

【关键概念】

市场 市场营销 顾客让渡价值 园林需求 园林供给 需求规律 供给规律 园林市场调查 园林市场预测 产品策略 价格策略 流通策略 促销策略

【复习思考题】

1.什么是市场？举例说明市场包含了哪些含义？

2.什么是园林市场？园林市场有哪些特点？请列举10个你熟悉的园林商品。

3.什么是园林需求与园林供给？简析园林需求与园林供给的影响因素。

4.为你家乡的园林市场量身打造一个园林市场的市场营销策略（包括产品策略、价格策略、流通策略和促销策略4个分策略）。

【观念应用】

例1：小王2005年毕业后，为园林建筑公司打工，一年半后，自己离开公司，在苏州市的花鸟市场，租了个24 m²的店铺，开了一家园林盆景花艺公司，经过一年的摸索与拼打,小店的生意逐步稳定下来,可也没有什么大的起色,勉强可以维持日常的开支。小王比较迷惑,请您帮助小王分析他所处的市场环境,提出建议,帮他走出困境。

例 2:中国园林网 3 月 2 日消息:记者在龙泉某楼盘终见到了一个精神饱满、口齿伶俐的私企老板,曾经的高店子卖花姑娘刘音——一个声名远扬、颇具实力的园艺公司女老板。1967 年,刘音出生在成都锦江区三圣乡粮丰村九组一个农民家庭,祖辈以种植蔬菜、花卉为生。初中毕业后,她回家务农,农闲之余,开始在高店子摆花卖。当时的规模有多大?刘音伸开两只手臂,"就是个地摊,面积是长 2 m、宽 1 m 的钢丝床。"每天凌晨两点钟骑辆三轮车拉着花卉来卖,花市结束后再拉回家,如此循环往复。刘音敏锐的嗅觉也是在此时练成。她发现,同样是早市,但鲜花的附加值比种菜高出许多,刘音全家在自留地全都种上了花卉,生意慢慢好起来。在这几年中,人们对花的认识也不再停留在梅花、菊花上了,他们逐步对花的外观、品种、包装等方面有了更多的要求,她又种上了蟹爪兰、君子兰等,并开始积极与其他花圃联系,引进龙泉无法种植的花卉品种。

她开始在昆明、广州等地四处收购鲜花,再批发销售,生意做大了。1998 年,情人节开始在成都的年轻人中流行,刘音适时地看中了这个商机,从昆明、广州甚至韩国等地批发了大量的情人节包装盒和包装纸,许多都是成都市场上从未出现过的产品,仅包装盒就花了她 30 多万元的成本。这无疑是要冒险的,如果在春节前无法售出所有的产品,将造成积压,所有货物得留待来年再出售,那时候更新换代,肯定卖不出去了,怎么办?刘音顶着压力,请了几名花艺师,为了让客户接受新的包装产品,花艺师们连夜赶制出造型各异的情人节包装作品,新颖的外形一下子吸引了前来选购的零售商。于是,出现了令刘音终生难忘的一幕:每天从早到晚都有如潮的人群涌入自己的花店,不断又有人闻讯赶来,根本没法关门。整整半个月,刘音几乎没睡过一个囫囵觉,只有趁着人少的时候,在店内搭床棉絮躺上去睡 2 h,然后再接着起来张罗生意……

2007 年情人节前,刘音看中了一款新式花盒包装,向厂家定做了 8 000 多元的货品,想抢在情人节之前推出,一炮而红。谁知道做出来的成品没法达到预想的效果,销售情况也可想而知,刘音只好贱价出售,8 000 多元的货品仅卖了 500 元。

当年的卖花姑娘现已不惑的她创办了园艺公司鑫泰阳,开了间叫太阳花卉的花店,除此之外,她还开设了属于自己的农家乐和花艺培训学校。培养的是未来的花店老板,同时也是自己的潜在客户,这步棋刘音走得很妙。但是每每要面对诸如"开花店能赚多少钱?"的问题,刘音均表示无法盲目回答。在她看来,要成功一要靠悟性,二要能吃苦。

　　鲜花买卖是一件极苦极累的营生。"春节、情人节、三八妇女节、五一劳动节……"所有的节日,基本上都是花卉行业的节日,也是他们最忙的时候。采访期间,刘音的电话总是响个不停,在笔记本电脑上忙个不停。如今她的客户已经遍布全国,用普通话交流自然是必不可少的。听到记者夸赞她普通话说得好,刘音有点不好意思地笑了,"都是在生活中学习的"。今年和往年一样,刘音安排了到香港等地的行程,她当然知道这是一笔不小的投入,但要保持企业的生命力必须拥有源源不断的创新,而这些元素需要靠自己多看多学,刘音认为,走出家门,受益匪浅。

　　随着生意的持续发展,2005 年刘音又在崇州租赁了 300 亩土地,设立花卉生产基地,公司步上了良性循环轨道。

　　案例思考问题:

　　1. 请整理出刘音从一个卖花姑娘变为一个公司老板的发展路径。

　　2. 刘音采取了哪些营销措施?

　　3. 总结她在发展的过程中的成功经验和失败教训。

　　4. 为什么同是情人节的营销,却有不同的结果?

第六章 园林人力资源管理

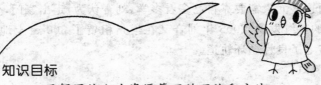

知识目标

- 了解园林人力资源管理的理论和方法。
- 掌握人力资源规划的方法步骤,要求学生初步学会分析和重塑园林企业文化和创建优良团队的方法。
- 掌握人力资源吸收、培训、开发和考核的方法和步骤。

技能目标

- 能够编制人力资源计划,将所学知识与园林企业管理结合起来。
- 会通过企业文化建设推动企业发展的方法。
- 能够进行工作分析,开展人力资源工作中的人员招聘、员工培训和进行绩效考核等工作。

【引导案例】

HR 管理关键在于长远规划

连续 49 年,不管全球经济正当繁荣还是萧条境况,这家企业都能在全球市场上保持每股红利增长的记录,直至今日。自 1978 年进入中国市场,迄今已在华设立 29 个工厂,雇用员工 3 万人。这就是 Emerson(艾默生),《财富》500 强企业中的常青树。

了解 Emerson 的人都知道,这里的员工都很有计划性,他们于每年的上半年,就开始制定第二年的工作目标与详细计划,如企业业绩增长速度至少保持在全国GDP平均值的2倍以上等。接下来的每个月、每个季度,各部门都要自我总结,调整业绩目标与工作方法。

如Emerson旗下的费希尔调压器(上海)有限企业,每年都要为下一年度招聘、培训、沟通等制定详细计划与执行步骤;每季度都会召开一次全体员工大会,总经理亲自发言,通报企业最近进展,以及分企业、全球总企业的发展状况,让员工有更广阔的视野。管理层每2个月都要越级与经理级以下的员工——包括普通工人——直接沟通,了解他们的真实想法。

这种系统性在突发事件来临时往往能派上大用场。费希尔调压器(上海)有限企业曾经有位普通员工不幸患上不治之症后病故,家里一下子失去了经济支柱,但他的家人意外发现,企业曾为他买过保险,因此获得了不少赔偿。这件事也传达了这样一个信号,即企业奉行的是规范化管理。有计划性的人力资源管理可以防患于未然,员工可以放心地工作,全无后顾之忧。

那么,采取系统性、流程化人力资源管理的企业并非Emerson一家,但为何只有Emerson能够说到做到,并且收效甚丰呢?Emerson亚太区人力资源副总裁Colleen Law女士一语道出了谜底:"人力资源管理做得好与坏,关键在于有没有长远规划,是否密切跟踪并自我调整。"

在Emerson,人力资源部门的一个重要职责就是营造开放的沟通氛围,企业希望员工与员工之间、员工与管理者之间能够开诚布公地沟通。因此,Emerson美国总部很早就开始做系统化的员工满意度调查,亚太区人力资源部也为此专门制定了一个本土化的流程,并在中国全面推广。

"满意度调查表"在很多企业都有,看起来像是一件平常而简单的事情,但Emerson企业会把它做得非常仔细。而且表格的完成也并非意味着工作的完成,接下来的工作更为重要:人力资源部门要通过小组访谈,了解员工打分和提意见的原因;然后分析、制定整改方案;最后通过责任分配,跟踪并定时向员工反馈进度,接受员工的监督。用Colleen的话来说,就是"人力资源工作永远是个动态的过程。"

荷兰CRF首席代表蔡蓉:提起500强企业,人们的着眼点往往是"大"而非"强"。殊不知,"强"才是好的企业在人才市场上占尽优势的立足点。Emerson的"强"不仅体现在具有享誉世界的系统化、流程化生产管理制度,以一流的业绩吸引一流的人才,而且善于将这种特色融会贯通于人力资源管理的细节,为员工提供了高效、舒适、安全的工作环境。

Hay(合益)集团华东区总经理邵义:站得高,才能看得远。用规划来引领全局的工作,包括人力资源的工作,是取得长期成功的有效方法。当然,还必须具备一个条件,就是像 Emerson 这样坚持不懈,无微不至。

案例思考问题:

1. 你如何理解"500 强企业"中的"强"?

2. "人力资源工作永远是个动态的过程。"表达的是一种什么理念?

第一节　人力资源规划

在知识经济条件下,人力资源已成为决定企业兴衰成败的决定性因素。企业竞争战略的成功与否很大程度上取决于人力资源的参与程度。制定科学的人力资源规划,可以合理利用人力资源,提高企业劳动效率,降低人工成本,增加企业经济效益。然而,在现阶段虽然越来越多的企业管理层逐渐认识到人力资源管理对企业发展的重要性,但对于人力资源规划的制定和实施始终存在许多困惑和无奈。

一、人力资源规划的基本概念及作用

所谓人力资源规划(human resource plan,HRP),是指一个组织科学地预测、分析其人力资源的供给和需求状况,制定必要的政策和措施以确保组织获得各种必需的人力资源的计划,使企业人力资源供给和需求达到平衡。人力资源规划是人员招聘、留用、调配、领导及发展等人力资源各项职能中有关预测内容的结合体,也被称为人才规划。

它包括 3 层含义:

(1)一个组织所处的环境是不断变化的,人力资源规划就是要对这些变化进行科学的预测和分析,以保证组织在近期、中期和远期都能获得必要的人力资源。

(2)组织应制定必要的人力资源政策和措施,以保证对人力资源需求。

(3)在实现组织目标的同时,满足员工个人利益。

人力资源规划具有战略性、前瞻性和目标性,也体现着组织的发展需求,其实质是组织为实现其目标而制定的一种人力资源政策。人力资源规划的特点是,把员工看作是资源,并在资源的获取、配置、使用、保护等各个环节上统筹考虑,因此能较好地达到组织目标。

作为园林企业,进行必要的人力资源规划将使企业以及企业的员工都能得到长远的利益。具体作用体现在以下几点:

(1)人力资源规划可以根据组织目标的变化和组织的人力资源现状,分析预测人力资源的供需,采取必要的措施,平衡人力资源的供给与需求,确保组织目标的实现;再者,由于人力资源规划不断随环境的变化而变化,使得组织的战略目标更加完善,使得组织对于环境的适应能力更强,组织因而更富有竞争力。

(2)人力资源规划还能创造良好的条件,充分发挥组织中每个人的主观能动性,提高工作效率,使组织的目标得以实现。

(3)人力资源规划的一项基本任务是对组织的现有能力进行分析,对员工预期达到的能力与要求进行估计与分析。人力资源规划的各项业务计划将为工作分析提供依据。组织根据工作分析的结果与对员工现有的工作能力的分析,决定人员配置的数量与质量,并对人力资源的需求做出必要的修正,然后组织根据人力资源的供需计划和人员配置的结果(即剩余人员或短缺人员的数量)来决定招聘与解雇员工的数量,因此人力资源供需计划是员工配置的基础。

(4)人力资源规划对员工的培训也有很大的影响。人力资源需求计划对人员的数量与质量提出了要求,组织上可根据目前的人力资源供给状况来决定对员工培训的范围(参加人数)与内容,决定培训的投资额度,达到以最小的人力资源成本获得最大的效益的目的。与此同时,对员工的培训使得员工的素质与能力得到提高,这又会对人力资源的供给产生影响。人力资源规划与员工培训是相互作用的。

(5)员工则可通过组织的人力资源规划看到组织未来对各个层次上的人力资源的需求,可参照组织人力资源的供给情况来设计自身的发展道路,这对提高员工的劳动积极性均是非常有益的。

二、制定人力资源规划的基本步骤

1.明确企业的发展战略

在进行人力资源规划前,企业的人力资源规划工作小组首先应该明确企业的发展战略以及各阶段的发展目标,明确为了实现各阶段目标而制定的主要战略举措。而主要的战略举措是指为了实现目标而制定的指导性行动计划,人力资源规划小组也应该明确各战略举措的具体时间表和各战略举措之间的逻辑关系。从而有效地协调人力资源活动和组织活动,保证人力资源规划的实施能够促进组织愿景和目标的实现。

2.明确各部门在战略实施中的工作

在明确企业战略的前提下,对企业未来的行动计划进行分解,明确每个行动计划涉及的部门以及每个部门在行动计划中的职责和要求,进而明确各部门在各阶段的工作重点内容,这是人力资源规划小组制定针对每个部门的人力资源配置原则所必需的信息。

3. 分析企业人力资源现状

对企业总体的人力资源状况进行分析,主要进行人员结构分析。比如企业的管理人员、技术人员、生产工人、后勤人员的构成比例,企业员工年龄构成情况、学历构成情况等。

在进行企业人力资源整体分析的同时,对各部门的人力资源现状进行分析,明确该部门各关键岗位的人力资源现状以及总体人力资源状况。特别是对研发、生产和营销等与企业业务目标直接相关部门的人力资源现状进行分析,可以了解目前企业是否具有充足的人力资源来实现战略目标,进而为制定各部门的人力资源配置原则提供信息,也为人力资源需求调查提供信息。

4. 制定职务编写计划

可以根据企业发展规划并综合职务分析报告来制定职务编写计划,包括职位描述、职务资格要求、晋升方向等内容。在企业发展的过程中,除原有职务外,还会逐渐产生新的职务,因此职务编写是一项持续性的工作。

5. 分析企业内外部人力资源供给的可能性并制定员工供给计划

人力资源供给一般有两种方式,一是内部调动,二是外部招聘。从企业本身来讲,人员内部调动是比较好的方式,因为员工已经接受了企业的文化,这可以省去对员工进行一系列培训等过程,而且如果是提升调动,还可以大大提高员工的积极性。人力资源工作者在分析企业内部人力资源供给的可能性时主要有以下几种方法:

(1)建立"技能清单数据库"。

(2)利用"职位置换图"。

(3)制定"人力持续计划"。

同时外部招聘也是一个可行之道,如果从外部招到适合的人选,也会给企业带来好的效果。在掌握人力资源内外部供给情况的基础上,制定人员供给计划。人员供给计划是人员需求的对策性计划,主要描述人员供给的方式、人员内外部流动政策、人员获取途径和获取实施计划等。

6. 编制培训计划

对员工进行必要的培训,已成为企业发展必不可少的内容。培训的目的一方面是提升企业现有员工的素质,以适应企业发展的需要;另一方面是推动员工认同企业的经营理念,认同企业的文化,培养员工爱岗敬业的精神。培训计划中要包括培训政策、培训需求、培训内容、培训形式、培训效果评估以及培训考核等内容,每一项都要有详细的文档,有时间进度和可操作性。

7.制定人力资源管理政策调整计划

计划中要明确人力资源政策的调整原因、调整步骤和调整范围等,包括招聘政策调整、绩效考核制度调整、薪酬和福利调整、激励制度调整、员工管理制度调整等。

8.编写人力资源部费用预算

费用预算包括招聘费用、员工培训费用、工资费用、劳保福利费用等。

三、人力资源规划的编制

人力资源规划是一个连续的规划过程,它主要包括两个部分:基础性的人力资源规划(总规划)和业务性的人力资源行动计划。

1.基础性的人力资源规划

基础性人力资源规划一般应包括以下几个方面:

(1)与组织的总体规划有关的人力资源规划目标、任务的说明。

(2)有关人力资源管理的各项政策策略及其有关说明。

(3)内部人力资源的供给与需求预测,外部人力资源的情况与预测。

(4)人力资源净需求。人力资源净需求可在人力资源需求预测与人力资源(内部)供给预测的基础上求得,同时还应考虑到新进人员的损耗。通常有两类人力资源净需求,第一类是按部门编制的净需求;第二类是按人力资源类别编制的净需求。前者可表明组织未来人力资源规划的大致情况,后者可为后续的业务计划使用。

2.业务性的人力资源计划

(1)招聘计划　招聘计划包括:

①需要人员的类别、数目、时间。

②特殊人力的供应问题与处理方法。

③从何处、如何招聘。

④拟订录用条件。这是招聘计划的关键,条件有:工作地点、业务种类、工资、劳动时间、生活福利等。

⑤成立招聘小组。

⑥为招聘而做的广告与财务准备。

⑦制定招聘进度表。进度表包括:开始日期、招聘地点、选定并训练招聘人员、确定招聘准则、定出访问次数计划、做好活动预算。

(2)升迁计划　由于招聘对现有人员及士气均有一定程度的负影响,所以升迁计划是人力资源规划中很重要的一项。包括:

①现有员工能否升迁。

②现有员工经培训后是否适合升迁。

③过去组织内的升迁渠道与模式。

④过去组织内的升迁渠道与模式的评价,以及它对员工进取心、组织管理方针政策的影响。

(3)人员裁减计划　人员裁减计划包括:

①人员裁减的对象、时间、地点。

②经过培训是否可避免裁减。

③帮助裁减对象寻找新工作的具体步骤与措施。

④裁减的补偿。

⑤其他有关问题。

(4)员工培训计划　员工培训计划包括:

①所需培训新员工的人数、内容、时间、方式、地点。

②现有员工的再次培训计划。

③培训费用的估算。

(5)管理与组织发展计划

(6)人力资源保留计划　利用人力资源规划工作中的经验与有关资料,采取各种措施,挽留人才,减少不必要的人力资源损耗。措施包括:改进薪酬方案、提供发展机会、减少内部摩擦、加强沟通、减轻新进人员的适应危机、改善工作条件、实行轮岗制、提供再培训机会、改进升迁方法等。

(7)生产率提高计划　生产率提高计划包括:

①生产率提高与人力资源的关系。

②建立生产率指标,提供具体的努力目标。

③劳动力成本对生产率提高的影响。

④提高劳动生产率的措施。

以上计划是相互影响、相互作用的。因此,各项计划必须考虑到综合平衡的问题。

四、人力资源规划中的常见问题及解决途径

近年来,外部环境的迅速变化以及人力资源理论的兴起,促使众多企业关注如何通过人力资源规划,确保组织适应来自多领域、多层次的竞争环境。但在人力资源规划被广泛运用并取得较好效果的同时,企业在制定规划过程中还是遇到许多问题。

（一）员工抵制

员工抵制是指员工在企业实施人力资源规划的过程中采取不合作与不配合的态度。如在收集人力规划信息的时候，一些员工很少提供真实而有用的信息。少数员工甚至声称："做人力资源规划，只是那些管人事的人走走过场，搞形式主义罢了，一点用处都没有"，"单位还有其他很多重要的事情都没解决好，人力资源规划就以后再说吧！"等，给人力资源管理人员造成了诸多困扰，人力资源规划工作进行并不顺利。

1. 造成这种现象，主要有以下两方面原因

（1）人力资源规划涉及员工敏感问题　人力资源规划内涵广泛，无论是绩效考核还是薪酬管理等方面的政策与措施的变动调整，都会在一定程度上影响员工的自身利益。显然，未来自身利益的不确定性易使部分员工对人力资源规划存在畏惧或是抵制心理，导致他们在规划工作中隐瞒或故意夸大信息，采取不配合的态度。

（2）规划人员缺乏专业知识与能力　目前我国不少企业人力资源管理人员没有接受过正规的人力资源管理技能培训，一些人力资源管理者只是被动地执行上级关于人力资源规划的编制要求，而不善于理解员工的心态，不擅长与员工进行充分的沟通，因而无法使员工充分了解人力资源规划的重要性。

2. 解决途径

（1）树立规划小组专业与公正的形象　在规划正式开始之前，企业需要做足准备功课。第一，给予规划人员必要的培训，促使人力资源管理人员规划知识与技能的提高；第二，在经费允许的情况下，引入外部智囊团，聘请咨询机构实施规划，可以在一定程度上保证规划的质量与公正性；第三，向员工承诺他们不会因为人力资源规划而失去工作，或是带来工作的较大变化。规划小组将秉承公正的原则制定各项人力资源政策，以打消员工的顾虑。

（2）鼓励员工积极参与人力资源规划的制定　尽可能地将员工代表纳入到人力资源规划过程当中。通过员工代表的全程参与，使得员工切实了解整个人力资源规划的内涵、重要性、实施过程与进度，加强人力资源规划人员与员工的互相沟通与互相理解。这样，员工才会将真实而有用的信息反馈给规划小组，从而加强员工的主动配合性。

（3）争取领导支持　成功的人力资源规划离不开领导的有力支持。除了与员工进行有效沟通之外，规划小组还应与领导进行良好沟通，争取领导的大力支持，以方便规划工作的顺利展开。

(二)流程粗糙

目前我国有不少企业整个人力资源规划过程较为随意,流程比较粗糙。事实上,有效的人力资源规划是一项技术性较强的工作,需要结合组织内人力资源现状,用一系列科学的工具与系统的方法来确保人力资源规划能够与组织战略保持匹配、适应内外部环境,科学预测未来,从而进行合理的人力资源活动安排。

1.流程粗糙、凭主观随意制定问题解决途径

要解决人力资源规划流程粗糙、凭主观随意制定问题解决途径,有下列 3 种方法:

(1)采用科学的信息收集方法　收集真实而有效的信息是企业人力资源规划制定的保证。信息的收集可以综合采用文献研究方法、调查问卷法和访谈法 3 种方法。文献研究方法是通过阅读本组织内部的历史资料、相关文件,以及国内外标杆组织的相关人力资源战略资料而获取有用信息的方法。该方法能够获取组织内外纵向与横向大量的人力资源信息,吸取标杆组织的实用经验;调查问卷法调查范围广泛,效率高,而且收集来的信息可以通过描述统计和推断统计进行现状研究和预测未来;访谈法能够深度了解调查问卷纸面上反映不到的信息。以上 3 种方法各有利弊,企业在时间与经费允许的条件下,最好能够同时运用。

(2)运用数据处理方法全面了解现状　在收集到原始信息的基础上,我们还需要运用统计工具对原始信息进行分析加工,了解现在和预测未来。一般可以运用质的分析方法以及统计分析方法等。运用统计工具进行分析主要通过采用频数分布分析、交叉分析、均值分析等方法分析企业人力资源队伍的结构现状,如性别、年龄、职称、学历等,以及被调查者对人力资源战略问题的相关看法等。

(3)选择合适的人力资源规划工具　常用的人力资源规划工具有 3 种:SWOT矩阵法、问题导向法和 PEST 法。SWOT 矩阵法是比较经典的人力资源战略分析方法,是一种对组织优势、劣势、机会和威胁的分析。在收集完组织内部和外部的信息之后,再将各因素进行评分,按因素的重要程度加权求和。制定人力资源战略时应尽可能采取一些措施将威胁消除掉,利用并扩大企业已有的优势;问题导向法是在制定人力资源战略时,围绕企业目前和将来将会出现的主要问题,在一定的约束条件和可利用的资源下,提出相应对策的一种战略分析方法;PEST 主要是分析人力资源战略制定的宏观环境分析方法。

2.规划与实际执行差距大的解决途径

当员工拿到人力资源规划书时,有时会觉得规划在实际执行过程中有较大的困难,难以落实,所谓"规划规划,纸上画画,墙上挂挂",成为一纸空文。究其原因,一是因为规划人员制定规划时任务安排过于笼统,难以操作;二是没有注意规划的

弹性。随着外界环境的变动加剧,任何人力资源规划都不可能准确无误地预测未来组织内外部的环境。"计划赶不上变化",执行人员面对和实际环境相脱节的人力资源规划,会感到无所适从。然而,这并不能说明人力资源规划是无效的,可以从以下几方面加强人力资源规划的可操作性。

(1)分层设置目标,内容由粗至细　人力资源规划应该是包括多层次、由粗至细的体系。这个体系的顶层应是人力资源规划的总方向与总目标,底层应是由总目标具体细化而成的,能够分解、落实到各个部门、各个环节的具体任务与安排上,如一些企业的人力资源规划就由战略总目标—分目标—项目—行动计划这 4 个层级构成,总目标明确方向,具体的项目与行动计划反过来支持总目标的实现。

(2)任务设置时间化　人力资源规划要落到实处,还需要将具体的任务设置时间化。如某企业的人力资源规划具体行动计划是:2006 年运用访谈法、问卷调查法等方法进行员工培训需求分析;从 2007 年开始,根据员工的兴趣、工作需要、时间安排,开发菜单式培训计划;2008 年开始,进行培训效果评估,根据效果评估结果,总结经验和教训,改善培训安排。

(3)实施滚动式的人力资源规划　滚动式人力资源规划是在人力资源规划的第一阶段结束时,根据该阶段规划的实际执行情况和组织内外环境的变化情况,对原有人力资源规划进行修订,同时根据同样的方法逐期滚动的一种人力资源规划方法。对于一年以上的人力资源规划而言,采用滚动式的人力资源规划可以保证即使环境变化出现某些不平衡时,各期计划也能及时进行调节,从而加强人力资源规划的弹性,随时保持人力资源规划与环境的匹配性。

(三)虎头蛇尾

人力资源规划中另一个常见的情形是,一些企业花费大量人力和物力制定出一份人力资源规划书之后,就宣告规划工作结束了,"雷声大,雨点小",虎头蛇尾。实际上,一个完整的人力资源规划不但包括规划的制定,还包括规划的实施控制。因为无论规划如何周密,由于各种各样的原因,人们在执行规划时总会或多或少地出现与规划不一致的现象。

解决途径:

(1)全过程控制　运用前馈控制、同期控制与反馈控制进行全程的规划控制。当人力资源规划在执行中出现偏差时,规划人员应该首先判断该偏差是偶然性问题还是严重性问题,判断偏差的严重程度是否构成人力资源规划目标实现的威胁。然后,探究导致该偏差的主要原因,不同的原因要求采取不同的纠正措施。比如,培训效果的降低,可能是因为培训教材没有理论联系实际,也可能是因为企业错误选择了培训教师,还可能是由于培训内容与员工工作联系不紧密导致员工缺乏兴趣所致。确定培训效果降低的真实原因之后,再寻找合适的解决途径。

(2)多部门协调,共同控制　人力资源部门在规划实施中扮演着重要的角色,需要制定各种制度并与各个部门沟通,保证其实施。但人力资源部门并非唯一重要的角色。在规划的实施与执行过程中,人力资源部门还应当寻求其他部门的积极配合,多部门同时控制。例如,人力资源部门在进行的各种调查,比如培训需求调查、满意度调查、工作分析问卷、职位胜任能力调查时,其他部门都应该共同配合问卷的发放与回收工作。

(3)选择合适的指标进行人力资源规划评估　将人力资源规划的预期结果和实际执行的反馈结果进行比较、判断和分析时,我们还应选择合适的、主观性与客观性相结合的指标进行测评,为下一个人力资源规划的制定与实施提供及时而有意义的信息,帮助企业汲取有益的经验。

第二节　团队与企业文化的建设

企业是一个整体,是一个团队,企业的运作、发展与兴衰离不开全体员工的同心同德与同甘共苦,离不开能使员工为之自觉奋斗和奉献的企业文化与团队精神。

一、什么是团队

团队就是一种为了实现某种目标而由两个或两个以上的相互协作的个体组成的工作群体。他们是富有人文关怀精神,相互依靠,相互扶助,为了一个共同目标努力奋斗的一群人。

团队以一种简便的方式汲取所有员工(而不仅仅是管理者和经理)的知识及谋略来解决企业问题。一个好的团队可以把企业中不同职能、不同层次的人集合起来,找出解决问题的最佳方法。明智的企业已经学会这一点以保持竞争力。他们不再仅仅依靠管理部门来引导工作进程的发展和企业目标的实现,企业同样需要依靠那些接近问题和顾客的员工们或第一线的工人、农民。建立团队的作用大致有:减少无效竞争、知识共享、促进交流、实现共同目标、更好更快的决策、更多的创新精神。

团队有一个清楚而明确的目标,以便团队成员随时比照自己的工作。每个成员都将始终对整个团队负责,而不只是对自己的工作负责。在执行任务时,团队成员无须彼此完全了解,但必须了解彼此的职能和应该做出的贡献。因此,团队领导人的首要职责是使目标明确化,并使每个成员的角色明确化。

二、形成团队的基本要素

1.成员有着共同的目标

为完成共同目标,成员之间彼此合作,这是构成团队的基本条件。事实上,也正是这共同的目标,才确定了团队的性质。"团队"与"组织"是不同的,"组织"是先有结构,后有任务、目标和发展方向;而"团队"是必须先要有目标,后才有团队。

2.各成员之间相互依赖

从行为心理学来说,成员之间在行为心理上相互作用,直接接触,彼此相互影响,相互间形成了一种默契和关心,彼此协作,共同完成所需完成的各项工作。

3.成员具有团队意识,具有归属感

团队在情感上有一种认同,意识到"我们是这一团队中的人";"我是这一群体中的一员"。每个人都有发自内心地感到有团队中他人的陪伴是件乐事。彼此心理放松,工作愉快,所以说,团队意识和归属感,形成了一种真正意义的团队精神。

4.责任心

团队成员必须共同分担他们在达到共同目的中的责任。世界上没有任何一个团队中的成员不承担责任的,如果大家都不承担责任,实现共同目标无疑是一种空中楼阁。试想:"上面让我负责"和"我们自己负责"这两句话之间的微妙差距,它体现了两种心理意识的重要区别。前者是非团队组织的常用词;后者则体现了团队成员的责任心。即在这个团队中工作不仅是要为整个团队负责,为团队中的成员,同时也是为自己负责。这种团队成员的责任心,能起到巩固和提升整个团队的凝聚力,使之向着一个共同的目标奋进。

三、团队的类型

建立团队时,首先要考虑的是建立什么类型的团队。团队的基本类型主要有两种:正式的和非正式的。根据特定的环境、时间安排及企业需要,每种类型的团队都各有优缺点。

1.正式团队

正式团队需经企业管理机构特许,并分配以具体的工作目标。这些目标可以是任何一件对企业具有重要性的事情,从开发新产品生产线、制作处理顾客发票系统,到设计一次企业野餐。正式团队的种类包括:

(1)工作组 是临时建立用于处理特定问题或事情的正式团队。例如,种苗的拒收率从万分之一上升到千分之一,为找出其中原因,就建立了工作小组。工作组一般要在一个限定的期限内解决问题,并把调查结果报告给管理机构。

（2）委员会　是为了履行企业不间断的特定的任务而建立的长期或永久性团队。例如,有些企业的委员会负责评选由于工作业绩突出而受到奖励的雇员,或者向管理机构推荐安全改良措施。虽然委员会的成员年复一年的更换,但不管成员是谁,委员会的工作不会停止。

（3）指挥小组　是由经理、管理人员以及直接向他们汇报工作的雇员组成。这种类型的小组自然是垂直型的,代表着传统的从经理向工人传达任务的方式。如企业的销售小组、管理小组及行政小组。

正式团队对大多数的企业都很重要,因为企业的许多交流长期以来都是由此产生。目标、信息都经过正式团队从一个员工传给其他员工。而且正式团队还为分配任务和征求小组成员对完成任务、绩效数据的反馈信息提供了组织条件。

2. 非正式团队

非正式团队是在正式的企业机构中自发形成的一种员工的临时群体。如每天一起吃午饭的一群人、一个足球队或者只是一群喜欢一起闲逛的人。非正式团队的成员处于一种经常变动的状态,因为员工来来去去,他们之间的友谊和联系也在变化。

虽然非正式团队没有管理机构布置的特定任务或目标,但是他们对于企业来说也是非常重要的,因为:

（1）非正式团队使员工可以获得管理部门批准的交流渠道之外的信息。

（2）非正式团队给员工提供了一个相对安全的发泄途径,使其可以在与自己相关的事情上发泄过剩的精力,或者通过与企业中其他部门的员工进行讨论找出解决的方法——而不会被企业的墙壁所阻隔。

四、团队的管理

对于正式团队的管理,前面内容已经提及。这里重点讲对非正式团队的管理。

1. 正确认识和对待非正式团队

首先,应正视非正式团队的存在,并对它的特点、作用有全面、客观、清醒的认识,这是管好非正式团队的前提条件。在各类组织中,客观上存在着各种非正式团队,对它既不能采取不承认主义,也不能采取放任自流的态度。

其次,应做深入细致的调查研究,弄清非正式团队的成因、性质、活动内容和方式等具体情况,以便有的放矢地进行教育疏导,充分发挥其积极作用,抑制、克服其消极作用。破坏性团队毕竟是极少数,多数非正式团队与正式团队并不存在根本的利益冲突。不承认这一基本情况,也会导致工作失误。

2.充分利用非正式团队的特点,为实现组织和正式团队的目标服务

比如,管理者可以利用非正式团队成员接触频繁、情感融洽、凝聚性强的特点,引导他们相互取长补短,提高文化和业务水平,甚至可以在分配任务时,适当地加大任务的难度和工作量,辅之以相应的激励措施,这都可以大大提高工作绩效。再如,管理者可以利用非正式团队沟通迅速、方便的特点,及时搜集人们的意见和要求,既可使下情上传,又可使上情下达,利用它来贯彻管理意图,从而引导他们把自己的行为纳入组织目标的轨道。

3.做好非正式团队中心人物的工作

非正式团队的中心人物在其成员中威信高、说话灵、影响力大,团队成员对他往往言听计从,一呼百应。因此,对非正式团队管理的关键因素之一是要做好中心人物的工作。除了那些事事处处与组织目标对着干的破坏性头目必须采取组织措施处理外,管理者应经常和中心人物交流思想感情,多做他们的思想疏导工作,理解、信任和尊重他们,充分发挥他们的特长。这样做不仅能充分调动他们每个人的积极性,而且可以利用他的影响力把其他人带动起来。在正式团体与非正式团体发生矛盾时,也应从中心人物着手做好引导工作,避免矛盾激化。

4.区别对待不同类型的非正式团体

应积极支持和保护积极型团体,慎重对待中间型团体,教育和改造消极型团体,对于破坏型团体则要采取果断措施坚决取缔。

5.合理组织正式团体

非正式团体的存在反映了正式团体的某些不足。如在组建正式团体时,忽视了人们的志向、爱好、能力特长,或对团体成员之间的人际关系状况缺乏了解。因此,如果组建正式团体时对这些状况给予适当兼顾,合理组织正式团体,就不再有组建非正式团体的需要,尤其可以削弱、控制消极型和破坏型非正式团体产生的可能性。

五、创建一支优秀的工作团队

每一个管理者都希望拥有一支这样的团队:每一个员工都是得力的干将,大家能团结一致,同心协力,努力完成团队的目标。那么,身为管理者,应如何建立一支优秀的团队呢?

(1)管理者要有一个振奋人心的、吸引人的远景规划,并且要保证做到团队成员能共同分享未来的成果,使组织成为利益共同体,组织和员工具有协调一致的价值追求,这样才能真正激励员工为了美好的远景而努力工作。

(2)管理者不应事无巨细,什么都抓,应该对员工充分授权,让员工进行自我管

理,充分发挥他们的才能和潜能。同时,这样做还能吸引有抱负、有志向、重视个人发展的优秀人才来加盟。如果管理者什么都管,只能给下属造成束缚,只能使下属显得无所适从,整个团队的效率也无从提高,团队对优秀的员工也不会有很大的吸引力。

(3)管理者应该加强与员工的沟通,与员工一起讨论团队和员工的工作目标、工作流程、工作计划等,让他们在第一时间里就清楚团队的远景,使他们都尽可能地参与管理,充分调动和发挥他们的聪明才智。

(4)管理者应该培养职工的竞争意识,鼓励员工创新,激励他们敢于面对挑战。如果员工在挑战过程中遭遇失败,不应一味地苛责他们,而应注意让他们从错误中吸取经验教训,使员工真正做到在挫折中提高。

(5)管理者应该在团队中达成自由与纪律的平衡,使员工在遵守纪律的前提下拥有最大的自由,让他们在一种宽松又不乏严谨的、愉快的环境中工作,为团队的目标而努力。

(6)管理者应该努力寻求各种能弥补自身弱点的方法。比如,找一个互补型的合作伙伴,弥补自己的不足;经常倾听他人意见并虚心接受批评;严于律己,宽以待人等。

在竞争年代,世界经济的飞速发展,社会分工越来越细化,单打独斗、尔虞我诈的无序竞争即将成为过去,你中有我、我中有你的合作竞争时代已经来临。一定要以合作的态度工作,明白自己的工作目标,也要知道别人在考虑什么、关心什么,相互理解才能达到共同目标,才能打造一支优秀的团队。

六、企业文化的构成

(一)文化与企业文化的含义

1.文化的含义

文化一词涵盖的意思很广,有物质文化,也有精神文化,有历史文化,也有现实文化。据学者统计,其定义已达1万种以上。下面是较有代表性的有关文化的定义:《美国传统辞典》是这样对"文化"一词进行规范阐释的"人类群体或民族世代相传的行为模式、艺术、宗教信仰、群体组织和其他一切生产活动、思维活动的本质特征的总和。"

2.企业文化的含义

文化概念的多样性导致了人们对企业文化的多重理解。美国学者太伦斯·迪尔认为,每一个企业都有一种文化,而且文化有力地影响整个组织,甚至每一件事。企业文化对该企业工作的人们来说,是一种含义深远的价值观的凝聚。

美国加州大学管理学教授威廉·大伟认为,企业文化是由其传统和风气所构成,同时,文化意味着一个企业的价值观,诸如进取、守势或是灵活。这些价值观构成企业职工活力、意见和行为的规范。管理人员应身体力行,把这些规范灌输给职工并代代相传。

美国哈佛大学教育研究院的教授泰伦斯·迪尔和麦表齐咨询企业顾问爱伦·肯尼迪在长期的企业管理研究中积累了丰富的资料。他们集中对 80 家企业进行了详尽的调查,写成了《企业文化——企业生存的习俗和礼仪》一书。该书用丰富的例证指出:杰出而成功的企业都有强大的企业文化,即为全体员工共同遵守,但往往是自然地约定俗成而非书面的行为规范;并有各种各样用来宣传、强化这些价值观念的习俗。正是企业文化——这一非技术、非经济的因素,导致了这些企业的成功。企业文化影响着企业中的每一件事,大至企业决策的产生、企业中的人事任免,小至员工们的行为举止、衣着爱好、生活习惯。在两个其他条件都相差无几的企业中,由于文化的强弱不同,对企业发展所产生的后果就完全不同。

园林企业文化是以企业管理哲学和企业精神为核心,凝聚企业员工归属感、积极性和创造性的人本理论,同时,它又是受社会文化影响和制约的,以企业规章制度和物质现象为载体的一种经济文化,是在企业中占主导地位的基本价值观和行为规范的概括。

(二)企业文化的特征

企业文化在本质上属于"软文化"管理范畴,是企业自我意识所构成的精神文化体系。它的基本特征包括以下 4 个方面:

1. 企业文化的核心是企业价值观

企业理念即企业的价值观,是企业文化的集中概括,不同的理念体系代表了企业的不同文化追求,代表了企业个性。任何一个企业,如果没有具有特色的企业理念,没有独特的企业文化精神,是不会取得巨大成功的。例如,杭州蓝天园林的理念就是"创造人类美好家园"。

2. 企业文化的中心是人本主义

人是整个企业中最宝贵的资源和财富,也是企业活动的中心和主旋律,因此,企业只有充分重视人的价值,最大限度地尊重人、关心人、依靠人、理解人、凝聚人、培养人和造就人,充分调动人的积极性,发挥人的主观能动性,努力提高企业的全体成员的社会责任感和使命感,使组织和成员成为真正的命运共同体,才能不断增强企业的内在活力,实现企业的既定目标。例如,从事园林行业的人大都知道"景观设计师的终生目标和工作就是帮助人类,使人、建筑物、社区、城市以及他们的生活同生活的地球相和谐。"人类社会赋予景观工作者这样一个责任,让他们创造人类美好的生活家园。20世纪以来,城市化及城市工业化带来的后果,使得这个责任更加艰巨和迫切,景观工作者的工作范围已扩大到城乡和原野,关心的是全人类的生存环境。这使得园林企业不仅要具有深厚的文化内涵和雄厚的科技力量,而且要使其员工有着对人类、对社会的高度责任心。这也是企业文化的价值观,以使命感和历史感引导员工确立自己的人生观和价值观。当企业文化的价值观被企业成员接受后,就会形成巨大的向心力和凝聚力,职工把自己的思想感情和命运同企业的兴衰联系起来,产生了对企业的强烈的归宿感,与企业同呼吸,共命运;它的激励功能满足了人的精神需要,使人产生自尊感和成就感,调动了人的积极性;它的辐射功能使得企业文化不仅在企业内部起作用,还通过各种渠道对社会产生积极的影响。

3.企业文化的管理方式是以软性管理为主

企业文化是以一种文化的形式出现的现代方式,也就是说,它通过柔性的而非刚性的文化引导,建立起企业内部合作、友爱、奋进的文化心理环境,以及协调和谐的人群氛围,自动调节组织成员的心态和行动,并通过对这种文化氛围的心理认同,逐渐地内化为组织成员的主体文化,使组织的共同目标转化为自觉行动,使群体产生最大的协同合力。事实证明,这种由软性管理所产生的协同力比组织的刚性管理制度有着更为强烈的控制力和持久力。

4.企业文化的重要任务是增强群体凝聚力

企业中成员来自五湖四海,不同的风俗习惯、文化传统、工作态度、行为方式、目的愿望等都会导致成员之间摩擦、排斥、对立、冲突乃至对抗,这不利于企业目标的顺利实现。而企业文化通过建立共同的价值观和寻找共同点,不断强化组织成员之间的合作、信任和团结,使之产生亲近感、信任感和归属感,实现文化的认同和融合,在达成共识的基础上,使组织具有一种巨大的向心力和凝聚力,这样才有利于组织共同行动、齐心协力和整齐划一。

(三)企业文化的构成要素

从最能体现企业文化特征的内容来看,企业文化包括企业哲学、企业的价值观、企业精神和企业伦理规范等。

1.企业哲学

企业哲学是组织理论化、系统化的世界观和方法论,是一个企业全体成员所共有的对事物最一般的看法。用于指导企业的生产、经营、管理等活动。从一定意义上讲,企业哲学是企业最高层次的文化,主导、制约着企业文化的发展方向。从根本上说,企业哲学是对企业进行总体设计、总体信息选择的综合方法,是企业一切行为的逻辑起点。企业哲学在管理史上已经历了"以物为中心"到"以人为中心"

的转变。

2.企业的价值观

企业的价值观就是企业内部管理层和全体员工对企业的生产、经营、服务等活动以及指导这些活动的一般看法或基本观点。它包括企业存在的意义和目的、企业中各项规章制度的必要性和作用,组织中各层级和各部门的各种不同岗位上的人们的行为与企业利益之间的关系等。每一个企业的价值观都会有不同的层次和内容,成功的企业总是会不断创造和更新企业的信念,不断地追求新的、更高的目标。

3.企业精神

企业精神是指企业经过共同努力奋斗和长期培养所逐步形成的、认识和看待事物的共同心理趋势、价值取向和主导意识。企业精神是一个企业的精神支柱,是企业文化的核心,它反映了企业成员对企业的特征、形象、地位等的理解和认同,也包含了对组织未来发展和命运所抱有的理想和希望。企业精神反映了一个企业的基本素养和精神风貌,是凝聚企业成员的精神源泉。

4.企业伦理规范

企业伦理规范是指从道德意义上考虑的、由社会向人们提出并应当遵守的行为准则,它通过社会公众舆论规范人们的行为。企业文化内容结构中的伦理规范既体现了社会对企业自上而下环境的一般性要求,又体现着本企业各项管理的特殊需求。

(四)企业文化的功能

企业文化在企业管理中发挥着重要的功能,主要表现在:

1.整合功能

企业文化通过成员的认同感和归属感,建立起成员与企业之间的相互信任和依存关系,使个人的行动、思想、信念、习惯以及沟通方式与整个企业有机地整合在一起,形成相对稳固的文化氛围,凝聚成一种无形的合力,以及激发企业员工的主观能动性,并为企业的共同目标而努力。

2.适应功能

企业文化从根本上改变员工的旧有价值观念,建立起新的价值观念,使之适应企业外部环境的变化要求。一旦企业文化所提倡的价值观念和行为规范被员工接受和认同,员工就会自觉不自觉地做出符合企业要求的行为选择,倘若违反,则会感到内疚、不安或自责,从而自动修正自己的行为。因此,企业文化具有一定程度的强制性和改造性,其作用是帮助企业指导员工的日常活动,使其能快速地适应外部环境因素的变化。

3.导向功能

企业文化作为团体共同价值观,与企业员工必须强行遵守的、以文字形式表述的明文规定不同。它只是一种软性的理智约束,通过企业的共同价值观不断地向个人价值观渗透和内化,使组织自动生成一套自我调控机制,以一种适应性文化引导着企业的行为和活动。

4.发展功能

企业在不断的发展过程中形成的文化沉淀,通过无数次的辐射、反馈和强化,会随着实践的发展而不断地更新和优化,推动企业文化从一个高度向另一个高度迈进。

5.持续功能

企业文化的形成是一个复杂的过程,往往会受到政治、社会、人文和自然环境等诸多因素的影响,因此,它的形成需要经过长期的倡导和培育。正如任何文化都有历史继承性一样,企业文化一经形成,便会具有持续性,并不会因为企业战略或领导层的人事变动而立即消失。

七、园林企业文化的塑造

(一)企业文化建设的一般步骤

企业文化的塑造是个长期的过程,同时也是企业发展过程中的一项艰巨的、细致的系统工程。从路径上讲,企业文化的塑造需要经过以下几个过程:

1.选择合理的企业价值标准

企业价值观是整个企业文化的核心,选择正确的企业价值观是塑造良好企业文化的首要战略问题。选择企业价值观要立足于本企业的具体特点,根据自己的目的、环境要求和组成方式等选择适合企业自身发展的企业文化模式。其次要把握企业价值观与企业文化各要素之间的相互协调,因为各要素只有经过科学的组合与匹配才能实现系统整体优化。

在此基础上,选择正确的企业价值标准要注意以下4点:

(1)企业价值标准要具有正确、明晰、科学、鲜明的特点。

(2)企业价值观和企业文化要体现企业的宗旨、管理战略和发展方向。

(3)要切实调查本企业员工的认可程度和接纳程度,使之与企业员工的基本素质相和谐,过高或过低的标准都很难奏效。

(4)选择企业价值观要发挥员工的创造精神,认真听取员工的各种意见,并经过自上而下和自下而上的多次反复,审慎地筛选出既符合本组织特点又符合员工心态的企业价值观和企业文化模式。

2.强化员工的认同感

在选择并确立了企业价值观和企业文化模式之后,就应该把基本认可的方案通过一定的强化灌输方法使其深入人心。具体做法可以是:

(1)利用一切宣传媒体,宣传企业文化的内容和精要,使之家喻户晓,创造浓厚的环境氛围。

(2)培养和树立典型 榜样和英雄人物是企业精神和企业文化的人格化身与形象缩影,能够以其特有的感召力和影响力为组织成员提供可以仿效的具体榜样。

(3)加强相关培训教育 有目的的培训与教育,能够使组织成员系统地接受企业的价值并强化员工的认同感。

3.提炼定格

企业价值观的形成并不是一蹴而就的,必须经过分析、归纳和提炼方能定格。

(1)精心分析 在经过群众性的初步认同实践之后,应当将反馈回来的意见加以剖析和评价,详细分析和比较实践结果与规划方案的差距,必要时可吸收有关专家和员工的合理意见。

(2)全面归纳 在系统分析的基础上,进行综合化的整理、归纳、总结和反思,去除那些落后或不合时宜的内容与形式,保留积极进步的形式与内容。

(3)精练定格 把经过科学论证和实践检验的企业精神、企业价值观、企业伦理与行为予以条理化、完善化、格式化,再经过必要的理论加工和文字处理,用精练的语言表述出来。

4.巩固落实

在企业文化演变为全体员工的习惯行为之前,要使每一位成员在一开始就能自觉主动地按照企业文化和企业精神的标准去行动是比较困难的,即使在企业文化已成熟的企业中个别成员背离组织宗旨的行为也是经常发生的。因此,建立奖优罚劣的规章制度十分必要。领导在塑造企业文化的过程中起着决定性的作用,应起到率先垂范的作用。领导者必须更新观念并能组织员工为建设优秀企业文化而共同努力。

5.在发展中不断丰富并完善

任何一种企业文化都是特定历史的产物,当组织的内外条件发生变化时,企业必须不失时机地丰富、完善和发展企业文化。这既是一个不断淘汰旧文化、生成新文化的过程,也是一个认识与实践不断深化的过程。企业文化由此经过不断的循环往复达到更高的层次。

(二)企业文化建设的误区

改革开放以来,我国的园林企业文化建设有了很大的发展,对园林事业的发展起了积极的促进作用,涌现出一批拥有优秀企业文化的园林企业。但是,由于园林企业文化建设起步相对较晚,对企业文化的研究有待进一步深入,相当一部分企业对企业文化的本质缺乏科学的、理性的认识,导致企业文化建设出现了一些误区,束缚了企业的发展。要深入发展企业文化,就必须认清企业文化建设的种种误区。影响我国园林企业文化建设和发展的主要误区表现在以下几个方面:

(1)企业文化建设脱离员工独立存在　员工是企业文化的载体,企业文化不能在员工中体现出来,不能算是真正的企业文化。

(2)企业文化建设脱离企业而独立存在　依据这种思想所制定的是不切合实际的企业文化,令企业的发展目标违背市场规律,使企业误入歧途。

(3)企业文化建设存在着短期行为　往往是说起来重要、忙起来次要。经营效益好时就多做点所谓的企业文化活动,效益差时就少做,甚至不做,缺乏一种常抓不懈的机制,缺乏一种持久的动力和发展后劲。

(4)企业文化建设缺乏特色　企业文化旺盛的生命力和独特的魅力,来源于其自身独创性。然而,现实中不少园林企业的企业文化建设往往是大同小异,缺少园林行业特色,缺乏商业自身个性,缺乏本单位、本地区的创意,陷于低水平重复怪圈。

(三)企业文化重塑

企业文化的重塑对企业制度、技术、管理的创新具有很重要的作用。

1. 要按规范的程序塑造企业文化

企业文化的重塑一般分为 3 个阶段:

(1)调研与诊断阶段　包括调研访谈、深入现场、召开研讨会听取意见、设想、分析整理调查资料、对企业文化进行诊断、产生前期诊断报告等。

(2)定位与方案设计阶段　包括确定各项目方案计划、举办研讨会、提交解决方案文本、举办企业文化营等。

(3)方案推广实施阶段　包括方案实施指导、方案实施跟踪等。

2. 要注重企业精神、企业价值观的人格化

价值观是企业文化的核心,而"英雄人物"则是企业价值观、企业精神文化的人格化。在"英雄人物"中要强调"共生英雄",即"他的心在企业中,企业在他的心中"。这样的人,与企业同呼吸、同成长、同发展、同命运。从优秀的企业文化建设来看,就是培养越来越多的"同生英雄",实现"人企合一"的境界。创造、构建这样的文化氛围,对于发挥员工的主动性、积极性、创造性极为重要。

3. 要注意企业文化与企业战略和管理制度的匹配

企业文化是企业的灵魂,是企业优秀员工的心声,重塑企业文化必须要达成企

业文化与企业战略和管理制度的和谐。当企业战略作调整的时候,企业文化要跟着调整。而当企业文化突出质量第一的时候,企业就要与之和谐一致。

4. 建设企业文化的目的是培育健康向上的风气

企业文化使员工能以团队精神和企业理念自觉凝聚高度的工作热情、学习热情与责任感,同时企业也为员工创造能充分发挥自己才能与潜力和公平竞争的环境。为了让团队精神与企业理念深入人心,应经常组织讨论,让每一位员工都能发表自己的意见、建议或主张,并鼓励员工对企业理念进行丰富和延伸,使企业形成良好的文化氛围,形成追求卓越的企业文化理念。

第三节　人力资源的吸收、培训、开发和考核

一、工作分析

工作分析,亦称职务分析,就是对组织中各工作职务的特征、规范、要求、流程以及对完成此工作员工的素质、知识、技能要求进行描述的过程,它的结果是产生工作描述和任职说明。

工作分析是园林企业人力资源开发和管理最基本的作业,是人力资源开发和管理的基础。

1. 工作分析的内容

园林企业工作分析的内容主要包括 4 个方面:

(1)工作性质分析　其目的在于确定某项工作与其他工作的质的区别。分析结果是通过确定工作名称而准确表达各项工作的具体内容。工作名称由工种、职务、职称和工作等级组成,如园林设计高级工程师;工种、职务、职称由劳动程序分工或专业分工所决定;工作等级则由工作分级确定。它们都反映了工作性质的差别。

(2)工作任务量的分析　就是对同一性质的工作任务的多少进行分析。其结果往往表现为确定同一名称的工作所需人员的数量。

(3)工作规范分析　包括岗位操作分析、工作责任分析、工作关系分析、工作环境分析、劳动技能分析、劳动强度分析 6 项内容。岗位操作分析就是分析为完成某一任务而必需的操作行为,一定的岗位操作行为是形成独立的工种和职务的前提;工作责任分析就是确定某项工作的职责范围及在园林企业中的重要程度;工作关系分析就是分析某项工作与他项工作的协作内容及联系;工作环境分析就是对工作场所和条件的分析,工作环境分析是改善工作条件,调整员工适应能力的前提;

劳动强度分析就是对工作的精力集中程度和疲劳程度的分析。

(4)工作人员的条件分析　包括应知、应会、工作实例和人员体格及特性等方面的分析。应知就是工作人员对所从事的工作应具备的专业知识;应会是指工作人员为完成某项工作任务必须具备的操作能力和实际工作经验;工作实例就是根据应知、应会的要求,通过某项典型工作来分析判断从事某项工作的工作人员所必须具备的能力、智力及操作的熟练程度;工作人员的体格及特性是指身体方面的要求及性别、年龄和特殊能力的要求等。

2.工作分析的方法

工作分析的方法一般可采用以下5种:

(1)问卷调查法　即把结构化问卷发放给员工,由他们来确认各自要完成的任务。

(2)实地观察法　即对在现场工作的员工进行观察,做详细记录,然后进行系统的分析。

(3)面谈法　即工作分析人员同工作人员进行直接交谈,以了解工作的内容。

(4)记录法　即将工作中的有关事项及其动作、顺序加以记录,并进行统计整理,说明工作的性质和内容。

(5)实验法　即用生理的、医学的以及心理学的测定方法,对工作进行计量测定的分析。

3.职位分类

(1)职位　所谓职位是指一定的人员所经常担任的工作职务及责任。职位具有3个要素:

①职务:指规定担任的工作或为实现某一目的而从事的明确的工作行为。

②职权:指依法赋予职位的某种权利,以保证履行职责,完成工作任务。

③责任:指担任一定职务的人对某一工作的同意或承诺。

职位具有5个特点:

①职位是任务与责任的集合,是人与事有机结合的基本单元。

②职位的数量是有限的,职位的数量又被称做编制。

③职位不是终身的,可以是专任,也可以是兼任,可以是常设,也可以是临时的。

④职位一般不随人走。

⑤职位可以按不同的标准加以分类。

(2)职位分类　职位分类是指将所有的工作岗位即职位,按其业务性质分为若干职组、职系(从横向上讲),然后按责任大小、工作难易、所需教育程度及技术高低分为若干职级、职等(从纵向上讲),对每一职位给予准确的定义和描述,制成职位说明书,以此作为对聘用人员管理的依据。

①职系:是指一些工作性质相同,而责任轻重和困难程度不同,所以职级、职等不同的系列。简而言之,一个职系就是一种专门职业。

②职组:工作性质相近的若干职系综合而成为职组,也叫职群。

③职级:职级是分类结构中最重要的概念。是指将工作内容、难易程度、责任大小、所需资格皆相似的职位为同一职级。

④职等:工作性质不同或主要职务不同,但其困难程度、职责大小、工作所需资格等条件充分相同之职级的归纳称为职等。

(3)职位分类的程序和方法　园林企业职位分类的基本原则是"因事设职"。其所依据的因素主要有 4 个,即工作的业务性质、难易程度、责任大小、对工作人员的资格要求。

职务分类的实施程序一般应遵循前后衔接的 3 个步骤:

①职位调查:即对企业现有职位的工作内容、工作量、权责划分等实际情况作细致全面的调查,并在此基础上,确定基本分类的因素,建立分类标准。

②职位品评:即在职位调查的基础上,以基本分类因素为标准,对职位进行比较评价,区分职系、划定职级的过程。这是职位分类实施过程中的中心步骤。职位品评由互相衔接的两部分工作组成,一是职系区分:按工作的业务性质,并同区异(合并、相同、区分、差异),划分出职系,如技术系列、管理系列;二是职级划定:根据各职系、职位的工作简繁、责任大小、所需资格、技术高低等,把所有的工作职位定级、定等,并确定薪金待遇。所以,职位品评实际上就是一种工作评价。

③制定职级规范:制定职级规范,即对划分职级后的每一个职级或职位作标准化和定量化说明的书面文件。这一书面文件就是职级规范,又叫"职级说明书"或"职位说明书"。

二、人力资源吸收——人员招聘

人员招聘是指组织为了发展的需要,根据人力资源规划和工作分析的数量和质量要求,从组织外部吸收人力资源的过程。它是人力资源规划的具体实施。

园林企业的人员招聘大致分为招募、选拔、录用 3 个阶段。

(一)招募

1.招募的基本内容和程序

人员招募是招聘的一个重要环节,其主要目的在于吸引更多的人来应聘,使得组织有更大的人员选择余地,避免出现因应聘人数过少而降低录用标准或随意、盲目挑选的现象;同时也可使应聘者更好地了解组织,减少因盲目加入组织后又不得不离职的可能性。有效的人员招募可提高招聘质量,减少组织和个人的损失。人员招募主要包括:

(1)招聘计划的制定与审批 招聘计划是招聘的主要依据。制定招聘计划的目的在于使招聘更趋合理化、科学化。由于员工招聘直接影响到人力资源开发与管理的其他步骤,招聘工作一旦失误,以后的工作就难以开展,企业也将得不到最优秀的人力资源,企业的生存与发展则受到威胁。

招聘计划是用人部门根据部门的发展需要,根据人力资源规划的人力净需求、工作说明的具体要求,对招聘的岗位、人员数量、时间限制等因素作出详细的计划。招聘计划的具体内容包括:

①招聘的岗位、人员需求量、每个岗位的具体要求。

②招聘信息发布的时间、方式、渠道与范围。

③招募对象的来源与范围。

④招募方法。

⑤招聘测试的实施部门。

⑥招聘预算。

⑦招聘结束时间与新员工到位时间。

招聘计划由用人部门制定,然后由人力资源部门对它进行复核,特别是要对人员需求量、费用等项目进行严格复查,签署意见后交上级主管领导审批。

(2)招聘信息的发布 招聘信息发布的时间、方式、渠道与范围是根据招聘计划来确定的。由于需招聘的岗位、数量、任职者要求的不同,招募对象的来源与范围的不同,以及新员工到位时间和招聘预算的限制,招聘信息发布时间、方式、渠道与范围则也是不同的。

发布招聘信息应注意以下问题:

①信息发布的范围:信息发布的范围是由招募对象的范围来决定的。发布信息的面越广,接受到该信息的人就越多,应聘者也就越多,这样可能招聘到合适人选的概率就越大,招聘的费用也会增加。

②信息发布的时间:在条件允许的情况下,招聘信息应尽早向人们发布,这样有利于缩短招聘进程,而且有利于使更多的人获取信息,使应聘人数增加。

③招募对象的层次性:招募对象均是处在社会的某个层次上的,要根据招聘岗位的要求与特点,向特定的人员发布招聘信息。

(3)应聘者提出申请 应聘者在获取招聘信息后,可向招聘单位提出应聘申请。应聘申请有两种方式:一是应聘者通过信函向招聘单位提出申请;二是直接填

写招聘单位应聘申请表。无论是采用哪一种方式,应聘者应向招聘单位提供以下个人资料:

①应聘申请函(表),且必须说明应聘的职位。

②个人简历,着重说明学历、工作经验、技能、成果、个人品格等信息。

③各种学历、技能、成果(包括获得的奖励)证明(复印件)。

④身份证(复印件)。

个人资料和应聘申请表必须详尽真实,人力资源部门将在招聘工作的后续环节予以核实。

2. 招募的来源和方法

根据招募对象的来源将招募分为内部招募与外部招募,它们各自采用的方法也不同。

(1)内部招募　当企业中出现职位空缺时,人力资源管理部门采取积极的态度从组织内部中寻找、挑选合适的人员填补空缺,称为内部招募。

内部招募有以下优点:一是为组织内部员工提供了发展的机会,增加了组织对内部员工的信任感,这有利于激励内部员工,有利于员工职业生涯的发展,有利于稳定员工队伍,调动员工的积极性;二是可为组织节约大量的费用,如广告费用、招聘人员与应聘人员的差旅费、被录用人员的生活安置费、培训费等;三是简化了招聘程序,为组织节约了时间,省去了许多不必要的培训项目(如职前培训、基本技能培训等),减少了组织因职位空缺而造成的间接损失(如岗位闲置等待、效率降低等);四是由于对内部员工有较为充分的了解,使得被选择的人员更加可靠,提高了招聘质量;五是对那些刚进入组织时被迫从事自己所不感兴趣的工作的人来说,提供了较好的机遇,使他们有可能选择所感兴趣的工作。

①内部招募对象的主要来源

ⓐ提升:从内部提拔一些合适的人员来填补职位空缺是常用的方法。内部提升给员工提供了机会,使员工感到在组织中是有发展机会的,个人职业生涯发展是有前途的,这对于鼓舞士气、稳定员工队伍是非常有利的。同时由于被提升的人员对组织较为了解,他们对新的工作环境能很快适应。这也是一种省时、省力、省费用的方法。但这种选拔由于人员选择范围小,可能选不到最优秀的人员到岗位上,另外还可造成"近亲繁殖"的弊病。一般地,当组织的关键职位和高级职位出现空缺时,往往采用内外同时招募的方式。

ⓑ工作调换:工作调换也称"平调"。它是指职务级别不发生变化,工作岗位发生变化。它是内部人员的另一种来源。工作调换可提供员工从事组织内多种相关工作的机会,为员工今后提升到更高一层职位做好准备。

ⓒ工作轮换：工作调换一般用于中层管理人员，且在时间上往往可能是较长的，甚至是永久的，而工作轮换则是用于一般员工，它既可以使有潜力的员工在各方面积累经验，为晋升做准备，又可减少员工因长期从事某项工作而带来的枯燥、无聊感。

ⓓ内部人员重新聘用：一些企业由于一段时期经营效果不好，会暂时让一些员工下岗待聘，当组织情况好转时，再重新聘用这些员工。对下岗员工而言，他们经历过下岗后，更加珍惜企业给予他们的机会，工作积极性会更高。据有关方面调查，80%的下岗员工表示若原单位情况好转，则愿意回到原来单位工作。这一方面表现出劳动愿望，同时也表示企业对他们的吸引和他们对企业的情感。对企业而言，由于员工对企业的熟悉与了解，对工作岗位能很快适应，为企业省去了大量的培训费用。同时，组织又以最小的代价获得有效的激励，并使组织更具有凝聚力，使企业与个人共同发展。

②内部招募的主要方法

ⓐ布告法：布告法的目的在于使企业中的全体员工都了解到哪些职务空缺，需要补充人员，使员工感觉到企业在招募人员这方面的透明度与公平性，并认识到在本企业中，只要自己有能力，通过个人的努力，是有发展机遇的。这有利于提高员工士气，培养积极进取精神。布告法是在确定了空缺职位的性质、职责及其所要求的条件等情况后，将这些信息以布告的形式公布在企业中一切可利用的墙报、布告栏、内部报刊上，尽可能使全体员工都能获得信息，号召有才能、有志气的员工毛遂自荐，脱颖而出。对此职务有志趣者即可到主管部门和人事部门申请。主管部门和人事部门经过公正、公开的考核择优录用。

ⓑ推荐法：推荐法可用于内部招聘，也可用于外部招聘。它是由本企业员工根据企业的需要推荐其熟悉的合适人员，供用人部门和人力资源部门进行选择和考核。由于推荐人对用人部门与被推荐者均比较了解，使得被推荐者更容易获得企业与职位的信息，便于其决策，也使企业更容易了解被推荐者。因而这种方法较为有效，成功的概率也较大。

ⓒ档案法：人力资源部门都有员工档案，从中可以了解到员工在教育、培训、经验、技能、绩效等方面的信息，帮助用人部门与人力资源部门寻找合适的人员补充职位。员工档案对员工晋升、培训、发展有着重要的作用，因此员工档案应力求准确、完备，对员工在职位、技能、教育、绩效等方面信息的变化应及时做好记录，为人员选择与配备做好准备。

（2）外部招募　内部招募虽然有许多优点，但它明显的缺点是人员选择的范围比较小，往往不能满足企业的需要，尤其是当企业处于创业初期或快速发展的时期,或是需要特殊人才(如高级技术人员、高级管理人员)时,仅有内部招募是不够的,必须借助于企业外的劳动力市场,采用外部招募的方式来获得所需的人员。

①外部招募的主要来源与方法

ⓐ广告:招募广告是外部招募常用的方法。它通过新闻媒介向社会传播招募信息,其特点是信息传播范围广、速度快,应聘人员数量大、层次丰富,企业的选择余地大。

招募广告应力求能吸引更多的人,并做到内容准确、详细,聘用条件清楚。好的招募广告通过对企业的介绍,还能起到扩大企业影响的作用,让更多的人了解组织,起到一举两得的作用。

招募广告应包括以下内容:企业的基本情况,政府劳动部门的审批情况,招聘的职位、数量与基本条件,招聘的范围,薪资与待遇,报名的时间、地点、方式及所需的资料,其他有关注意事项。

ⓑ学校:学校是人才资源的重要来源,每年学校有几百万的毕业生走出校门,进入社会。学校毕业生一直是园林企业技术人才和管理人才的最主要来源。一些企业为了不断地从学校获得所需人才,在学校设立奖学金,与学校横向联合,资助优秀或贫困学生,借此吸引学生毕业后去该企业工作;有的还为学生提供实习机会和暑期雇用机会,以期日后确定长久的雇佣关系,并达到试用观察的目的,而对学生则提供了积累工作经验、评估在该企业中工作与发展价值的机会;有的则在学校中建立"毕业生数据库",对毕业生逐个进行筛选。

对学校毕业生最常用的招募方法是一年一度或两次的人才供需洽谈会,供需双方直接见面,双向选择。除此之外,有的企业则自己在学校召开招聘会、在学校中散发招聘广告等。有的则通过定向培养、委托培养等方式直接从学校获得所需要的人才(特别是高层次人才)。

ⓒ就业媒体:随着人才流动的日益普遍,应运而生了人才交流中心、职业介绍所、劳动力就业服务中心等就业媒体。这些机构承担着双重角色:既为企业择人,也为求职者择业。借助于这些机构,企业与求职者均可获得大量的信息,同时也可传播各自的信息。这些机构通过定期或不定期地举行人才交流会,供需双方面对面地进行商谈,增进了彼此的了解,并缩短了招聘与应聘的时间。实践证明,这是一条行之有效的招聘与就业途径。

猎头企业是近年来为适应企业对高层次人才的需求与高级人才的求职需求而发展起来的。猎头企业往往对企业及其人力资源需求有较详细的了解,对求职者的信息掌握较为全面,猎头企业在供需匹配上较为慎重,其成功率比较高。但其收费也非常高,一般收费标准为员工录用后的1～3个月的工资。

ⓓ信息网络招聘与求职:它是近年来随着计算机通讯技术的发展和劳动力市场发展的需要而产生的通过信息网络进行招聘、求职的方法。由于这种方法信息传播范围广、速度快、成本低、供需双方选择余地大,且不受时间、地域的限制,因而被广泛采用。招聘单位、求职者、就业媒体均通过信息网络来达到目的。

ⓔ特色招募:如电话热线、接待日等特色招募形式能吸引更多的人来应聘。通过电话,招募对象可非常迅速、方便地了解到企业及职位的信息;在接待日,通过对企业的访问、与部门领导和人力资源部门管理人员的交谈,可深层次地了解企业与个人,便于企业与个人作出决策。在招募过程中,有一个值得注意的问题是:用人单位要真实地向求职者介绍自己的企业,这被称为"工作真实情况介绍"。工作真实情况介绍要求招聘人员除了要介绍本企业有利的一面外,还要介绍不利的一面,如工作环境问题、交通问题等,应向求职者提供真实的企业状况和信息。若不向求职者提供不利的信息,则易使求职者产生过高的期望。研究表明,求职者在录用前,若对工作的期望高于实际情况时,会使他们在进入企业后产生失望的情绪,引起不满,使得新进人员的保持率降低;而对于接受工作真实情况介绍的求职者来说,进入企业后,其工作的满意度较高,不易引起离职。

工作真实情况介绍可采用多种方法,如参观、录像、资料介绍、面谈等。

(二)人员选拔

人员选拔是指从对应聘者的资格审查开始,经过用人部门与人力资源部门共同的初选、面试、考试、体检、个人资料核实,到人员甄选的过程。人员选拔是招聘工作中最关键的一步,也是招聘工作中技术性最强的一步,因而,其难度也最大。选拔过程包括:

1.资格审查与初选

资格审查是园林企业对求职者是否符合职位的基本要求的一种审查。最初的资格审查是人力资源部门通过审阅求职者的个人资料或应聘申请表进行的。人力资源部门将符合要求的求职者人员名单与资料移交用人部门,由用人部门进行初选。初选工作的主要任务是从合格的应聘者中选出参加面试的人员。由于个人资料和应聘申请表所反映的信息不够全面,决策人员往往凭个人的经验与主观臆断来决定参加面试的人员,带有一定的盲目性,经常产生漏选的现象。因此,初选工作在费用和时间允许的情况下应坚持面广的原则,应尽量让更多的人员参加面试。

2.面试

由于人员资格审查与初选不能反映应聘者的全部信息,企业不能对应聘者进行深层次的了解,个人也无法得到关于企业的更为全面的信息,因此需要通过面试使企业与个人各自得到所需要的信息,以便企业进行录用决策,个人进行是否加入企业的决策。

面试是双向选择的一个重要手段，是供需双方通过正式交谈，达到企业能够客观了解应聘者的业务知识水平、外貌风度、工作经验、求职动机等信息，应聘者能够了解到更全面的企业信息。与传统人事管理只注重知识掌握不同的是，现代人力资源管理更注重员工的实际能力与工作潜力。进一步的面试还可帮助企业（特别是用人部门）了解应聘者的语言表达能力、反应能力、个人修养、逻辑思维能力等；而应聘者则可了解到自己在企业的发展前途，能将个人期望与现实情况进行比较，企业提供的职位是否与个人兴趣相符等。面试是员工招聘过程中非常重要的一步。

若从面试所达到的效果来分类，面试可分为初步面试和诊断面试。初步面试是用来增进用人单位与应聘者相互了解的过程，在这个过程中应聘者对其书面材料进行补充（如对技能、经历等进行说明），企业对其求职动机进行了解，并向应聘者介绍企业情况、解释职位招募的原因及要求。初步面试类似于面谈，它比较简单、随意。通常，初步面试是人力资源部门中负责招聘的人员主持，不合适的人员或企业不感兴趣的应聘者将被筛选掉。诊断面试则是对经初步面试筛选合格的应聘者进行实际能力与潜力的测试，它的目的在于招聘单位与应聘者双方补充深层次的信息，如应聘者的表达能力、交际能力、应变能力、思维能力、个人工作兴趣与期望等，企业的发展前景、个人的发展机遇、培训机遇。这种面试由用人部门负责参与，它更像正规的考试。对于高级管理人员的招聘，则企业的高层领导也将参加。这种面试对组织的录用决策与应聘者是否加入企业决策至关重要。

（三）人员录用

1. 人员录用过程

主要包括：试用合同的签订、员工的初始安排、试用、正式录用。

（1）员工的初始安排　员工进入企业后，企业要为其安排合适的职位。一般来说，员工的职位均是按照招聘的要求和应聘者的应聘意愿来安排的。

（2）试用　试用是对员工的能力与潜力、个人品质与心理素质的进一步考核。

（3）正式录用　是指试用期满且试用合格的员工正式成为该企业的成员的过程。员工能否被正式录用关键在于试用部门对其的考核结果如何，企业对试用员工应坚持公平、择优的原则进行录用。

2. 人员录用的原则

（1）因事择人，知事识人　因事择人要求企业招聘员工应是根据工作的需要来进行，应严格按照人力资源规划的供需计划来吸纳每一名员工，人员配备切莫出自于部门领导或人力资源部门领导的个人需要或长官意志，也不能借工作需要来达到个人的某种目的。知事识人，要求部门领导对每一个工作岗位的责任、义务和要求非常明确，应当学会对人才鉴别，掌握基本的人才测试、鉴别、选拔的方法，不但要使自己成为一个好领导，也应当成为一个"伯乐"，应懂得什么样的岗位安排什么样的人员。

（2）任人唯贤　知人善用任人唯贤，强调用人要出于"公心"，以事业为重，做到大贤大用，小贤小用，不贤不用。在人员的安排使用过程中，有两种心态误差易影响任人唯贤的进行：一是亲近效应，与管理者、领导接触频繁或有过故交的人，易使管理者对他产生亲切感，因而会在工作上给予更多的关照、信任、器重，特别是在其刚进入企业时就给予特殊的照顾。这种效应，使某些管理者凭感情深浅为褒贬，看关系亲疏定升降，对亲属、好友、同学等给予过多的恩惠，也即"任人唯亲"。二是月光效应，它是指管理者只看重某人的靠山、关系，而不察其绩效、能力与水平。某人看似月球，虽自身不会发光，但借助于太阳的光芒亦能闪光耀眼。其人虽平庸，奈何靠山坚实，故而身价倍增。重用此人可一时讨得领导人的欢心，但却易失去员工的信心。知人善用，要求管理者对所任用的员工了如指掌，并能及时发现人才，使用得当，使每个人都能充分施展自己的才能。

（3）用人不疑，疑人不用　这个原则要求管理者对员工要给予充分的信任与尊重。如果对部下怀有疑虑，不如干脆不用。事实上，试用人员与正式员工在使用上并无本质的差异，关键是管理者能不能给他们以充分的信任与权力，大胆放手让他们在其岗位上发挥自己的才能。

（4）严爱相济，指导帮助　员工在试用期间，管理者必须为其制定工作标准与绩效目标，对其进行必要的考核，考核可从几个方面进行：能力及能力的提高、工作成绩、行为模式及行为模式的改进等；对试用的员工在生活上应当给予更多的关怀，尽可能地帮助员工解决后顾之忧，在工作上要指导帮助员工取得进步，用情感吸引他们留在组织中；同时，从法律上保证员工享受应有的权利。这些对员工是否愿意积极努力地、长期稳定地为组织工作是非常有利的。

三、人力资源的培训与发展

员工的培训与发展是园林企业人力资源开发的一个重要内容。从员工个人来看，培训和发展可以帮助员工充分发挥和利用其人力资源潜能，更大程度地实现其自身价值，提高工作满意度，增强对企业的组织归属感和责任感。从企业来看，对员工的培训和发展是企业应尽的责任，有效的培训可以减少事故，降低成本，提高工作效率和经济效益，从而增强企业的市场竞争能力。因此，任何企业都不能对员工的培训和发展掉以轻心。

(一)培训的目的和方法

1.培训的目的

园林企业培训的目的主要有 4 项:育道德、建观点、传知识、培能力,缺一不可,但是,前两者是软性的、间接的,后两者才是硬性的、直接的,是企业培训的重点。

企业培训中的知和能,反映了企业的经营管理实践的两个重要特征:一是强烈的应用导向性,即实用性。知,即有关的概念和理论,都是为解决实际问题而研究和建立的,绝不是为理论而建理论,不是纸上谈兵,不是纯学术性结果;能,更应是可操作的,是对症下药的,是确能解决实际问题,能见实效。二是多元性、复杂性与动态性。企业的生产经营活动既涉及物,也涉及有感情的、受个人心理因素影响的人,所以在企业的生产经营工作中很少有一种万能的、统一的最佳方法,它是权变的,是因时因地因情制宜的能。

在企业培训中向员工传授的知识,就其性质看来,可分为 3 类:一是基础知识,如数理化、语文、外语等;二是专业知识,指的是有关企业生产经营的各种职能,如会计、财务、生产、科技、营销、人事等方面的理论和技术;三是背景性的广度知识。按传统的看法,似乎其中专业知识应最为重要。其实,由于信息爆炸,知识老化更新加速,新知识包括跨学科的边沿性新领域不断呈现,专业知识寿命缩短,而掌握新的专业知识需以扎实的基础知识作为基石;又由于生产经营活动涉及面宽而杂,使常识性的广度知识甚至比专业知识更重要,它不仅涵盖科技方面,还包括了许多人文、社会科学的内容。

至于企业培训中培养员工掌握的能力,不仅限于技术性专业能力,还涉及更多的与人有关的软因素。以管理人员的日常工作为例,据统计,70%~80%的时间是跟人打交道。因此,对员工的培训,尤其是对管理人员的培训,不能不重视人际技能,如沟通能力、协调能力、冲突处理能力等。另外,企业培训还应培养员工独立解决问题的能力。这里所说的解决问题,是由下述 7 个环节组成的一个完整的过程。这 7 个环节是:发现问题、分清主次、诊断病因、拟订对策、比较权衡、作出决策、贯彻执行。

2.企业培训中的具体方法

园林企业培训的具体形式是多样化的,为了达到培训目的,其方法应符合企业经营管理实践的两个特征,除了采用传统的课堂讲授式教学外,更要注重亲验式的培训方法,如案例研究、讨论交流、现场学习、课堂作业、模拟练习、心理测试、角色扮演、游戏竞争、小组活动等等。下面着重介绍案例教学法和亲验式练习法。

(1)案例教学法 案例,是指用一定视听媒介,如文字、录音、录像等所描述的客观存在的真实情景。它作为一种研究工具早就广泛用于社会科学的调研工作中,20 世纪 20 年代起,哈佛商学院首先把案例用于管理教学,称为案例教学法。

案例用于教学时,具有 3 个基本特点:首先,其内容应是真实的,不允许虚构。为了保密,有关的人名、单位名、地名可以改用假名,称为掩饰;但基本情节不得虚假,有关数字可以乘以某掩饰系数加以放大或缩小,但相互间比例不能改变。其次,教学案例中应包含一定的管理问题,否则便无学习与研究价值。再则,教学案例必须有明确的教学目的,它的编写与使用都是为某些既定的教学目的服务的。

作为管理案例的主体,应包含有尚待解决的问题,并无现成的答案。由于管理的权变性,别人的经验不能照搬,更不存在最佳方法。所以,案例教学的主要功能不是在于了解一项项独特的经验,而是在于在自己探索以及与同学切磋怎样解决管理问题的过程中,总结出一套适合自己特点的思考与分析问题的逻辑和方法,学会如何独立地解决问题,作出决策。这种学习是亲验性的,能有效地提高学员分析决策能力,并使他们在小组活动中通过与其他人的频繁交往,提高沟通、说服与群体协调等宝贵的管理技巧。

对刚开始接触案例学习的学员来说,应知道典型的案例课通常分为 3 个阶段,即个人学习、小组讨论及全班的课堂讨论。个人学习是后两个阶段的基础,学员必须首先认真自学。通常先需粗读一遍,快速浏览初步梗概;然后精读一遍,掌握细节后,再按解决问题的 7 个环节系统思考。分析案例必须摆脱旁观者身份,进入角色,从案例中主要当事者,即决策人的角度去考虑。小组讨论则是一个重要的中间环节,它不仅可使学员间交流观点,达成共识,集思广益,而且可以在查找文献、制作图形等方面进行分工配合,在培养学员个人决策能力的同时,也培养了他们的沟通和协作能力。但一堂案例课的成功主要还取决于最后一个环节,即全班课堂讨论的表现与结果,它是全体师生的集体贡献。对于大型综合性案例,有的还要求每一学员独立撰写和呈交一份书面分析报告。

(2)亲验式练习法　亲验式练习主要包括结构性练习、角色扮演与心理自我测试 3 类活动,都是独特而有效的教学方法。之所以使用这类练习,主要是因为它们本身在教学上体现出的有效性。尽管它们比课堂讲授多费时间,但经过学生在这些活动中的亲身体验,结论是自己在活动中观察归纳出来的,因而比单纯接受别人讲授的知识和原理要深刻得多;至于在能力培养方面的效果,更不是讲授所能取代的。

①结构式练习:这种练习事先安排和设计有十分明确而系统的程序,活动是按部就班进行的。此外,这种练习总是为某种明确的既定教学目的服务的。活动通常是在假设的某一模拟现实中进行的,这一模拟现实的情景较为简化或典型化。学生通过在此情景中的行为表现借此举一反三式的思考与推理,可获得一些有启

迪性的结论。在这类练习中往往要求学生分成小组,并使活动带有组织竞赛的性质,因此有时被称为模拟性游戏或竞赛,这类练习不仅增加了活动的刺激性与趣味性,而且可培养和提供学生的进取精神。常见的结构式练习方法有公文处理法、管理游戏法、模拟决策法、小组竞赛法、无领袖小组讨论法等等。

②角色扮演:角色扮演活动需先设置某一管理情景,指派一定的角色,但却没有既定的详细脚本。角色扮演者在弄清所处情景及各自所扮演角色的特点与制约条件后,即进入角色,自发地即兴进行表演,如交往、对话、主动采取行动或被动作出反应,令剧情合情合理地演进,至教师(导演)发出中止信号时为止。表演虽是自发的,但却是按各自对所演角色的特点与条件的理解而进行的,并不能完全任意发挥。例如,一名"下属"的扮演者在"上级"在场时的举止言谈,便不会像在"同级同事"中那样随便。与结构式练习比,角色扮演的情景更具拟真性,与案例分析比,它要求学生更自发地投入,更认真地参与。同时,它给全体学生提供的是人们真实的言行而不是理论分析,也为人们提供了新行为方式的试验机会。角色扮演尤其能使人了解和体验别人的处境、难处及考虑方式,学会善于移情,即能设身处地从交往对手角度想问题,并能使人看出自己和别人为人处世的弱点。

③心理测试:这是利用一定的测量工具,通常是某种标准的或专门设计的特殊问卷,让学生各自填写,来测量自己的行为、心理,包括认识、感知、感情、态度等。这种测试与调查可以验证所学过的心理学与行为学的理论,增强学习的兴趣,而且通过自我测试及与别人的测试结果及常规模式、规范等的对照,深入地了解自己。

(二)企业员工培训组织过程

员工培训既然这样重要,而培训活动的成本无论从费用、时间与精力上来说,又都是不低的,所以必须精心设计与组织。应把它视为一项企业的组织工作,要有效地做好这一工作,即采用一种系统的组织方法,使培训活动能符合企业的目标,让其中的每一环节都能实现员工个人、他们的工作及企业本身3方面的优化。

1.培训需要的确定

只有先找出了企业在人力资源开发方面的确切需要,才能有的放矢,不致劳而无功,单纯地为培训而培训。这方面可通过组织分析、工作分析以及个人分析来得出培训的重点。培训是为了解决所发现的问题,所以对各企业的培训需要必须作细致的具体分析,照搬其他企业现成的培训计划,虽然省事易行,但往往效果不佳,因为别的单位的计划之所以是成功的,正是因为它针对了那个单位的需要。

2.培训目标的设置

设置培训目标将为培训计划提供明确方向和依循的构架。有了目标,才能确定培训对象、内容、时间、教师、方法等具体内容,才能在培训之后,对照此目标进行效果评估。培训目标可分为若干层次,从某一培训活动的总体目标到某项学科直至每堂课的具体目标,越往下越具体。设置培训目标要注意必须与企业的宗旨相容,要切实可行,要用书面明确陈述,其培训结果应是可以测评的。

培训目标主要可分为 3 大类:一是技能培养,掌握技能当然也离不开思维活动,但在较低层的员工中,总要涉及具体的操作训练;在高层中,则主要是思维性活动了,如分析与决策能力,虽然也要涉及具体的技巧训练,如书面与口头沟通能力、人际关系技巧等。二是知识的传授,包括概念与理论的理解与纠正、知识的灌输与接受、认识的建立与改变等,都属于智力活动,但理论与概念也必须和实际结合,才能透彻理解,灵活掌握,巩固记忆。三是态度的转变,这当然也必须涉及认识的变化,所以有人把它归入上述"传知"这一类中,但态度的确立或转变还涉及感情因素,这在性质与方法上毕竟不同于单纯的知识传授。

3. 培训计划的拟订

就是培训目标的具体化与操作化,即根据既定目标,具体确定培训项目的形式、学制、课程设置方案、课程大纲、教科书与参考教材、任课教师、教学方法、考核方式、辅助培训器材与设施等。制定正确的培训计划必须兼顾许多具体的情景因素,如企业规模、用户要求、技术发展水平与趋势、员工现有水平、国家法规、企业宗旨与政策等,而最关键的因素是企业领导的管理价值观与对培训重要性的认识。

4. 培训活动的实施

培训活动的具体组织者与企业的规模和结构关系很大。大型园林企业往往设置有专门的教育与培训职能机构与人员,从个别或少数负责培训工作的职员或干部,到专门的科、处乃至部。培训部门的人员包括培训专家等职员或专业干部。他们负责分析调查培训需要、确定培训项目的目标、编写考核标准及开发、执行和评估各个培训项目。其中的培训专家还要亲自授课或组织训练活动。许多企业常请高层管理者或部门经理兼课,还要常请有经验的老师傅现身说法。这当然不失为一种有效且成本较低的方法,但培训部门必须意识到,懂得某种知识或掌握某种技能并不一定能很好地传授它们,会操纵一台机器与教会别人也能操纵毕竟是两种不同的能力,后者还需了解教学方法论的基本原理,因此不能忽视对兼职教师本身在教学方法方面的训练。现在越来越多的企业,通过企校挂钩进行培训合作,与技工学校、专科学校、职业培训专门单位或高等学校达成培训承包协议,在学校或由学校派教师来企业进行各类员工培训,其内容可以是通用的,也可以是针对合作企业具体的特殊需要而专门设计的。对特殊需要的人才,选派员工脱产送往高等学府作定向的正规学制深造。

5．总结评估

与管理中的控制功能相似，在企业培训的某一项目或某门课程结束后，一般要对培训的效果进行一次总结性的评估或检查，找出受训者究竟有哪些收获与提高。这一步骤不但是这次培训的收尾环节，还可找出培训的不足，归纳出经验与教训，发现新的培训需要，所以又是下一轮培训的重要依据，这样可使企业培训活动不断循环。

四、绩效考核

（一）绩效考核的程序和目的

绩效考核是企业根据员工的职务说明，对员工的工作业绩，包括工作行为和工作效果，进行考察与评估。绩效考核的程序一般分为"横向程序"和"纵向程序"两种。

1．横向程序

横向程序是指按绩效考核工作的先后顺序形成的过程进行，主要有下列环节：

（1）制定绩效考核标准 这是绩效考核时为避免主观随意性而不可少的前提条件，考核标准必须以职务分析中制定的职务说明与职务规范为依据，因为那是对员工所应尽的职责的正式要求。

（2）实施绩效考核 即对员工的工作绩效进行考核、测定和记录。根据目的，考核可分全面的或局部的。

（3）绩效考核结果的分析与评定 绩效考核的记录需与既定标准进行对照来作分析与评判，从而获得绩效考核的结论。

（4）结果反馈与实施纠正 绩效考核结论通常应与被考核员工见面，使其了解企业对自己工作的看法与评价，从而发扬优点，克服缺点。但另一方面，还需针对绩效考核中发现的问题，采取纠正措施。因为绩效是员工主客观因素的综合结果，所以纠正不仅是针对被考核员工的，也需针对环境条件作相应调整。

2．纵向程序

纵向程序是指按组织层次逐级进行绩效考核的程序。绩效考核一般是先对基层绩效考核，再对中层绩效考核，最后对高层绩效考核，形成由下而上的过程。

（1）以基层为起点，由基层部门的领导对其直属下级进行绩效考核。绩效考核分析的单元包括员工个人的工作行为（如是否按规定的操作规程进行工作，或一名干部在领导与管理其下级时是如何具体进行的等等），员工个人的工作效果（如原材料消耗率、出勤率等），也包括影响其行为的个人特征及品质（如工作态度、信念、技能、期望与需要等）。

（2）基层绩效考核之后，便会上升到中层部门进行绩效考核，内容既包括中层干部的个人工作行为与特性,也包括该部门总体的工作绩效(如任务完成率、劳动生产率、工程合格率等)。

(3)待逐级上升到企业领导层时,再由企业所隶属的上级机构(或董事会),对企业这一最高层次进行绩效考核,其内容主要是经营效果方面硬指标的完成情况(如利润、市场占有率等)。

3.绩效考核的目的

绩效考核的目的主要是进行行政管理,如制定调迁、升降、委任、奖惩等人事决策;但其目的也有培训开发性的,如绩效考核结果对被考核者的反馈,以及据此结果制定与实施培训计划等。绩效考核的主要目的包括:

(1)绩效考核具有激励功能　使员工体验到成就感、自豪感,从而增强其工作满意感。同时,绩效考核也是执行惩戒的依据之一,而惩戒也是提高工作效率、改善绩效不可缺少的措施。

(2)按照按劳分配的付酬原则　绩效考核之后应论功行赏,所以绩效考核结果是薪酬管理的重要工具。薪酬与物质奖励无论如何仍是激励员工的重要工具。健全的绩效考核制度与措施,能使员工普遍感到公平与心服,从而也增强其工作满意感。

(3)绩效考核结果又是员工调迁、升降、淘汰的重要标准　因为通过绩效考核可以评估员工对现任的胜任程度及其发展潜力。

(4)绩效考核对于员工的培训与发展有重要意义　一方面,绩效考核能发现员工的长处与不足,对他们的长处应注意保护、发扬,对其不足,需施行辅导与培训。另一方面,绩效考核不但可发现和找出培训的需要,据此制定培训措施与计划,还可以检查培训措施与计划的效果。

(5)在绩效考核中,员工的实际工作表现经过上级的考察与测评,可通过面谈或其他渠道,将结果向被评员工反馈,并听取反映、说明和申诉。这样,绩效考核便具有促进上、下级间的沟通,了解彼此对对方期望的作用了。

(6)绩效考核的结果可提供给生产、供应、销售、财务等其他职能部门,在制定有关决策时作为参考依据。

(二)绩效考核的标准

绩效考核的标准是对员工绩效的数量和质量进行监测的准则。考核标准从不同的角度可以有不同的分类。通常的分类方法有3种:按考核手段分类,按标准的属性分类,按标准的形态分类。

1.按考核的手段分类

按考核的手段可把考核标准分为定量标准和定性标准。定量标准,就是用数量作为标度的标准,如工作能力和工作成果一般用分数作为标度;定性标准,就是用评语或字符作为标度的标准,如对员工性格的描述。

2.按标准的属性分类

按标准的属性可将考核标准分为主观标准和客观标准,相对标准与绝对标准。

3.按标准的形态分类

按标准的形态可分为静态标准与动态标准。

(1)静态标准 静态标准主要包括分段式标准、评语式标准、量表式标准、对比式标准和隶属度标准等5种形式。

①分段式标准:是将每个要素(评估因子)分为若干个等级,然后将指派给各个要素的分数(已赋予权重)分为相应的等级。再将每个等级的分值分成若干个小档(幅度)。

②评语式标准:运用文字描述每个要素的不同等级。这是运用最广泛的一种标准。

③量表式标准:是利用刻度量表的形式,直观地划分等级,在评估了每个要素之后,就可以在量表上形成一条曲线。

④对比式标准:就是将各个要素的最好的一端与最差的一端作为两极,中间分为若干个等级。

⑤隶属度标准:就是以隶属函数为标度标准,它一般通过相当于某一等级的"多大程度"来评定。

(2)动态标准 主要有行为特征标准、目标管理标准、情景考核标准和工作模拟标准。

①行为特征标准:就是通过观察分析,选择一例关键行为作为考核的标准。

②目标管理标准:是以目标管理为基础的考核标准,目标管理是一种以绩效为目标、以开发能力为重点的考核方法,目标管理考核准则是把它们具体化和规范化。

③情景考核标准:是对领导人员进行考核的标准。它是从领导者与被领导者和环境的相互关系出发来设计问卷调查表,由下级对上级进行考核,然后按一定的标准转化为分数。

④工作模拟标准:通过操作表演、文字处理和角色扮演等工作模拟,将测试行为同标准行为进行比较,从中作出评定。

(三)常用的考核方法

1.分级法

分级法即按被考核员工每人绩效相对的优劣程度,通过比较,确定每人的相对等级或名次来。又可称为排序法,即排出全体被考核员工的绩效优劣顺序。排列方向由最优排至最劣,或反之由最劣排至最优均可。排序比较可以遵循某个单一的特定绩效维度(如工程质量、服务态度等)进行,但更常见的是对每人的整体工作状况进行比较。

2.量表绩效考核法

此法用得最为普遍,它通常作维度分解,并沿各维度划分等级,设置量表(即尺度),可实现量化考核,而且操作也可称简捷。有时只用纯数字而不附文字说明,最简单的甚至只列有均等刻度与分段的标尺,令考核者适当勾选就行了。量表法绩效考核也需较多准备与设计工作,首先是维度的选定,维度应当力求纯净,即只涉及同一性质的同类工作活动;必须明确定义;可以取行为作基础,也可取品质,但必须是能有效操作化的。

3.关键事件法

此法需对每一待考核员工每人保持一本"绩效考核日记"或"绩效记录",由考察与知情的人(通常为被考核者直属上级)随时记载。需要说明的是,所记载的事件既有好事(如某日提前多久完成了所分派给他的某项重要任务),也有不好的事(如某日因违反操作规程而造成一次重大的质量事故);所记载的必须是较突出的、与工作绩效直接相关的事,而不是一般的、琐碎的生活细节方面的事;所记载的应是具体的事件与行为,而不是对某种品质的评判(如"此人是认真负责的")。最后还应指出,事件的记录本身不是评语,只是素材的积累;但有了这些具体事实作根据,经归纳、整理,便可得出可信的考核结论。从这些素材中不难得出有关考核者的长处与不足,在对此人进行反馈时,不但因有具体事实作支持而易于被接受,而且可充实那些抽象的评语,并加深被考核者对它们的理解,有利于以后的改进,因而培训功能较强。此外,在设计和开发其他绩效考核工具时,可有助于从这些记录中找出合理的绩效考核维度和行为性实例,供作标尺刻度说明词用。

4.评语法

这就是最常见的以一篇简短的书面鉴定来进行考核的方法。考核的内容、格式、篇幅、重点等均不拘,完全由考核者自由掌握,不存在标准规范。通常将谈及被考核者的优点与缺点、成绩与不足、潜在能力、改进的建议及培养方法等。此法每篇评语各具特色,又只涉及总体,不分维度或任取粗略划分的维度;既无定义,又无行为对照标准,所以难作相互对比;加之几乎全部使用定性式描述,无量化数据,据此作出准确人事决策,相当不易。但因为它明确而灵活,反馈简捷,所以至今仍颇受欢迎。在我国,此法更是一种传统的考核方式。

(四)绩效考核的实施

1.绩效考核的执行者

合格的绩效考核执行者应当满足的理想条件是:了解被考核者职务的性质、工作内容、要求及绩效考核标准与企业有关政策;熟悉被考核者本人的工作表现,尤其是在绩效考核周期内的,最好有直接的近距离密切观察其工作的机会;当然此人应当公正客观,不具偏见。

(1)直接上级执行绩效考核　直接上级很符合上述条件中的头两条。授权他们来考核,也是企业组织的期望,他们握有奖惩手段,无此手段的考核便失去了权威。但在第3个条件即公正性上不太可靠,因为频繁的日常直接接触,很容易使绩效考核掺入个人感情色彩。所以有的企业用一组同类部门的干部共同考核彼此的下级,只有一致同意的判断才作为结论。

(2)同级同事执行绩效考核　同级同事对被绩效考核者的职务最熟悉、最内行,对被评同事的情况也很了解。但同事之间必须关系融洽,相互信任,团结一致;相互间有一定交往与协作,而不是各自为战,独立作业。这种办法多用于专业性组织,如大学、医院、科研单位等,企业专业性很强的部门也可使用;也可用于考核很难由另一类人考核的职务,如中层干部。

(3)被考核者本人执行绩效考核　这就是常说的自我鉴定。这可使被考核者得以陈述对自身绩效的看法,而他们也确是最了解自己所作所为的人。自我考核能令被考核者感到满意,抵制少,且能有利于工作的改进。不过自评时,本人对考核维度及权重的理解可能与上级不一致,常见的是自我绩效考核的评语优于上级的。

(4)直属下级给上级绩效考核　有相当一些人不太主张用此法。这是因为下级若提了上级缺点,怕被报复,给小鞋穿,所以只报喜不报忧;下级还易于仅从此上级是否照顾自己个人利益判断其好坏,对坚持原则,严格要求而维护企业利益的上级评价不良。对上级来说,常顾虑这会削弱自己的威信与奖惩权;而且知道自己的绩效考核要由下级来做,便可能在管理中缩手缩脚,投鼠忌器,充当老好人,尽量少得罪下级,使管理工作受损。但不应一概排斥这种考核,因为企业中采用此法,至少对改变干部工作作风有较好效果,并有利于形成政治上的平等气氛。为了消除下级顾虑,可以取无记名评价表或问卷作工具。

(5)外界绩效考核　专家或顾问,这些人有绩效考核方面的专门技术与经验,理论修养也深;而且他们在企业中无个人瓜葛,较易做到公允。他们被请来,是会得到本应担任考核者的干部们的欢迎的,因为可以省去自己本需花费的绩效考核时间,还可免去不少人际矛盾。被绩效考核的下级也欢迎,因为专家不涉及个人恩怨,较易客观公正。企业也欢迎,因为专家们内行,在各部门所用的考核法与标准是一致的,具有可比性,而且较为合理。只是成本较高,而且他们对于考核专业可能不内行。

2.绩效考核面谈

只作考核而不将结果反馈给被考核的下级,绩效考核便失去它极重要的激励、奖惩与培训的功能。反馈的方式主要是绩效考核面谈。一般这种面谈都由做过绩效考核并发现被考核的下级有些绩效上的缺陷而主动约见被考核者的。因为谈话具有批评性，又与随后的奖惩措施有联系，所以颇敏感，但却又是不可缺少的。因此掌握好此种谈话便需要某种技巧乃至艺术。有下列几点原则：

（1）对事不对人　焦点置于以硬的数据为基础的绩效结果上，先不要责怪和追究当事者个人的责任与过错，尽量不带威胁性。针对个人的批评很易引起反感、强辩与抵制，这就达不到绩效考核的真正目的，所以要强调的是客观结果。考核者要表明他所关心的是哪方面的绩效，再说下级的实际情况与要求达到的目标间确有差距，要上、下一起来找差距。

（2）谈具体，避一般　不要作泛泛的、抽象的一般性评价，要拿具体结果出来支持结论，援引数据，列举实例。要用事例说明你想看到的改进结果，引导下级看到差距在哪里。

（3）不仅找出缺陷，更要诊断出原因　要引导和鼓励被评者自己分析造成问题的原因，即使浅薄牵强，也切不可反驳和嘲笑，而要启发他继续挖原因，直到找准为止。

（4）要保持双向沟通，要共同解决问题　必须是个双向过程，不能上级单方面说了算，教训下级。这样只会造就傀儡，不能造就人才；只会激起抵制心理而不是对克服缺点的热情。

（5）落实行动计划　绩效面谈只有导致改进的实效，才算是成功。所以找出了病因，就得上下共同商量出针对性的改进计划；计划不能只列出干巴巴的几条，而要多想出一些备选方案。不过最后重点只能放在一两项最重要的行动计划上，而且由谁干、干什么、几时干，都得逐一落实。计划要写成书面形式的，要强调改正了缺点的好处，使计划带有激励性。

3.影响绩效考核的因素

（1）考核者的判断　他们的个人特点，如个性（是否怕伤害别人感情等）、态度（是否视绩效考核为不必要的累赘）、智力（对绩效考核标准、内容与方法理解与掌握会因之不同）、价值观（如性别、年龄歧视等）和情绪与心境（高昂愉快时考核偏宽、低沉抑郁时偏严）等常有影响。

（2）与被评者的关系　除了考核者与被考核者间关系的亲疏、过去的恩怨外，对被评者的工作情况及其职务的特点与要求的了解程度，也颇有影响。

（3）绩效考核标准与方法　考核维度选择的恰当性，是否相关和全面、定义是抽象含混还是具体明确，结果是否传达给被评者，都有影响。

（4）组织条件　企业领导对绩效考核工作的重视与支持，绩效考核制度的正规性与严肃性，对各级主管干部是否进行过绩效考核教育与培训，绩效考核结果是否认真分析并用于人事决策,还是考完便锁进档案文件柜,使绩效考核流于形式,绩效考核是否发扬了民主,让被考核者高度参与,所用绩效考核标准与方法是长期僵守,还是随形势发展而修正、增删与调整等,对绩效考核效果的影响都很大。

(5)绩效考核中常见的心理弊病 这些弊病造成主观性与片面性,影响绩效考核可信度与效度,实践中这种弊病很难完全避免,但事先了解和提醒,可最大限度地减少其消极影响。

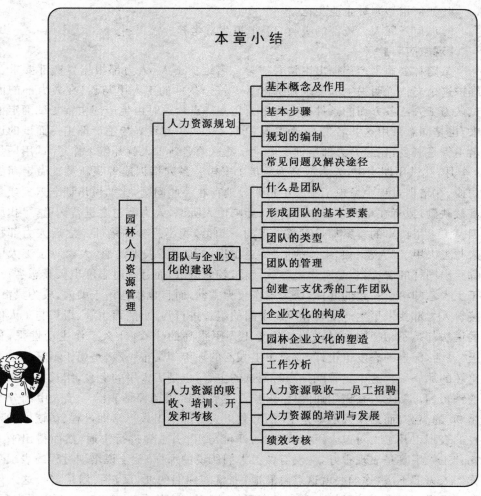

本 章 小 结

园林人力资源管理

- 人力资源规划
  - 基本概念及作用
  - 基本步骤
  - 规划的编制
  - 常见问题及解决途径
- 团队与企业文化的建设
  - 什么是团队
  - 形成团队的基本要素
  - 团队的类型
  - 团队的管理
  - 创建一支优秀的工作团队
  - 企业文化的构成
  - 园林企业文化的塑造
- 人力资源的吸收、培训、开发和考核
  - 工作分析
  - 人力资源吸收——员工招聘
  - 人力资源的培训与发展
  - 绩效考核

【关键概念】

人力资源规划　团队　企业文化　工作分析　人员招聘　人员选拔　员工的培训与发展　绩效考核

【复习思考题】

1.制定人力资源规划的基本步骤是什么？

2.人力资源规划中的常见问题及解决途径是什么？

3.如何创建一支优秀的工作团队？

4.如何重塑园林企业文化？

5.如何开展人力资源的吸收、培训、开发和考核？

【观念应用】

某园林公司生产部提出申请要招聘 2 名维护工人，人力部根据生产部要求及维护这个岗位说明书上的要求筛选出 2 名符合条件的工人甲与乙（在人力部的面试认为工人乙各方面的条件比工人甲要稍微好点），这时由生产部主管复试确定下来，也是同意录用这 2 名工人，但是其中 1 名工人甲却正好与生产部主持面试的这名主管是老乡，在经人力部培训之后，甲、乙这两名新工人就开始工作了，试用期是 3 个月，在试用期当中，人力部会为新员工安排一系列培训或者跟新员工做定期的访谈，在培训过程中发现了工人甲很明显地存在一些问题，比如说培训老迟到或是直截缺勤，或者在培训过程中老讲话，影响他人听课，人力部与之进行沟通，寻找原因。工人甲给出的答案却是直截了当的一句话，我不想参加培训。之后人力部找来与工人甲、工人乙一起工作的上、下道工序的几个工人来沟通，大家对于工人甲都给出同样的看法：就是工作爱斤斤计较，较为懒散，而且有时态度也极其恶劣；对于工人乙却给予一致的好评，认为工作较为主动，而且也很会乐于助人，较为灵活。接着人力部找来了生产主管和所属车间的组长进行沟通，然而主管、组长与工人们的说法却是不相径同，主管、组长给予工人甲很高的评价，什么工作主动性强，积极，灵活，配合的态度也很好，而对于工人乙的评价却是很一般，是属于不算好也不算坏的那一种。这个主管就是当时面试的主管，也是工人甲的老乡，组长则是主管的铁哥们。新工人在试用期满后，组长及主管在试用期评估表给了工人甲的分数是 90 的高分，而给工人乙却是 74 的分数。人力部把工人甲培训过程、访谈中的种种的表现以及工人对工人甲、乙两人的评价与组长、主管进行沟通，然而得出来一句："工人甲真是表现很好，并没有像工人们所说的那样，至于说培训过程的表现令你们人力部不满，你们要就这点解雇他，那就随你们的便，反正我们是觉得这人好用！"这样一来人力部只能向生产经理了解，因生产主管是生产经理的得意门生啊！所以自然而然生产经理那儿得出的结论也是工人甲表现不错，要继续录用！人力部与生产部是闹得彼此都很不开心。

资料来源：易迈管理学习网。

案例思考问题：

1. 该公司人力资源管理是哪种类型的？

2. 甲为什么不愿意参加培训？

3. 人力部与生产部闹得彼此不开心的原因？

4. 总结人力部门人员录用的程序、经验和不足。

第七章　园林质量管理

知识目标
- 理解园林质量管理的目的和意义。
- 掌握全面质量管理的方法。
- 掌握园林质量管理的步骤和方法。

技能目标
- 能够应用全面质量管理的理论和方法组织园林质量管理。
- 会对园林建设、生产、管理的各个环节进行质量管理。

【引导案例】

法院终审判决　赔偿花农损失

　　呈贡县斗南镇蓝月亮花卉公司购买的百合花种球存在着严重质量问题。该公司将卖给他们百合花种球的荷兰菲尔蒙贸易公司昆明办事处告上了法庭。近日，省高院对该案作出了最终判决，由被告荷兰菲尔蒙贸易公司昆明办事处赔偿蓝月亮花卉公司 314 425.10 元人民币的经济损失。

　　2006 年，呈贡县斗南镇蓝月亮花卉公司从荷兰菲尔蒙贸易公司昆明办事处购买了 10 万株"索尔邦"以及 41 400 株"星球战士"百合花种球。2006 年 9 月下旬种植时，就已经发现有很多种球腐烂，这些种球有严重的青霉素感染，超过 80％的种球都达不到标准。因为是第一次遇到这种情况，他们还是将一些带有轻微病菌的种球种到大棚里。10 d 后，长出来的花苗开始枯萎，下面的种球都霉变腐烂了。经调查和检测后，公司技术人员认为，是种球质量问题引起植株矮小，不长花苞和花苞畸形等问题。随后，他们又找来了专家进行鉴定，最终认定种球存在着严重的质量问题。2007 年 2 月份,蓝月亮花卉公司将荷兰菲尔蒙贸易公司昆明办事处告上法庭,要求对方赔偿因出售不合格的种球而造成的经济损失。2007 年 7 月 3 日,昆明市中级人民法院根据两次开庭审理,一审判决被告荷兰菲尔蒙贸易公司昆明办事处赔偿原告 314 425.10 元人民币。后被告不服一审判决提起上诉,2007 年 12 月 20 日,云南省高院经过审理,作出终审判决,驳回上诉,维持原判。蓝月亮花卉公司最终打赢了这场涉外官司。

资料来源:http://www.kmtv.com.cn/files/KMTV1/2008012575002.htm。

案例思考问题:

1.蓝月亮花卉公司最终打赢了这场涉外官司的原因是什么?

2.荷兰菲尔蒙贸易公司昆明办事处和蓝月亮花卉公司在这场诉讼中应总结出哪些教训?

第一节　质量和质量管理

园林建设和管理的质量是园林建设管理的核心,是决定园林绿化工程成败的关键,它对提高工程项目的经济效益、社会效益和环境效益均具有重大意义。随着园林绿化行业的不断发展,我国的园林绿化工程质量和服务质量总体水平不断提高。近年来,各地都加大了城市园林绿化建设投入,纷纷提出创建园林城市,有效地改善了城市面貌和城市环境,进一步提高了城市品位和投资环境。搞好园林绿化建设是城市建设的需要、市民的需求,园林绿化工程的质量问题就显得尤为重要。对于园林企业来说,把园林绿化质量管理放在头等重要的位置是当务之急。

一、质量

(一)质量

ISO 9000:2000 标准对质量的定义为:质量是一组固有特性满足要求的程度。我们通常所说的质量一般是指产品质量,而产品质量取决于工作质量和过程质量,工作质量是保证产品质量和过程质量的前提条件,产品质量是企业各部门、各环节工作质量的综合反映。因此,实施质量管理既要搞好产品质量,又要搞好工作质量和过程质量,而且应该把重点放在工作质量上,通过保证和提高工作质量和过程质量来保证产品质量。质量管理是在质量方面指挥和控制组织协调的活动,质量策划、质量控制、质量改进被称为质量管理的三部曲。

随着我国经济社会的发展,人民生活水平不断提高,大众对产品和服务质量的要求越来越高,当前各行业各企业间的竞争也演变为产品质量和服务质量的竞争,园林产业也不例外。在这种形势下园林企业的质量管理工作就显得尤为重要。园林质量管理目标是向社会提供人民群众和广大游客满意的廉价的具有自然美、艺术美和生活美的经久不衰的园林产品及观赏景点。其具体目标是:向社会提供富有特色、质量一流的园林产品,同时满足越来越大的市场需求,要全心全意做好园林产品售后服务,热情周到地为游览提供服务。

要实现上述目标,就必须在园林质量管理中树立以下观点:

(1)质量第一的观点　园林企业只有从严把握质量指标,工作中一丝不苟,并长久坚持,才能招徕越来越多的游客,自己才能立于不败之地。

(2)服务用户的观点　搞好园林质量管理既是为大众服务,更是为了企业自身的生存和发展。只有将竭诚为人服务看成自我生存发展的需要,才能自觉地、心甘情愿地更好地去为用户服务。

(3)一切质量源于设计及制造过程之中的观点　只有抓住源头,从设计开始,每道工序都把好质量关,从事先预防上下工夫,而绝不是单纯靠事后检查,才能获取稳定的高质量。

(4)质量管理要以自检为主的观点　将一切质量问题解决在生产过程之中。自己最了解自己的工作质量,人人自觉自检自验,自我把关,才能把一切质量隐患消灭在萌芽状态。

(5)质量好坏要用数据说话的观点　质量问题容不得半点虚假,不能用估计、大概、差不多等不准确语言来描述质量,只能用准确的数据来表述好坏。

(6)质量是系统工程的观点　要抓好质量管理,必须是由下而上,前后左右齐动手,只有使整个系统都行动起来,质量才有真正的保证。

(二)质量的特点

1. 产品质量特性

产品质量特性含义很广泛,它可以是技术的、经济的、社会的、心理的和生理的。产品的质量特性大体可分为以下 7 个方面:

(1)物质方面　如物理性能、化学成分等。

(2)操作运行方面　如操作是否轻便,是否便于维护保养和修理等。

(3)结构方面　如结构是否合理,是否便于加工、操作和修理等。

(4)时间方面　如耐用性、精度保持性、可靠性等。

(5)经济方面　如效率、制造成本、使用费用等。

(6)外观方面　如外形、包装质量等。

(7)心理、生理方面　如花木的高低错落有序、景观造型优美等。

这些质量特性,区分了不同产品的不同用途,满足了人们的不同需要。人们就是根据产品的这些特性能否满足社会和人们需要的程度来衡量园林产品质量的好坏和优劣的。

产品的质量特性,有一些是可以直接定量的,如山的比例根据山丘的数量、大小和容入量确定等。它们反映的是产品的真正质量特性。有些情况下,质量特性是难以定量的,如园林水体空间界面处理就要结合地形、桥、汀步等手法来引导和制约。这就要对产品进行综合的和个别的实验研究,确定某些技术参数以间接反映产品的质量特性,称之为代用质量特性。不论是直接定量的质量特性,还是间接定性的质量特性,都应准确地反映社会和顾客对产品质量特性的客观要求。

2.服务质量特性

服务质量是指服务满足明确和隐含需要的能力的特性之总和。提供的服务作为无形产品,它往往与有形产品相伴相随,在提供服务的过程中又往往以有形产品为载体。反映服务质量要求的质量特性主要有功能性、时间性、安全性、经济性、舒适性等。

(1)功能性　是指服务实现的效能和作用。

(2)时间性　是指服务能否及时、准时、省时地满足服务需求的能力。

(3)安全性　是指服务的提供方在对顾客进行服务的过程中,保证顾客人身不受伤害,财务不受损害的能力和水平。

(4)经济性　是指为了得到相应顾客所需费用的合理程度。

(5)舒适性　是指服务对象在接受服务的过程中感受到的舒适程度。

(三)产品质量与过程质量、工作质量的关系

在质量管理中,质量的含义是广义的,除了产品质量之外,还包括过程质量和工作质量。全面质量管理不仅要管好产品本身的质量,还要管好产品质量赖以产生和形成的过程质量和工作质量,并以过程质量和工作质量为着眼点。

产品质量是反映产品或服务满足明确或隐含需要能力的特征和特性的总和。产品的质量可以从性能、寿命、可靠性、安全性和经济性等几个方面的质量特性来进行衡量。过程质量则通常从质量形成的全过程予以考虑。过程质量可分为开发设计过程质量、制造过程质量、使用过程质量与服务过程质量4个子过程质量。工作质量是指同产品质量直接有关的各项工作的好坏,如经营管理工作、技术工作和行政工作等,是组织或部门的组织工作、技术工作和管理工作对保证产品质量起到的程度。

产品质量与过程质量、工作质量有着密切的联系。产品质量取决于过程质量和工作质量,工作质量是保证产品质量和过程质量的前提条件,产品质量是企业各部门、各环节工作质量的综合反映。因此,实施质量管理,既要搞好产品质量,又要搞好过程质量和工作质量。而且应该把着眼点放在过程质量和工作质量上,通过保证和提高过程质量和工作质量来保证产品质量。

二、质量管理

质量管理是在质量方面指挥和控制组织的协调的活动,通常包括制定质量方针和质量目标、质量策划、质量控制、质量保证和质量改进。

(一)质量环

产品质量是经过生产的全过程而产生、形成和实现的。好的产品质量,首先是设计和生产出来的,而不是单纯检验出来的。一般来说,产品质量产生和形成的过程,大致经过市场调查研究、新产品设计和开发、工艺策划和开发、采购、生产制造、检验、包装和储存、产品销售以及售后服务等重要环节,其详细过程可以用一个螺旋形上升循环示意图来表示,如图 7-1 所示。此螺旋形上升循环称为朱兰质量螺旋(quality spiral)或质量环(quality loop)。

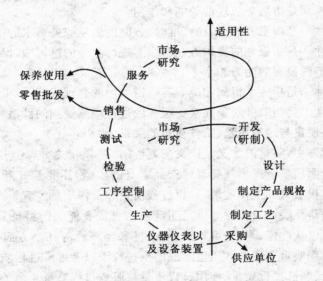

图 7-1　产品质量螺旋上升循环示意图

从图 7-1 中可以看到,产品质量在产生、形成和实现的过程中,各个环节之间存在着相互依存、相互制约、相互促进的关系,并不断循环,周而复始。每经过一次循环,产品质量就提高一步。从产品质量的产生、形成和实现的过程出发,可以把质量进一步分为：

（1）市场调研质量 即确定和完善满足市场需要的产品质量。

（2）设计质量 即把市场需要转化为在规定等级内的产品设计特性，最终都通过图样和技术文件的质量来体现。

（3）制造质量 即确保为顾客所提供的产品同所设计的特性相一致。换句话说，它是指按设计规定制造产品时实际达到的实物质量。

（4）使用质量 即在产品寿命周期内按需要提供服务保障的质量。

（二）质量管理的三部曲

朱兰质量螺旋的内涵相当丰富，就其实质而言，产品质量的全过程管理可以概括为 3 个管理环节，即质量计划、质量控制、质量改进，通常称为朱兰三部曲。

（1）质量计划 质量管理中的质量策划工作，是指为达到质量目标而进行筹划的过程。策划的结果所形成的文件称为质量计划。

（2）质量控制 质量计划制定之后，一旦付诸实施就必须进行质量控制，使其不超出规定的范围。

（3）质量改进 质量螺旋表明，产品或服务质量是不断上升、不断提高的。通过质量改进，使组织的质量管理水平和体系素质得到提升，产品或服务的质量竞争力增强，更好地满足顾客明确和隐含的质量要求。

第二节　全面质量管理

一、全面质量管理的由来

质量管理是由于商品竞争的需要和科学技术的发展而产生、形成、发展的，是同科学技术、生产力水平以及管理科学化和现代化的发展密不可分的。从工业发达国家解决产品质量问题涉及的理论和所使用的技术预防方法的发展变化来看，它的发展过程大致可划分为 3 个阶段：质量检验管理阶段、统计质量管理阶段和全面质量管理阶段。

1. 质量检验管理阶段

产品质量检验阶段的质量管理主要是通过严格的检验程序来控制产品质量，并根据预定的质量标准对产品质量进行判断。检验工作是质量管理工作的主要内容，其主导思想是对产品质量严格把关。

产品质量检验阶段的长处在于设计、制造、检验分属 3 个部门，可谓三权分立。专职制定标准（计划），有人负责制造（执行），有人专职按照标准检验产品质量。这样产品质量标准就得到了严格有效的执行,各部门的质量责任也得到严格的划分。

这种检验的质量管理有下列缺点:一是解决质量问题缺乏系统的观念;二是只注重结果缺乏预防,事后检验只起到把关的作用,而无法在生产过程中预防和控制不合格产品的产生;三是它要求对成品进行100%的全数检查,对于检验批量大的产品,或对于破坏性检验,这种检验是不经济和不实用的,在一定条件下也是不允许的。

2.统计质量管理阶段

统计质量管理阶段的主要特点是利用数理统计原理,预防不合格品的产生并检验产品的质量。这时,质量职能在方式上由专职检验人员转移给专业的质量控制工程师和技术人员承担,质量管理由事后检验改变为预测、预防事故的发生。

但是在统计质量管理的实际应用中,由于过分强调了质量控制的数理统计方法,搬用了大量的数学原理和复杂的计算,人们误认为质量管理就是数理统计方法。数理统计方法理论深奥,质量管理是数学家的事情,因而对质量管理产生了一种高不可攀的感觉,影响和妨碍了统计质量管理方法的普及和推广,使它未能充分地发挥应有的作用。

3.全面质量管理阶段

由于统计质量管理有着其自身的局限性和不足之处。因此,自20世纪50年代起,许多企业就开始了全面质量管理的实践。最早提出全面质量管理概念的是美国通用电气公司的质量总经理菲根堡姆。1961年,他出版了《全面质量管理》一书。该书强调质量职能应由公司全体人员来承担,解决质量问题不能仅限于产品制造过程,质量管理应贯穿于产品质量产生、形成和实现的全过程,且解决质量问题的方法是多种多样的,全面质量管理是为了能够在最经济的水平上,并考虑到充分满足用户要求的条件下进行市场研究、设计、生产和服务,把组织各部门的研制质量、维持质量和提高质量的活动构成一个有效的体系。

二、全面质量管理的含义和特点

1.全面质量管理的含义

ISO 8402把全面质量管理定义为:一个组织以质量为中心,以全员参与为基础,目的在于通过让顾客满意和本组织所有成员及社会受益而达到长期成功的管理途径。

具体地说,全面质量管理就是以质量为中心,全体员工和有关部门积极参与,把专业技术、经济管理、数理统计和思想教育结合起来,建立起产品的研究、设计、生产、服务等全过程的质量体系,从而有效地利用人力、物力、财力和信息等资源,以最经济的手段生产出顾客满意、组织及其全体成员以及社会都得到好处的产品，从而使组织获得长期成功发展。

2. 全面质量管理的特点

全面质量管理的特点是把过去以事后检验为主转变为以预防为主，即从管理结果转变为管理因素。把过去就事论事、分散管理转变为以系统的观念为指导进行全面综合治理。把以产量、产值为中心转变为以质量为中心，围绕质量开展组织的经营管理活动。由单纯符合标准转变为满足顾客需要，强调不断改进过程质量来达到不断改进产品质量的目的。

三、全面质量管理的基本要求

1. 全员参与的质量管理

全面质量管理要求组织中的全体员工参与，因为产品质量的优劣，取决于组织的全体人员对产品质量的认识和与此有密切关系的工作质量的好坏，是企业中各项工作质量的综合反映，这些工作涉及组织的所有部门和人员，所以，保证和提高产品质量需要依靠企业全体员工的共同努力。

全面质量管理首先要求以人为主，必须不断提高企业全体成员的素质，对他们进行质量管理教育，强化质量意识，使每个成员都树立质量第一的思想，保证和提高产品质量，其次还应广泛发动工人参加质量管理活动，这是生产优质产品的群众基础和有力保证，是全面质量管理的核心，也是全面质量管理之所以有生命力的根本所在。

全面质量管理要求全体职工明确企业的质量方针和目标，完成自己所承担的任务，发挥每个职工的聪明才智，主动积极地工作，实现企业的质量方针与目标。

实行全员参与的质量管理，还要建立群众性的质量管理小组。质量管理小组简称 QC 小组，是组织工人参加质量管理开展群众性质量管理活动的基本组织形式。

2. 全过程的质量管理

全面质量管理的范围应当是产品质量产生和形成的全过程，即不仅要对生产过程进行质量管理，而且还要对与产品质量有关的各个过程进行质量管理。

产品质量是组织生产经营活动的成果。产品质量状况如何，有一个逐步产生和形成的过程，它是经过生产的全过程一步一步实现的。根据这一规律，全面质量管理要求把产品质量形成全过程的各个环节和有关因素控制起来，让不合格品消灭在质量的形成过程中，做到防检结合、以防为主。产品质量的产生和形成过程大致可以划分为 4 个过程，即设计过程、制造过程、使用过程和辅助过程。

　　设计过程主要包括市场调查、产品规划、实验研究、产品设计和试制鉴定等环节，它是产品质量产生和形成的起点，产品质量的好坏取决于设计。

　　制造过程是产品质量的形成过程，制造过程的质量管理是组织中涉及面最广、工作量最大、参与人数最多的质量管理工作。该阶段质量管理工作的成效对产品符合性质量起着决定性的作用。制造过程的质量管理工作重点和活动场所主要在生产车间。因此，产品质量能否得到保证，很大程度上取决于生产车间的生产能力和管理水平。在制造过程的质量管理活动中，不仅要对整个过程的各个环节进行质量检查，而且还要对产品质量进行分析，找出影响产品质量的原因，将不合格品减少到最低限度。

　　使用过程主要包括产品流通和售后服务两个环节。因为产品质量最终体现在用户所感受的适用性上，这是对产品质量的真正评价。要使产品由生产者手中转移到用户手上，使其能充分发挥性能，就应充分重视产品的销售和售后服务这两个环节。使用过程质量管理的主要工作：一是做好对用户的技术服务；二是做好产品的使用效果和使用要求的调查研究；三是做好处理出厂产品的质量问题。

　　辅助过程既包括物资、工具和工装供应，又包括设备维修和动力保证，还包括生产准备和生产服务。设计过程和制造过程中出现的很多质量问题，都直接或间接地与辅助过程的质量有关。因此，在全面质量管理系统中，辅助过程的质量管理占有相当重要的地位。它既要为设计过程和制造过程实现优质、高产、低消耗创造物质技术条件，又要为使用过程提高服务质量和提供后勤支援。

　　实行全过程的管理要以防为主。一方面，要把管理工作的重点从管事后的产品质量转到控制事前的生产过程质量上来，在设计和制造过程的管理上下工夫，在生产过程的一切环节上加强质量管理，保证生产过程的质量良好，消除产生不合格品的种种隐患，做到防患于未然。另一方面，要以顾客为中心，逐步建立一个包括从市场调查、设计、制造到销售、使用的全过程的，能够稳定地生产满足顾客需要的合格产品的质量体系。

　　3. 全组织的质量管理

　　从组织的不同层次来看，全组织的质量管理要求组织各个管理层次都有明确的质量管理活动内容。上层管理侧重质量决策，制定出组织的质量方针、质量目标、质量政策和质量计划，并统一策划、协调；中层管理则侧重贯彻落实上层管理的质量决策，更好地执行各自的质量职能；基层管理要求每个员工要严格地按标准、按规程进行生产，相互间进行分工合作，并结合本职工作，开展合理化建议和质量管理小组活动，不断进行作业改善。

　　从质量职能角度看，产品质量职能是分散在组织的有关部门中的，要保证和提高产品质量,就必须把分散到各部门的质量职能充分发挥出来。由于各部门职责和作用不同,其质量管理的内容也是不一样的。为了有效地进行全面质量管理,就必须加强各部门的协调。为了从组织上、制度上保证组织长期稳定地生产出符合规定要求、满足顾客需要的产品,组织应建立和健全质量管理体系,使研制、维持和改进的质量活动构成一个有效的体系。

4. 全社会推动的质量管理

全面质量管理是全社会推动的质量管理,随着社会的进步,生产力水平的提高,整个社会大生产的专业化和协作化水平也在不断地提高。提高产品质量不仅是某一个组织的问题,还需要全社会的共同努力的推动,以提高全社会质量意识和质量水平,提高和增强产品的全球竞争力。

四、全面质量管理的原则和工作程序

(一)全面质量管理的基本原则

组织的最高管理者充分发挥领导作用,采用过程方法和管理的系统方法,建立和运行一个以顾客为关注焦点、全员参与的质量管理体系,注重以数据分析等基于事实的决策方法,使体系得以持续改进。在满足顾客要求的前提下,使供方受益,并建立起与供方互利的关系,以期在供方、组织和顾客这条供应链上的良性运作,实现多赢的共同愿望。

1. 以顾客为关注焦点

组织应当理解顾客当前和未来的需求,满足顾客要求并争取超越顾客期望。所以组织应通过对市场机遇灵活与快速的反应获得收益和市场份额的提高,通过提高组织资源利用的有效性以增强顾客满意,通过增进顾客忠诚度以招来再次业务。

2. 领导作用

领导者确立组织统一的宗旨及方向,他们应当创造并保持使员工能充分参与实现组织目标的内部环境。领导者应使员工理解组织的目标和目的,并激发员工的积极性,以统一的方式来评价、协调和实施活动,加强组织各层次之间的相互沟通。

3. 全员参与

应激励组织内的员工尽职尽责、勇于参与,为实现组织目标而改革、创新。员工应对自身的表现负责,积极参与并为持续改进做出贡献。

4. 过程方法

将活动和相关的资源作为过程进行管理,可以更高效地得到期望的结果。应通过有效地使用资源以降低成本和缩短周期,获得经过改进、协调一致并可预测的结果。

5. 管理的系统方法

将相互关联的过程作为系统加以识别、理解和管理,有助于组织提高实现目标的有效性和效率。

6. 持续改进

持续改进总体业绩是组织的一个永恒目标,应当通过改善组织能力创造业绩,并根据组织的战略意图协调各层次的改进活动,对机遇的反应要快速灵活。

7. 基于事实的决策方法

有效决策是建立在数据和信息分析的基础上,应通过参照实施记录,证明过去决策的有效性以增长能力,增强对各种意见和决定的评审、质疑和改变的能力。

8. 与供方互利的关系

组织与供方相互依存、互利的关系可增强双方创造价值的能力。应进一步增强双方创造价值的能力,共同对市场或顾客的需求和期望的变化做出灵活、快速的反应。

(二)PDCA 循环的工作程序

质量管理工作循环,即按照计划(plan)——执行(do)——检查(check)——处理(action)4 个阶段的顺序不断循环进行质量管理的一种方法,简称为 PDCA 工作循环。PDCA 工作循环是组织质量管理体系运转的基本方式。

PDCA 工作程序的内容有 4 个阶段和 7 个步骤:

1. 4 个阶段的内容

(1)计划阶段　包括制定方针、目标、计划书、管理项目等。

(2)执行阶段　即实地去干,去落实具体对策。

(3)检查阶段　对策实施后,评价对策的效果。

(4)处理阶段　总结成功的经验,形成标准化,以后按标准进行。对于没有解决的问题,转入下一轮 PDCA 循环解决,为制定下一轮改进计划提供资料。

2. 7 个步骤的内容

(1)计划阶段　经过分析研究,确定质量管理目标、项目和拟订相应的措施,其工作内容可分为 4 个步骤。

第 1 步骤:分析现状,找出存在问题,确定目标。

第 2 步骤:分析影响质量问题的各种原因。

第 3 步骤:从影响质量问题的原因中找出主要原因。

第 4 步骤:针对影响质量的主要原因,拟订措施计划。

（2）执行阶段 根据预定目标和措施计划,落实执行部门和负责人,组织计划的实现工作。其工作步骤为：

第5步骤：执行措施,实施计划。

（3）检查阶段 检查计划实施结果,衡量和考察取得的效果,找出问题。其工作步骤为：

第6步骤：检查效果,发现问题。

（4）处理阶段 总结成功的经验和失败的教训,并纳入有关标准、制度和规定,巩固成绩,防止问题重新出现,同时,将本循环中遗留的问题提出来,以便转入下一个循环加以解决。其工作步骤为：

第7步骤：总结经验,把成功的经验肯定下来,纳入标准。

PDCA循环就是按照以上4个阶段和7个步骤,不停顿地周而复始地运转。

3. PDCA循环的特点

质量管理活动按照PDCA循环运转时,一般有下列特点：

（1）4个阶段缺一不可 计划——实施——检查——处理（处置）4个阶段是一个完整的过程,缺少哪一个阶段都不会成为一个完整的环,如图7-2所示。

（2）大环套小环,环环相扣 整个组织的质量保证体系构成一个大的管理循环,而各级、各部门的管理又都有各自的PDCA

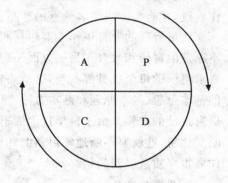

图7-2 PDCA工作循环示意图

循环。上一级循环是下一级循环的依据,下一级循环是上一级循环的组成部分和具体保证,大环套小环,小环保大环,一环扣一环,推动大循环。

（3）循环每转一周提升一步 管理循环如同爬扶梯一样,逐级升高,不停地转动,质量问题不断得到解决,管理水平、工作质量和产品质量就能达到新的水平。

（4）关键在于处理阶段 处理就是总结经验、肯定成绩、纠正错误。为了做到这一点,必须加以制度化、标准化、程序化,以便在下一循环进一步巩固成绩,避免重犯错误,同时也为快速地解决问题奠定了基础。

五、全面质量管理的基础工作

全面质量管理的基础工作是组织建立质量体系,建立质量体系是开展质量管理活动的立足点和依据,也是质量管理活动取得成效、质量管理体系有效运转的前提和保证。全面质量管理基础工作的好坏,决定了组织全面质量管理的水平,也决定了组织能否面向市场长期地提供满足顾客需要的产品。开展全面质量管理,应首先着重做好以下5个方面的工作。

1. 质量教育工作

在产品质量的产生、形成过程中,原材料、机械设备、工具装备和制造工艺都是影响产品质量的主要因素。然而,人是影响产品质量的最重要的因素。产品质量的好坏,最终决定于员工队伍的思想水平、技术水平以及各部门的管理水平。开展全面质量管理活动,必须从提高职工的素质抓起,把质量教育作为第一道工序。只有通过质量教育工作,不断提高全体员工的质量意识,掌握和运用质量管理的理论、方法和技术,自觉提高业务水平、操作技术水平和管理能力,不断改进和提高工作质量,才能生产出顾客满意的产品。

质量管理的教育工作主要包括两个方面:一方面是全面质量管理基本思想、基本原理的宣传和教育。另一方面是职工的技术业务的培训和教育。全面质量管理要求组织的每个成员都参与,这就要求全体员工都要树立质量意识,了解质量管理的基本思想、基本原理和基本方法。广大员工是产品质量的实现者,这就要求他们应有过硬的本领。由于科学技术的迅猛发展,组织的设备、工艺、操作方法都在不断变化着,这就要不断地学习新的知识、新的技术,跟上时代的步伐。质量教育工作要贯穿质量经营的始终。

2. 标准化工作

标准化是在经济、技术、科学和管理等社会实践中,对重复性事物和概念,通过制定、发布和实施标准达到统一,以获得最佳秩序和社会效益的活动。标准化工作为组织的生产经营活动建立了一定的程序,使组织各部门相互提供的条件符合各自的要求,使各个生产环节的活动协调一致,使组织的各种经济活动遵循共同的准则,使复杂的管理工作系统化、规范化、简单化,从而保证组织生产经营活动能够高效、准确、连续不断地进行。标准化工作是组织提高产品质量和发展品种的重要手段,也为组织实现各项管理职能提供了共同遵守的准则和依据。组织开展标准化工作同时,应当着重解决几个问题:一是必须以顾客第一的思想为指导;二是必须坚持系统化的原则;三是标准化工作必须符合权威性、科学性、群众性、连贯性和明确性等具体要求。

3. 计量工作

计量工作的重要任务是统一计量单位制度,组织量值正确传递,保证量值统一。计量管理工作是保证产品质量特性的数据统一、技术标准的贯彻执行、零部件的互换和生产优质产品的重要手段。因此,计量管理工作是全面质量管理的一个重要环节。搞好计量工作的主要要求是:需用的量具及试验、分析仪器必须配备齐全,完整无缺。保证量具及化验、分析仪器的质量稳定,示值准确一致,修复及时。根据不同情况,选择正确的测试计量方法。对量具和精密仪表进行定期维修,禁止不合格量具和测量仪表投入使用。选择正确的测试计量方法。进行检测技术和测量手段的革新和改造。

4. 质量信息工作

质量信息指的是反映产品质量和产供销各环节工作质量的原始记录、基本数据以及产品使用过程中反映出来的各种信息资料。

质量信息大致可以划分为两大类,一类是长远的和方向性的市场动态信息,它主要供组织领导者和有关人员作战略决策用。根据这些情报,组织会做出发展什么产品、淘汰什么产品等的方针性的决策。另一类情报是组织内部生产过程中的质量动态信息,它主要供各部门的有关人员进行日常管理时作战术性决策使用。

为了充分发挥质量信息的作用,必须力求做到准确、及时、全面、系统,还必须做好搜集、整理、分析、处理、传递、汇总、储存、建档等工作,实行严格的科学管理,以便于使用。为此,组织必须建立质量信息反馈系统和质量信息中心,加强质量信息的管理工作。

5. 质量责任制

组织中的每一个部门、每一位员工都应明确知道他们的具体任务,应承担的责任和权利范围,做到事事有人管,人人有专责,办事有标准,考核有依据。把同质量有关的各项工作同广大职工的积极性和责任心结合起来,形成一个严密的质量管理工作系统,一旦发现产品质量问题,可以迅速进行质量跟踪,查清质量责任,总结经验教训,更好地保证和提高产品质量。实行严格的责任制,可以使岗位工人明确自己该干什么、怎么做、做好的标准是什么。所有这些都为提高产品质量提供了基本保证,从而在组织内部形成一个严密有效的全面质量管理体系。

为了使质量责任制落到实处,组织必须按责、权、利3者统一的原则,制定各部门、各类人员的质量责任制,并实行质量奖惩制度。实行严格的责任制,不仅可以提高与产品质量直接联系的各项工作质量,而且可以提高各项专业管理工作的质量,把隐患消除在萌芽之中,杜绝产品质量缺陷的产生。

第三节　园林质量管理方法

一、建立质量管理体系

建立质量管理体系是园林质量管理的前提。园林工程涉及面广,内容日趋多样化、复杂化、大型化,园林绿化工程与土木建筑、市政建设等部门协同作业日趋增多,园林绿化工程的艺术文化内涵逐步提高,此外园林工程还具有施工方法不一、质量要求不一,季节性强,受自然条件影响大等特点,因而质量控制比一般工程项目更难。为搞好园林施工、管理质量就必须建立质量管理体系。

1. 建立质量管理机构

园林施工企业或管理部门在接到施工、管理任务后,要及时建立质量管理机构,质量管理机构要由政治素质强、经验丰富、具有一定领导能力、组织能力和管理能力的人选组成。

2. 设定质量管理目标

质量管理机构要根据建设、管理的项目设定质量管理目标。目标规划工作从根本上决定了项目管理的效能,因此要及时组织质量管理机构成员对目标系统做出详细规划,进行目标管理。结合工程特点、地区环境和施工条件,从施工的全局和技术经济的角度出发,遵循施工工艺的要求,科学地制定施工组织设计。

3. 制定制度和规范

质量管理组织机构要及时制定重要规章制度和规范,从而保证规划目标的实现,管理人员要对规章制度和规范进行审批、督促和效果考核。

4. 以工作质量确保工程质量

园林工程质量是由园林职工所创造的,他们的政治思想素质、责任感、事业心、质量观、业务能力、技术水平等均直接影响工程质量。质量管理机构要"以人为本",充分调动园林绿化职工的积极性,发挥他们的主导作用,增强质量观和责任感,牢牢树立"质量第一,安全第一"的思想,认真负责地搞好本职工作,以优秀的工作质量来创造优质的园林绿化工程质量。

5. 严格分项工程质量检验评定

园林分项工程质量等级是分部工程、单位工程质量等级评定的基础,如果一个分项的工程质量等级不符合标准,整个工程的质量也不可能评为合格,而分项工程质量等级评定的正确与否,又直接影响分部工程和单位工程质量等级评定的真实性和可靠性。为此,在进行分项工程质量评定时,一定要坚持标准,严格检查,避免出现判断错误,每一分项工程检查验收时不可降低标准。

6.推行园林工程项目监理制度

推行园林工程项目监理制是园林工程质量管理与控制的保障。随着园林绿化工程建设的不断发展,园林工程监理制已全面进入园林工程施工行业。园林工程监理是一种遵循科学准则,以科学态度,采用科学的方法进行的技术服务工作。园林监理工程师既维护业主的利益,又维护施工单位的利益,做到守法、诚信、公正、科学,从而保证了工程施工质量。园林工程监理人员从工程施工到工程竣工验收能够做到全过程跟踪,发现不合格材料、工序、产品做到及时整改,保证了园林绿化工程每个环节不出问题,从而保证了园林绿化工程施工质量。

二、落实质量管理责任制

建立健全质量管理责任制是实现园林质量管理与控制目标的重要手段。建立健全自上而下的质量管理目标和岗位责任就是使每一部门和每一个人都明确自己应承担的责任,也使每一项具体的工作都有明确的人承担,同时质量管理责任制还明确发现问题后的处理程序和方法。

1.签订目标责任制

经理在实行个人负责制的过程中,必须按管理的幅度和能力匹配的原则,将"一人负责"转变为"人人尽职尽责",在内部建立以经理为主的分工负责岗位目标管理责任制,明确每一业务岗位的工作职责,将岗位职责具体化、规范化,将各业务人员之间的分工协作关系规定清楚,明确各自的责、权、利,将企业横向目标管理责任制落实到具体责任人。

2.做好现场管理,重点控制工序质量

做好园林工程施工现场管理是园林绿化工程质量管理与控制的关键。对园林绿化工程施工项目质量控制就是为了确保合同、规范所规定的质量标准,通过一系列的检测手段和方法及监控措施,在进行园林绿化工程施工中得到落实,为了确保工程质量,重点要做好园林绿化工程现场管理。

综合性园林绿化工程项目都是由若干个分项、分部工程组成,要确保整个工程项目的质量达到整体优化的目的,就必须全面控制施工过程,使每一个分项、分部工程都符合质量标准。每一个分项、分部工程又都是通过一道道工序来完成,由此可见,工程质量是在工序中创造的,要确保工程质量就必须重点控制工序质量。对每一道工序质量都必须严格检查,当上一道工序质量不符合要求时,决不允许进入下一道工序施工,只要每一道工序质量都符合要求,整个工程质量就能得到保证。

3. 贯彻预防为主的方针

园林绿化工程质量要以预防为主,防患于未然,把质量问题消灭于萌芽之中,预防为主就是加强对影响质量因素的控制,对投入品质量的控制,做好质量的事前、事中控制,从对产品质量的检查转向对工作质量的检查,对工序的检查,对中间产品的质量检查。

预防系统性因素,如使用不合格的园林材料,违反操作程序、操作规程,土方质量、苗木质量规格达不到设计要求,均会造成工程质量不合格或工程质量事故。只要增强质量观念,提高工作质量,精心施工,完全可以预防系统性因素引起的质量变异。因此,园林绿化工程质量控制要严防或杜绝由系统因素引起的质量变异,以免造成工程质量不合格或工程质量事故。

4. 完善园林绿化工程竣工验收资料的整理

完善园林绿化工程竣工验收资料的整理是园林绿化工程质量管理与控制不可缺少的部分。竣工验收是施工阶段的最后环节,也是保证合同,提高质量水平的最后一道关口,通过竣工验收,全面综合考察工程质量,保证竣工项目符合设计标准、规范等规定的质量标准要求,因此,竣工验收必须有完整的工程技术资料和经签署的工程保修书。通过绿化工程竣工验收资料档案整理,既能总结园林绿化工程建设过程、施工过程和养护过程,又能为建设单位提供完整的竣工资料,提供后期使用、维修的根据。项目经理部必须重视完善园林绿化工程竣工资料的整理工作,确保工程圆满结束,质量合格。

三、做好各环节质量管理工作

(一)园林设计的质量管理

园林设计的质量管理一般包括 3 个程序环节:提出要求(如功能和总体结构)、选择设计人、对设计方案进行评价和筛选。这 3 个环节除与特定的园林项目本身相关之外,还受到该项目总面积和总投资规模的制约。例如,对于面积较大、投资充裕的项目,可以采用投标的方式选择设计人,并聘请专家进行评价,而对于规模较小的园林项目则难以办到。

与施工及养护不同,园林设计的质量管理只能从外部进行,对于设计过程的内部环节并不干预。因为设计阶段的程序性较弱,创新设计的设计过程所涉及的创造性构思是设计师的一种非程序化的情感激发和直觉思维,这些都没有固定程序可依,对设计方案进行评价筛选也常受到评选人自身的偏好和文化水平的影响。因而设计的质量管理只能是通过对设计成果的集思广益来进行。

(二)园林施工的质量管理

园林施工的质量管理包括确立规程、执行规程、检查执行情况、纠正违规或修订规程4个程序环节。规程就是规范的程序,是人们在同类行为中的经验教训的总结,是技术发展的重要内容。一般说来,应对生产要素中的每一项都确立规程,如工艺规程、操作规程、设备维护检修规程、安全规程、土地使用及环境保护规程。前3项规程对于施工质量管理来说较重要。

执行规程是生产及施工质量管理的核心内容,规程是为了执行而确立的,检查是为了评价执行而进行的,修订是根据执行的结果而发生的。为了保证规程的执行,除了检查之外,还要对执行者进行规程教育、技术培训和考核记录。检查执行情况也已从成品检查逐渐扩及工序监察和用户追查。

标准化的程度越高,越易于通过检查来控制质量。生产质量或施工质量通常可被量化为一系列标准,例如,花朵的尺寸,土地的坡度、平整度,道路的路面宽度、厚度、承载量、寿命,植株的密度、间距,分枝高度、冠高度、冠幅半径长度等。但过度的通过检查来控制质量会导致用于检查的人、财、物投入增加,经济效益下降。因此,生产质量和施工质量的管理应以执行规程为主,而以检查监督为辅。

纠正违规通常与惩罚措施同时进行,如违犯规程者故意偷工减料,则对当事人不仅应责令整改,而且应给以当事人经济和行政上的惩处。

修订规程通常是在执行者并未违规而产品质量或工程质量没有达到标准的情况下进行的。修订规程有赖于专业技术人员对基础知识的掌握程度和对新技术的调查了解,而把原有规程加以深化则有赖于专业技术人员对工艺及操作细节的熟悉程度及直接操作者的实践经验,即有赖于执行者的主动性。比较重大的规程修订常被称为技术革新,新的科学原理的发现和新的相关技术的发明都可能导致技术革新。近代以来,科学技术日益成为经济管理的重要助手,管理人员应该随时关注同行业中新技术的应用情况。

在进行园林施工的质量管理时,还要特别注意以下几个方面的问题:

1. 严格控制材料的质量

园林绿化工程施工过程中,土建部分投入了一定的各种原材料、产品、半成品、构配件和机械设备,绿化部分投入了大量的土方、苗木、支架等工程材料。投入的材料,如土方质量、苗木质量规格、各种管线、铺装材料、亮化设施、控制设备等的质量如果不符合要求,工程质量也就不可能符合工程质量的标准和要求。因此,严格控制投入材料的质量是确保工程质量的前提。对投入材料的订货、采购、检查、验收、取样、试验均应进行全面控制,从组织货源到使用认证,要做到层层把关,对施工过程中所采用的施工方案要进行充分论证,做到施工方法先进,技术合理,安全文明施工,有利于提高工程质量。

2. 遵循植物生长规律,掌握苗木栽植时间

园林绿化工程质量的好坏与苗木的成活率有很大关系,园林绿化工程中投入的苗木材料是有生命的绿化植物,不同的绿化苗木具有不同的生长规律,栽植季节和栽植时间也各有差别。掌握不同苗木的最佳栽植时间是苗木成活的关键,因此,必须遵循苗木生长规律,在苗木最适宜时间内栽植,确保苗木成活,提高工程质量。

(三)养护的质量管理

养护的质量管理是园林建设不同于一般建设项目的特殊方面。由于园林中包含相当数量的植物,而植物的生长和成型时期通常大于土木建设的工期,再加上植物栽植常需在土木建设基本完成之后进行,因此园林建设的质量常要在竣工后相当一段时间之后才能定型。加强园林绿化工程后期养护管理是园林绿化工程质量管理与控制的保证。目前,一般的园林绿化工程施工期不超过半年,但园林绿化工程合同规定从工程施工到工程移交需两年,即绿化养护期规定为苗木两个生长季节,目的就是确保绿化苗木成活,生长良好。园林绿化工程后期养护管理是苗木成活的关键,如果园林绿化工程施工优良,但绿化养护管理不到位,将严重影响园林绿化工程景观效果,影响工程质量。俗话说:"三分栽,七分管",如果后期养护管理不到位,如浇水不及时会导致树木成活率低,树木支架不牢会导致栽植树木歪斜,除草不及时会导致绿地杂草丛生,打药治虫不及时会导致病虫害严重等质量问题。因此,必须加强园林绿化工程后期养护管理工作,确保工程质量。

园林养护的质量管理也像施工一样,包括确立规程、执行规程、检查执行情况、纠正违规或修订规程4个程序环节。不同之处在于养护不仅涉及技术行为,而且涉及文化行为,即弥补或防止人为的损害。在养的方面,应制定有关季节性灌排水、施肥除草、修剪除虫以及及时更换病枯植株的规程。在护的方面,则往往要以各种法规制度为基础来制定相应的规程。这些法规和制度包括《土地法》、《森林法》和《文物保护法》、《风景名胜区管理暂行条例》、《城市园林绿化管理暂行条例》、各城市的《城市绿化管理办法》等。依此可制定相应的养护规程,如建立绿地档案并巡查处理侵占绿地的行为、审批核准树木的砍伐、查处非法砍树、监督和组织施工移树及绿地恢复、配合供电修剪树木、建立名木古树档案并强化养护及复壮、巡查并阻止日常性小规模破坏等。

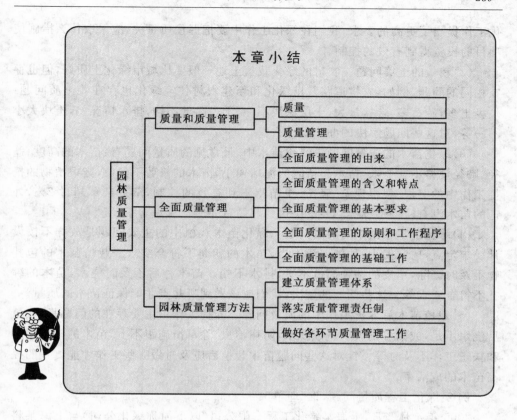

本章小结

```
                        ┌─── 质量
        质量和质量管理 ──┤
                        └─── 质量管理

                        ┌─── 全面质量管理的由来

                        ├─── 全面质量管理的含义和特点
园                      
林                      
质      全面质量管理 ──┤─── 全面质量管理的基本要求
量                      
管                      ├─── 全面质量管理的原则和工作程序
理                      
                        └─── 全面质量管理的基础工作

                        ┌─── 建立质量管理体系
        
        园林质量管理方法 ┤─── 落实质量管理责任制
        
                        └─── 做好各环节质量管理工作
```

【关键概念】

质量 质量管理 全面质量管理 PDCA 工作循环 园林质量管理

【复习思考题】

1. 如何在园林管理中应用全面质量管理的观念和方法。

2. 园林设计、施工、管理的各个环节中如何进行质量管理。

【观念应用】

例 1: 在园林绿化工程项目的实施过程中,常常会遇到各种各样的问题,其中最常见的是质量问题,这些问题将直接影响绿化项目的实施过程中的投资控制和进度控制,解决好了这些问题是园林绿化项目能按期高质量完成的前提,下面这些问题您将用何种具体的方法解决。

(1)设计问题   这是绿化工作中碰到的最普遍的问题,因为以往绿化项目对绿化要求起点较低,种植品种比较单一,设计的绿化图纸一般都不符合要求,甚至没有图纸照常施工。近几年来随着经济的发展,人民生活水平的提高,对植树造林绿化工作提出了更高的要求,我们在绿化工作中要把握住质量关,应采取什么措施使项目的投资得到有效的控制。

（2）栽植的土壤问题　农村的绿化栽植土地一般要比城市绿化土质好,但也存在相同的问题,例如,农村道路栽植绿化和新建农村住宅绿化也存在着土质问题:垃圾土多,砖石多,含盐量大,土层深浅不一,土表高低不均,排水情况差,土块大小不一等,对这些问题解决的办法是什么?

（3）绿化苗木的质量问题　绿化苗木中,最常见的质量问题有:苗木的高度、蓬径、胸径规格不合要求,苗木起苗时的泥球偏小,苗木的修剪不到位,露根植物的挖掘工作中的劈根、裂根现象、病苗、虫苗得不到有效的控制,草皮杂草超过2%,外地的苗木没有检疫手续等。要解决这些问题首先应从哪里着手。

（4）绿化苗木栽植中的质量问题　绿化苗木栽植中的主要问题是放样不按设计要求定点,树穴偏小,种植深浅不当,苗木的朝向不符合要求。栽植苗木的包扎物不及时去除,草皮的铺种高低不平,排水不畅。苗木种后不及时浇水,苗木的绑扎不符合要求等。这些问题的解决,我们应该做到哪几点才能保证苗木的质量。

（5）栽植苗木后养护工作中的质量问题　养护工作中主要存在的问题是:栽植后浇水不足,或因多雨天气造成积水,防病治虫、除草措施跟不上,苗木的修剪培土和扶正工作不及时等。针对这些问题苗木栽植后应及时做哪些工作才能真正的提高苗木的成活率。

例2:绿化工程质量问题,谁"埋单"

2005年4月2日,上海某绿化工程有限公司(以下简称绿化公司)与上海某科技发展有限公司(以下简称科技公司)签订《绿化工程合同》,约定:绿化公司承接科技公司的厂区绿化工程,工程地点位于松江区洞泾镇,工程内容为:厂区内绿化范围内所有绿化土方量;厂区绿化草坪面积(6 500 m²)具体绿化位置由甲方指定;最终绿化面积以实结算;草籽为百慕达品种,承包方式为土方及草坪一次性承包施工,工程造价360 000元;付款方式为:工程土方量完工,草籽播种完毕付款30%,草籽出芽以后续付总工程款的60%,余下10%在一年养护期满付清;工期自2005年4月10日起至2005年4月30日止。合同还就工程施工和质量等事项作了约定。合同签订之后,绿化公司按约进场施工,并在合同约定的期限内播种完毕。同年6月20日草籽出芽。事后,绿化公司函告科技公司要求其偿付到期的工程款324 000元。科技公司以绿化公司施工的绿化工程的草籽、土方质量不符合绿化工程的要求而拒付工程款。绿化公司为此提起诉讼。草籽播撒完毕之后至草籽出芽期间,绿化公司按照合同的约定对绿化工程实施养护,之后至今,绿化公司以科技公司未偿付工程款为由未继续实施养护,现实际由科技公司对该工程进行养护,因此绿化公司自愿放弃要求科技公司偿付合同约定的养护费用 36 000 元(即合同约定的 10% 的工程款)。

绿化公司要求法院判令科技公司偿付工程款 324 000 元。科技公司辩称,由于绿化公司未按合同约定的内容撒放草籽,并且没有按照规定使用绿化土方,致使现长出大量杂草,故绿化公司违约在先,科技公司提供上海市园林绿化质量检测室出具的《检测报告》,证明绿化公司施工的土方质量不符合绿化工程的要求。科技公司不同意承担工程款。

请您分析上海某绿化工程有限公司在工程质量管理方面会存在哪些问题。

第八章　园林生产运作管理

知识目标

- 了解现代企业制度的内容体系,现代企业制度的内涵和基本特征。
- 掌握企业组织结构设计的工作程序。
- 掌握园林企业生产计划编制的内容;园林企业进行生产技术引进和创新的方法途径。

技能目标

- 能够进行企业组织结构设计,分辨企业属于哪种组织结构形式。
- 能够初步编制园林企业生产计划,懂得如何进行园林生产技术引进和创新。

【引导案例】

天津市绿源环境景观工程有限责任公司,创建于 1995 年 11 月,经过全体员工不懈的努力,现已发展为拥有千万元资产,集园林绿化设计与施工、住宅小区市政工程、绿地养护管理、园林小品制作等专业能力于一体的环境景观建设公司,取得国家园林绿化二级资质,通过 ISO 9001 质量体系认证,并多次被市政府评为"守合同,重信用"单位。公司实行总经理负责制,设有工程部、规划部、人事部等组织机构;现有上千平方米的暖室、近百亩的苗圃地、水泥砖厂、铆焊加工车间、各类施工机械 60 余台(部),公司拥有多名专家和技术人员。公司在施工和养护中实施科学管理,加大科技含量,以质量求生存,建设精品工程,确保客户满意,在多项大型园林绿化景观工程中取得较好经济效益、社会效益。公司攻克盐碱滩绿化难关的事迹在中央电视台科技频道进行了专题报道。公司重视现代与古典、中式与西式、南方与北方各种园艺风格的有机结合,针对不同建设单位的实际情况,在植物配置、园林雕塑、园林小品等方面做到与建筑风格、环境条件统一和谐。公司在施工、养护中信守合同,兑现承诺,不断完善施工质量保证体系;在生产经营中坚持对外不欠外债,对内不拖欠工资、不延误工期,树立了良好形象,受到客户好评,在竞争中不断发展壮大。公司核心理念:诚信、合作、服务、高效、创新。企业文化理念是:提倡收获源于贡献,发展源于实践;提倡人格平等,互相尊重,共同发展;提倡自尊、自爱、自强。自然理念是:敬畏自然,美化自然,养护自然,回馈自然。事业理念是:主业扎根,开花结果,相机裂变,多向发展。发展理念是:人才是引擎,科技是翅膀,员工是动力,创新是航向。公司的企业目标:做强做好,争创天津市园林绿化行业一流企业,永续发展。

案例思考问题:

天津市绿源环境景观工程有限责任公司是如何引进新技术?在生产管理方面凭借哪方面能力在市场上获得竞争优势?

第一节 现代企业制度与组织结构

一、现代企业制度

建立现代企业制度,是发展社会化大生产和市场经济的必然要求。因此,全面正确地把握现代企业制度的内涵和基本特征,认识现代企业制度的内容体系,具有重要的现实意义。

1. 现代企业制度的含义

现代企业制度是以企业法人制度为基础,以企业产权制度为核心,以产权清晰、权责明确、政企分开、管理科学为条件而展开的各项具体制度所组成的、用来处理企业基本经济关系的企业软件系统。公司制是现代企业制度的典型形式。

现代企业制度包括以下几层含义:

(1)现代企业制度是企业制度的现代形式 企业制度是处于发展变化之中的,现代企业制度是从原始企业制度发展而来的,是商品经济或市场经济及社会化大生产发展到一定阶段的产物。这个判断有利于我们把握现代企业制度的动态性和可变性,避免将现代企业制度理解为一种固定的、僵化的模式。

(2)现代企业制度是由若干具体制度相互联系而构成的系统 现代企业制度

不是一个孤立的制度,而是现代企业法人制度、现代企业产权制度、现代企业组织领导制度、管理制度等有机耦合的统一体。

(3)产权制度是现代企业制度的核心　产权即财产权。构成产权的要素有所有权、占有权、使用权、处置权和收益权等。现代企业制度是以终极所有权与法人财产权的分离为前提的。现代企业产权制度就是企业法人财产权制度,在此制度下,终极所有权的实现形式主要是参与企业重大决策,获得收益;法人企业则享有其财产的占有权、使用权、处置权等。这是用建立现代企业制度去改造我国国有企业的核心所在。因为只有建立现代企业产权制度,才能使国家公共权力与法人企业民事权利分离开来,才能使全民所有权(国家所有权)与法人企业财产权分离开来,才能使政企真正分开。

(4)企业法人制度是现代企业制度的基础　现代企业法人制度是企业产权的人格化。企业作为法人,有其独立的民事权利能力和民事行为能力,是独立享受民事权利和承担民事义务的主体。规范和完善的法人企业享有充分的经营自主权,并以其全部财产对其债务承担责任,而终极所有者对企业债务责任的承担仅以其出资额为限。所以,正是在现代企业法人制度的基础上,才产生了有限责任制度。在我国确立规范、完善的现代企业法人制度,有利于大中型企业成为自主经营、自负盈亏、自我约束、自我发展的市场竞争主体。

(5)现代企业制度以公司制为典型形式　现代公司制主要是指股份有限公司和有限责任公司。从这个意义上讲,建立现代企业制度主要是公司化。但值得强调的是,公司制只是现代企业制度的典型形式。这里包含两层意思:

①不能认为建立了公司制就建成了现代企业制度,因为后者还有其丰富的内容。

②股份有限公司和有限责任公司只是现代企业制度的典型形式,并非其他符合现代企业制度内容的企业形式不算现代企业制度。

2.现代企业制度的特征

现代企业制度具有以下基本特征:

(1)产权清晰　企业的设立必须有明确的出资者,必须有法定的资本金。企业的法人财产是其进行生产的保障,企业只能在一定权限内、占有和使用。财产的所有权及其增值部分都属于出资者,企业破产清算时,其剩余财产也属于出资者所有。产权关系明晰化,所有权和法人财产权的界定,既有利于保证出资者资产的保值增值,又赋予企业独立的法人地位,使其成为享有民事权利、承担民事责任的法人实体。

(2)权责明确　现代企业制度有效地实现了权责关系的辩证统一。出资者一且投资于企业,其投资就成为企业法人财产,企业法人财产权也随之而确定。企业以其全部法人财产依法自主经营,自负盈亏,照章纳税,同时对出资者承担资产保值增值的责任。这就解决了传统的企业制度下,企业权小责大、主管部门权大责小、权责脱节的问题,从而形成了法人权责的统一。

(3)政企分开　政企分开有两层含义:

①政资职能分开:即政府的行政管理职能与资产管理职能分开。国有资产管理权职能仅仅针对国有资产,而不是针对所有社会资产。行政职能是属于政府行政权力,而所有权职能是一种财产权利,两者范围不同、性质不同,遵循的法律也不一样,政府行政职能由行政法来调整,而所有权职能由民法来调整。

②政企职责分开:政府不直接干预企业的生产经营活动,而是通过宏观调控来影响和引导企业的生产经营活动;企业摆脱政府行政机构附属物的地位,不再依赖政府,而是根据市场需求组织生产经营,以提高劳动生产率和经济效益为主要目的。企业在市场竞争中优胜劣汰,长期亏损、资不抵债的企业依法破产。实行政企分开后,政府与企业的关系体现为法律关系,政府依法管理企业,企业依法经营,不受政府部门的直接干预。

(4)管理科学　现代企业制度确立了一套科学完整的组织管理制度。首先是通过规范的组织制度,使企业的权力机构、监督机构、决策机构和执行机构之间职责分明、相互制约。在公司制企业中,实行董事会领导下的经理负责制。所有者通过股东大会选出董事会、监事会,董事会再聘任经营者,这样就形成了一套责权明确的组织体制和约束机制。其次是建立科学的企业管理制度,包括企业机构的设置、用工制度、工资制度和财务会计制度等,各部门之间相互协作,为完成企业的目标而服务。通过建立这些科学的领导体制和组织管理制度,来调节所有者、经营者和员工之间的关系,形成激励和约束相结合的经营机制。

总之,现代企业制度这4个特征是一个有机整体,有很强的关联性,互为因果,又互为条件,只有这4个特征都充分体现,才能建立起适应社会主义市场经济发展的现代企业制度

3.现代企业制度的主要内容

现代企业制度是一个内涵丰富、外延广泛的概念,其基本内容主要包括现代企业产权制度、现代企业组织制度和现代企业管理制度3个方面。

(1)现代企业产权制度　产权制度是对财产权在经济活动中表现出来的各种权能加以分解和规范的法律制度,它以产权为依托,对各种经济主体在产权关系中的权利、责任和义务进行合理有效地组合,调节制度安排。产权制度的核心是通过对所有者和使用者的产权分割和权益界定,使产权明晰化,以实现社会资源的优化

配置。所以,现代企业产权制度的实质是所有者终极所有权与企业法人财产权的分离,现代企业制度使法人享有独立的法人财产权。

出资者所有权在现代企业制度下表现为出资者拥有股权,即以股东的身份依法享有资产收益、选择管理者、参与重大决策以及转让股权等权益。出资者不能对法人财产中最终归属于自己的那部分进行支配,只能运用股东权力影响企业行为,而不能直接干预企业的经营活动。法人财产权表现为企业依法享有法人财产的占有权、使用权、收益权和处置权,以独立的财产对自己的经营负责。

(2)现代企业组织制度　在市场经济的发展中,公司企业已经形成了一套完整的组织制度,其基本特征是:所有者、经营者和生产者之间,通过公司的决策机构、执行机构、监督机构,形成各自独立、权责分明、相互制约的关系,并以法律和公司章程的形式加以确立和实现。

公司是由许多投资者(股东)投资设立的经济组织,必须充分反映公司股东的个体意志和利益要求;同时,公司作为法人应当具有独立的权利能力和行为能力,必须形成一种以众多股东个体意志和利益要求为基础的、独立的组织意志,以自己的名义独立开展业务活动。

公司组织制度坚持决策权、执行权和监督权三权分立的原则,由此形成了公司股东大会、董事会和监事会并存的组织框架。

公司组织机构通常包括股东大会、董事会、监事会及经理人员4大部分。按其职能分别形成决策机构、监督机构和执行机构:

①决策机构:股东大会及其选出的董事会是公司的决策机构,股东大会是公司的最高权力机构,董事会是股东大会闭会期间的最高权力机构。

②监督机构:监事会是由股东大会选举产生的,对董事会及其经理人员的活动进行监督的机构。

③执行机构:经理人员是董事会领导下的公司管理和执行机构。

这种组织制度既赋予了经营者充分的自主权,又切实保障了所有者的权益,同时又能调动生产者的积极性,因此,它是现代企业制度中不可缺少的内容之一。

(3)现代企业管理制度　管理科学是建立现代企业制度的保证。一方面,要求企业适应现代生产力发展的客观规律,按照市场经济发展的需要,积极应用现代科技成果,在管理人才、管理思想、管理组织、管理方法、管理手段等方面实现现代化,并把这几方面的现代化内容同各项管理职能有机地结合起来,形成有效的现代化企业管理;另一方面,还要求建立和完善与现代化生产要求相适应的各项管理制度。

二、现代企业组织结构

1. 组织与组织结构

（1）组织　组织是人类集体协作的产物。人类在生存和发展过程中会碰到许多复杂艰巨的问题，这些问题只有通过集体协作才能够解决，靠个人的力量是无法解决的。美国管理学家切斯特·巴纳德将个人无法完成的原因分为两类，一是个人生理上的限制；二是个人所面对的自然环境的限制。他举了一个推巨石的例子来说明这两种限制的区别。一个人去推一块巨石，如果失败了，可以有两种说法：一是巨石对人来说太大；二是人对于巨石来说太小。前者说明自然环境的限制，后者说明人生理上的限制。当人们合力去推这块巨石，并且获得成功，他们就会认识到集体的力量大于个人的力量，他们之间就会建立起一种协作关系。因此，组织的形成是人类为了克服个人能力的限制而有意集体协作的结果，当人们发现依靠集体的力量能够完成个人单独无法完成的目标和能够满足个人更多的需求时，便会通力合作，这样组织也就产生了。

组织是具有既定目标和正式结构的社会实体。"社会实体"是指由 2 个或 2 个以上的人组成的组织；"既定目标"指组织是为获得预期成果而设定的目标；"正式结构"则表示组织任务是组织成员分工负责并完成的。

（2）组织结构　组织结构是指职权与职责的关系，工作及工人分组。一般而言，组织结构是为了协调组织中不同成员活动而形成的一个框架机制。为了保证组织结构设计的有效性，在设计或建立组织结构时要考虑以下一些因素：战略因素、规模因素、技术因素、环境因素。

2. 企业组织结构的设计

组织结构设计有 3 种情形：一是新设立的组织需要进行组织结构设计；二是原有组织结构因内外环境变化需要重新评价和设计；三是组织结构需要进行局部的调整和完善。但无论何种情况，组织结构设计的基本内容是一致的，基本上都要涉及到岗位设计、部门化、指挥链、管理跨度与层次、集权与分权、规范化等关键要素。

3. 企业组织结构的主要形式

组织结构随着管理思想、技术和环境的变化而变化。从传统管理到现代管理，有多种组织结构形式：直线制、直线职能制、事业部制、矩阵制、集团控股型、虚拟型等。

第二节　园林生产过程和进度管理

园林企业同其他企业一样，都是把资源投入到产品的生产经营过程而形成产品,生产经营具有阶段性和连续性,组织上具有专业化和协作化的特点。因而一般工业企业产品的生产经营规律大多适用于园林产品的生产经营。但是园林产品具有固定性、多样性和庞大性,园林生产具有流动性、单件性和露天性,园林企业生产管理的可变因素多,其业务、环境、人员、协作关系经常变化。因此,园林企业生产管理比一般工业企业更为复杂。

一、企业生产过程

1. 生产

自从有了人类社会以来,就有了生产活动。生产是人类社会最原始,也是最基本的活动之一。"劳动创造了人",这个劳动指的就是生产。生产的本质是能够创造物质财富来满足人们的需要。所以,生产一般是指以一定生产关系联系起来的人们利用劳动资料,改变劳动对象,以适合人们需要的活动。在这里,主要是指物质资料的生产,是使一定的原材料通过人们的劳动转化为特定的有形产品。这种转化有 3 种含义:一是被转化物形态的转化,二是功效的转化,三是价值的转化。将 3 个层面上的"转化"合起来,就是指企业生产的产品要满足市场的需要,具有竞争的实力,能够为企业带来赢利,即是生产的经济性与有效性的统一。

2. 生产过程的概念

对生产过程有广义和狭义的理解。狭义的生产过程是指从原材料投入到产品产出的一系列活动的运作过程。广义的生产过程是指整个企业围绕着产品生产的一系列有组织的生产活动。生产过程包含基本生产、辅助生产、生产技术准备和生产服务等企业范围内各项生产活动协调配合的运行过程。

3. 生产过程的构成

产品或劳务在生产过程中所需要的各种劳动,在性质和对产品的形成上所起的作用是不同的。按其性质和作用,可将生产过程分为:

(1)生产技术准备过程　是指产品在投入生产前所进行的各种生产技术准备工作。具体包括市场调查、产品开发、产品设计、工艺设计、工艺装备的设计与制造、标准化工作、定额工作、新产品试制和鉴定。

(2)基本生产过程　是指直接为完成企业的产品生产所进行的生产活动,如园林企业的挖池堆山,花草树木的种植和养护管理。

(3)辅助生产过程　是指为保证基本生产过程的正常进行所必需的各种辅助性生产活动。如园林企业的设备维修与检修等。

(4)生产服务过程　是指为基本生产和辅助生产服务的各种生产服务活动。如物料供应、运输和理化试验、计量管理等。

以上基本生产过程、辅助生产过程、生产技术准备过程和生产服务过程都是企业生产过程的基本组成部分。其中,生产技术准备过程是重要前提,基本生产过程是核心,占主导地位,其余各部分都是围绕着基本生产过程进行的,为更好地实现基本生产过程提供服务和保证。有的企业还从事些副业生产活动,生产某些副产品,副业生产过程也是企业生产过程的组成部分。

一个园林建设项目通常由许多单项工程组成,一个单项工程包括许多单位工程,一个单位工程又包括许多分步工程,每一个分步工程又由分项工序组成。工序是指一个工人(或一组工人),在一个工作地上对同一种劳动对象连续进行加工的生产活动。工序是组成生产过程的最基本环节,是企业生产技术工作、生产管理组织工作的基础。工序按其作用不同,可分为工艺工序、检验工序和运输工序 3 类。工序划分的粗细程度,既要满足生产技术的要求,又要考虑到劳动分工和提高劳动生产率的要求。

4. 合理组织生产过程的要求

生产管理的对象是生产过程,组织好生产过程是企业能否有效地利用生产资源,能否根据市场需求作出快速反应并以合理的消耗水平为社会提供优质产品,取得最佳经济效益的关键手段。因此,合理组织生产过程的目标就是使劳动对象在生产过程中行程最短、时间最省、消耗最小,按市场的需要生产出适销对路的合格产品。具体要求有以下五"性":

(1)连续性 生产过程的连续性是指对象在生产过程的各个阶段、各个工序,在时间上紧密衔接、连续进行、不发生或很少发生不必要的等待加工或处理的现象。保持生产过程的连续性可以加速物流速度,缩短产品生产周期,加速资金周转,减少在制品占用,节约仓库面积和生产场地面积,提高经济效益。

要实现生产过程的连续性,首先要合理布置企业的各个生产单位,使之符合工艺流向,没有迂回和往返运输。其次,要采用合理的生产组织形式,避免由于组织结构设置不合理而造成物流的不畅通。同时,还要求制定生产计划,使上下工序紧密衔接,并要对生产现场采取有效的控制。

(2)平行性 生产过程的平行性是指在生产过程的各个阶段,各个工序实行平行交叉作业。保持生产过程的平行性,可以缩短产品的生产周期,同时也是保证连续生产的必要条件。比如,现代建筑业采用预制构件,改变过去在地基上一块砖一块砖往上砌的传统工艺,提高了生产过程的平行性,使一幢大楼可以在很短时间内就建立起来。

要实现生产过程的平行性,在工厂的空间布置时,就要合理地利用面积,尽量做到各生产环节能同时利用空间,保证产品的各个零件、部件以及生产过程的各个工艺阶段能在各自的空间内平行进行。

(3)比例性 生产过程的比例性是指生产过程各阶段、各工序之间在生产能力上要保持一定的比例关系，以适应产品生产的要求。

要实现生产过程的比例性，应在生产系统建立的时候就根据市场的需求确定企业的产品方向，并根据产品性能、结构以及生产规模、协作关系等统筹规划；在日常生产组织和管理工作中，经常对生产过程的能力比例进行调整，克服生产过程中出现的"瓶颈"，以实现生产过程的比例性。

（4）均衡性　生产过程的均衡性是指产品在生产过程的各个阶段，从投料到成品完工，都能保持有节奏地均衡地进行。在一定的时间间隔内，生产的产品数量是基本稳定或递增的。

要实现生产过程的均衡性，对内要加强生产技术准备部门、辅助生产部门、生产服务部门之间的协调，特别是优化生产计划和强化对生产过程的监控。此外，要争取各方面的支持和配合，建立起比较稳定的供应渠道和密切的协作关系，保证原材料、外购件、外协件能够按质、按量、及时地供应。

（5）适应性　生产过程的适应性也称柔性，是指生产组织形式要灵活，对市场的变动应具有较强的应变能力。市场需求的多样化和快速变化，使企业的生产系统必须面对和适应这样一个多变的环境。

要提高生产系统的适应性，企业应建立柔性生产系统，如准时生产制，敏捷制造等，使较高的机械化和自动化水平与较强的对产品的适应性统一在一起。此外，还可以采用混流生产、成组技术等先进的生产组织形式，来提高对市场的适应能力。

二、生产计划

1.生产计划的概念

生产计划是企业在计划期内应完成的产品生产任务和进度的计划。它具体规定了企业在计划期（年、季）内应当完成的产品品种、质量、产量、产值、出产期限等一系列生产指标，并为实现这些指标进行能力、资源方面的协调、平衡。所以，它是指导企业计划期生产活动的纲领性文件。生产计划内容包括 4 个方面：即施工计划、技术计划、财务计划和发展计划。

2.生产计划的内容

（1）施工计划　施工计划是年（季）度计划的核心，是编制技术类计划和财务类计划的依据。施工计划应对工程项目、施工进度、产值、产量等作出安排。它包括园林企业施工计划一览表、年产值计划、年产量计划、重点工程项目形象进度计划，下面分别作简要介绍：

①园林企业生产计划一览表：见表 8-1 所示，项目栏按指令性、指导性、市场性分别填列。

②年产值计划：年产值计划包括多种经营计划，见表 8-2 所示。

表 8-1 园林企业施工计划一览表

编制单位：
编制年度： 年

项目名称	建设性质	规模	总投资	产值/万元				单位	产量			开工日期	计划竣工日期	上年计划/上年实际完成	本年计划与上年比,计划与计划比,计划与实际比	建设地址
				截至去年年底累计完成	本年计划	明年计划	全部		截至去年年底累计完成	本年计划	明年计划					

表 8-2 年产值计划

产值分类 ／ 负责单位	总产值/万元					建安总产值/万元					净产值/万元				
	合计	一季度	二季度	三季度	四季度	合计	一季度	二季度	三季度	四季度	合计	一季度	二季度	三季度	四季度
公司															
一分公司															
……															

③年产量计划:见表 8-3 所示,"产量"指实物工程量。

表 8-3　年产量计划

单位	产品名称	计量单位	总产值/万元					建安总产值/万元					净产值/万元				
			合计	一季度	二季度	三季度	四季度	合计	一季度	二季度	三季度	四季度	合计	一季度	二季度	三季度	四季度
公司																	
一分公司																	
……																	

④重点工程项目形象进度计划:见表 8-4 所示,按国家重点大中型项目和省(市)重点分别填列。

表 8-4　重点工程项目形象进度计划表

工程名称	工程地点	总投资额/万元	工程量/m²	总建安产值/万元	开工日期	计划竣工日期	上年度累计完成		本年度计划		总承包施工单位
							建安产值/万元	形象部位进度	建安产值/万元	形象部位进度	

(2)技术类计划　技术类计划是支持性或保证性计划,是为施工计划创造条件的计划。包括劳动工资计划、主要材料需要量计划、主要机械设备平衡计划、附属企业生产计划、技术组织措施计划等。

①劳动、工资计划:包括主要工种劳动力平衡计划,见表 8-5 所示。

表 8-5　主要工种劳动力平衡计划

单位和项目 计划 工种									备注
公司合计	计划需用								
	现有人数								
	平衡结果±								
分公司	计划需用								
	现有人数								
	平衡结果±								

②材料计划：见表 8-6 所示，在表中填写主要材料需要计划。

表 8-6 主要材料需要量计划

主要物资名称	单位	规程	计划用量	计划用量计算依据（即产值、产量的消耗标准）	分季计划工作用量			
					一季度	二季度	三季度	四季度
……								
……								
……								

③机械计划：按机械化施工方法所需的机械，以自有、租赁机械平均生产效率的原则，做出主要机械设备平衡计划，见表 8-7 所示。

表 8-7 主要机械设备平衡计划

机械名称与型号	现有台数					本期计划				平衡结果		备注
	合计	状态				日历台班数	需用量			台班数±	折算台数	
		完好	封存	待报废			台班数	其中重点工程				
								××工程	××工程			
公司割草机合计												
一分公司												

④附属企业生产计划：附属企业生产计划是实现园林工业化、使工程顺利进行的重要保证，见表 8-8 所示。

表 8-8 附属企业生产计划

项目	工业产值/万元	主要产品产量				劳动生产率/(元·人)	平均人数/人	成本			实现利润/万元
		××	××	××	××			上年实际成本	本年计划成本	降低成本/%	
总计											
××厂											

⑤技术组织措施计划：技术组织措施计划是为实现目标服务的，见表 8-9 所示。

表 8-9　技术组织措施计划

序号	措施项目名称	措施内容	对象	数量	经济效果		执行者
					单位数量的节约额	该项节约额	

（3）财务性计划　包括降低成本计划和利润计划。

①降低成本计划：降低成本计划见表 8-10 所示。

表 8-10　降低成本计划

负责单位	工程成本降低额/万元					工程成本降低率/%				
	合计	一季度	二季度	三季度	四季度	平均	一季度	二季度	三季度	四季度
公司										
一分公司										
……										

②利润计划：利润计划见表 8-11 所示。

表 8-11　利润计划

负责单位	工程利润总额/万元					资金利用率/%				
	合计	一季度	二季度	三季度	四季度	平均	一季度	二季度	三季度	四季度
公司										
一分公司										
……										

（4）发展计划　是为企业未来的发展创造条件的计划。

①技术改造、开发计划：见表 8-12 所示。

表 8-12　技术改造、开发计划

项目名称	单位	数量	单位	总价	费用来源	起止期限	负责部门、人	经济效果预计	说明

②智力开发、培训计划：见表 8-13 所示。

表 8-13 智力开发、培训计划

项目名称	派往单位	数量	费用			起止期限	负责部门、人	说明
			人次费用	合计	来源			

③生产、生活基地建设计划：见表 8-14 所示。

表 8-14 生产、生活基地建设计划

项目名称	单位	数量	费用			起止期限	负责部门、人	说明
			单价	合计	来源			

在制定上述计划之后，按考核要求，做出计划指标的汇总表。

3. 生产作业计划

生产作业计划是实施性计划，是年季度计划的具体化，是企业各项经营目标的具体落实，是组织日常生产活动的计划。其内容主要是生产综合进度计划，同时通过工艺卡、任务单、限额领料单、队组承包书、班组经济活动分析，以及民主管理等方式使企业月、旬作业计划得以实现。

（1）生产作业计划的具体内容

①单项工程形象进度要求，生产综合进度计划。

②实物工程量与建安工作量计划。

③劳动力需求平衡计划。

④材料、预制构件及混凝土需求计划。

⑤大型机械和运输平衡计划。

⑥技术组织措施计划。

生产作业计划所用表格，各企业不尽相同，由企业根据需要自行制定。

（2）网络计划技术简介 网络计划技术是用网络图形式来表达进度计划，是 20 世纪 50 年代中期发展起来的一种科学的计划管理技术，它是运筹学的一个组成部分。网络计划技术最早出现在美国，具有代表性的是关键路径法（critical path method，CPM）与计划评审技术（plan evaluation and review'rechnique，PERT）。这两种方法的共同点就是某作业完成后接下去干什么是客观确定的，并不需要等到哪个作业完成的时候根据情况而定。目前在工程建设项目中，都用

CPM 进行网络计算。

①网络计划技术的基本内容

ⓐ网络图：是指网络计划技术的图解模型，反映整个工程任务的分解和合成。分解，是指对工程任务的划分；合成，是指解决各项工作的协作与配合。分解和合成是各项工作之间按逻辑关系的有机组成。绘制网络图是网络计划技术的基础工作。

ⓑ时间参数：在实现整个工程的任务过程中，包括人、事、物的运动状态。这种运动状态都是通过转化为时间函数来反映的。反映人、事、物运动状态的时间参数包括：各项工作的作业时间、开工与完工的时间、工作之间的衔接时间、完成任务的机动时间及工程范围和总工期等。

ⓒ关键路线：通过计算网络图中的时间参数，求出工程工期并找出关键路线。在关键路线上的作业称为关键作业，这些作业完成的快慢直接影响着整个计划的工期。在计划执行过程中，关键作业是管理的重点，在时间和费用方面则要严格控制。

ⓓ网络优化：是指根据关键路线法，通过利用时差，不断改善网络计划的初始方案，在满足一定的约束条件下，寻求管理目标达到最优化的计划方案。网络优化是网络计划技术的主要内容之一，也是较其他计划方法优越的主要方面。

②绘图示例：通过分析，某工程项目计划涉及的各项工作的先后顺序与逻辑关系，见表 8-15 所示；网络图的绘制过程见图 8-1 和图 8-2 所示。

表 8-15　工作逻辑关系表

本工作	紧前工作	紧后工作	持续天数
A	—	C,D,E	5
B	—	E	4
C	A	F	1
D	A	F,G	7
E	A	F,G	3
F	C,D,E	—	1
G	D,E	—	2

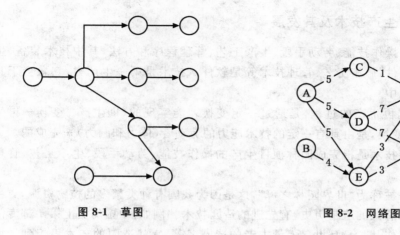

图 8-1 草图　　　　　　　图 8-2 网络图

第三节　园林生产技术管理

在当今社会,从宏观来看,生产能力的强弱直接关系着一个国家经济实力的强弱。国际经济市场的竞争归根到底是各国生产能力的竞争,而生产能力的决定性因素是现代生产技术管理的发展与应用,而不是资本和劳动密集积累。从企业的角度来看,任何一个企业的运营都要使用技术,任何一个企业都是一个多种技术有机组合的体系。因此,生产技术的适当选择和应用是企业提高竞争力的主要手段之一,技术变革是驱动企业发展的一种根本性力量。

任何一个变换过程都需要生产技术,都有一个选择什么样的技术的问题。例如,一个简单的生产过程——锯木头,可以选择使用手锯、简单电锯、高速自动电锯等不同技术。在技术进步日新月异,新方法、新技术、新装备层出不穷的当今时代,无论在园林行业还是其他企业,企业面对各种新技术有相当大的选择性。因此,如何选择最适合的技术,技术创新会给园林企业的生产技术管理带来什么样的新课题,如何将技术、管理、人力资源等不同要素有机结合,是现代园林企业面临的重要问题。

园林生产活动的生产要素主要包括人力、设备、材料、资金和技术等,所谓园林企业的生产要素管理,就是劳动管理、机械设备管理、材料管理、财务管理和技术管理,本节主要介绍园林企业生产技术管理。

一、园林生产技术及其发展

技术是指操作技能、劳动手段、生产工艺、管理程序和方法,其中技术装备、生产工具等是硬件,施工工艺、管理技术等是软件。技术是第一生产力,它融会于其他生产要素之中。

从生产到再生产的过程,是通过一定变换才能实现的(即生产—变换—再生产)。而这种变换,是由具有一定的技术能力的劳动者(体力和脑力)来完成的。

园林生产技术是指完成园林项目生产的操作技能、劳动手段、生产工艺、管理程序和方法。

我国历来被称为"世界园林之母",这是因为我国有种类繁多的植物资源,更主要的是我国有悠久的造园历史,有先进的造园技术。例如,中国历史上第1部专门叙述造园的杰作《园冶》是世界上最古老的造园名著,它从造园的艺术思想到景境的意匠手法,从园林的总体规划到个体建筑设计、从结构列架到细部装饰都有系统的论述。尤其是在造园的技术上论述更有见地。如在"掇山"篇中,关于掇山技术的论述有:凡理块石,俱将4边或3边压掇,若压两边,恐石平中有损。如压一边,即罅稍有丝缝,水不能注,虽做灰坚固,亦不能止,理当斟酌。

关于植树技术方面的记载有:"种树以正月为上时,二月为中时,三月为下时。"《氾胜之书》:"凡种树,不要伤根须,阔掘勿去土,恐伤根。仍多以木扶之,恐风摇动其巅,则根摇,虽见许之木,根不摇,虽大可活,更茎上无使枝叶繁,则不招风。"

近年来,随着科学技术突飞猛进地发展,新材料的出现,新的施工工艺的出现,新机械设备的出现,计算机在园林设计及管理中的广泛应用,园林生产技术也发生了日新月异的变化。如新型的塑山材料——玻璃纤维强化水泥(简称GRC)在园林塑山的运用中取得了良好的效果,其特点是:

(1)用GRC造假山石,石的造型、皴纹逼真、具岩石坚硬润泽的质感。

(2)用GRC造假山石,材料自身重量轻,强度高,抗老化且耐水,易进行工厂化生产,施工方法简便、快捷、造价低,可在室内外及屋顶花园等处广泛使用。

(3)GRC假山造型设计、施工工艺较好,与植物、水景等配合,可使景观更富于变化和表现力。

(4)GRC造假山可利用计算机进行辅助设计,结束过去假山工艺无法做到的石块定位设计的历史,使假山不仅在制作技术,而且在设计手段上取得了新突破。

二、园林技术引进

技术引进是指为发展自己的科学技术和经济,通过各种途径,从国外引进本国没有或尚未完全掌握的先进技术,它是企业促进经济和技术发展的主要战略和措施,也是技术管理的重要内容之一。国际间的技术引进可分为贸易形式和非贸易形式两种。

贸易形式是有偿的技术转移,也叫技术贸易。它包括许可证贸易、咨询服务、合作生产、补偿贸易、合资经营等。

非贸易形式通常是无偿的技术转移,它包括科学技术的交流、聘请外国技术专家、参加国际学术会议、技术座谈、交流技术资料与情报、举办国际展览等。

1.技术引进的方式

技术引进的方式主要包括专利许可、专有技术许可和商标许可等许可证贸易。许可证贸易是卖方向买方转让技术时,买方要向卖方支付技术转让费用。许可证贸易只是技术使用权的转让而不是所有权的转让。

(1)专利　专利是指一项发明创新的首创者到专利机关申请并批准后在法律上取得的专利权。它分为发明专利、实用新型专利和外观设计专利3种。所谓购买专利,买的只是专利技术的使用权,并不是具体的技术内容。因为卖方(权利人)并不承担保证买方实施该项专利的责任,也不负责提供比公开出版的专利说明书中更多的资料和技术指导,所以,单纯的购买专利的合同,多数是在发达国家中的企业之间签订的,因为他们已具有实施专利所需要的技术能力,而对发展中国家来说,单纯购买专利并不一定能取得成功。

(2)专有技术　专有技术也叫技术诀窍,它是指从事生产所必需的、未向社会公开的秘密技术知识、经验和技巧,包括各种设计资料、图纸、生产流程、加工工艺、材料配方、测试方法等。专有技术有些属于不能获得专利的技术,有些则属于虽然可以获得专利而有意不去申请专利的技术。许多发达国家的企业家认为,有时为保守技术秘密而不去申请专利,从而控制技术扩散,这样对专有技术的拥有人更为有利。

(3)商标　商标是工商企业用来表明其商品与其他商品区别的标志,它可以用文字、记号、图案或3者综合加以表示,往往代表商品的质量和信誉。商标经申请注册批准后,可获得注册商标权,受本国商标法的保护。发展中国家在引进某项专利和技术诀窍时,常常采用外国公司的商标,以便借助于该商标的声誉帮助自己的产品打开国际市场的销路。在技术引进中签订专有技术和商标相结合的许可证是比较普遍和比较可行的一种方式。

2.技术引进的途径

技术引进可以通过各种不同的途径进行,其具体途径有:

(1)合资经营　它是2个或2个以上的法人共同举办某企业,双方共同投资经营、分享利润、共担风险的一种经营方式。一般来说，一方提供机器设备，专利技术、专有技术等先进的技术手段；另一方则可根据自身情况提供厂房、土地、劳动力和资金等。

（2）合作生产　它是指一项产品或一个工程项目由双方或多方各自承担其中某些部分或部件的生产来共同完成全部项目的一种合作方式。合作生产所采用的技术可以由一方提供，另一方就可以在合作生产的过程中达到技术引进的目的。

（3）许可证贸易　它指的是技术转让方和技术引进方就某项技术转移问题进行商业性磋商，然后双方就磋商结果达成协议。按照协议规定，技术引进方有权使用技术转让方所拥有的技术，生产和销售利用这种技术所制造的产品，并按协议规定返回技术转让方一定的费用。

（4）成套设备引进　从国外购买生产某种产品或系列产品的全套设备，在引进设备的同时引进技术，引进的内容通常包括工艺技术、工程设计、成套设备，甚至包括厂房、生产管理、产品销售和培训技术人员等服务项目。

（5）技术咨询服务　技术引进方就引进项目的可行性研究，引进技术方案的设计，引进方案的审核等问题委托咨询机构进行专项或系列项目的帮助。

（6）补偿贸易　是指技术引进方用产品补偿技术转让方费用的贸易方式。

（7）租赁设备　它是由租赁公司按用户承租人的要求垫付资金，向制造商购买设备，租给用户使用。用户一方面定期向租赁公司支付租金，另一方面又与制造商签订技术合同（如技术指导、人员培训、设备维修等）。

3.技术引进要考虑的因素

技术引进要考虑的因素有4个方面：技术的先进性、技术的生命力、技术的适用性、技术的配套条件。

三、园林企业技术创新

1.技术创新的类型

技术创新在经济学上的意义只包括新产品、新过程、新系统和新装备等形式在内的技术通过商业化实现的首次转化。这一定义突出了技术创新在2个方面的特殊含义：一是活动的非常规性，包括新颖性和非连续性；二是活动必须获得最终的实现。

技术创新基本上可以归结为两类范畴：

（1）渐进性创新和根本性创新　根据技术创新过程中技术变化强度的不同，技术创新可以分为渐进性创新和根本性创新。

①渐进性创新：渐进性创新也称改进型创新，是指对现有技术的改进引起的渐

进的、连续的创新。

②根本性创新：根本性创新也称重大创新，是指技术有重大突破的创新。它常常伴随着一系列渐进性的产品创新和工艺创新，并在一段时间内引起产业结构的变化。

（2）产品创新和过程（工艺）创新　根据技术创新中创新对象的不同，技术创新可以分为产品创新和过程创新。

①产品创新：产品创新是指技术上有变化的产品的商业化。按照技术变化量的大小，产品创新可以分为重大（全新）的产品创新和渐进（改进）的产品创新。重大（全新）的产品创新是指产品用途以及应用原理有重大变化的创新。如园林生产中应用 GRC 材料等。渐进（改进）的产品创新是指在技术原理没有重大变化的情况下，基于市场需要对现有产品所做的功能上的扩展和技术上的改进。如在火柴盒、包装箱基础上发展起来的集装箱，由收音机发展起来的组合音响等。

②过程创新：过程创新也称工艺创新，是指产品的生产技术的变革，它包括新工艺、新设备和新的组织管理方式。

过程（工艺）创新同样也有重大和渐进之分。如园林设计、园林管理的计算机控制和应用专家系统等，都是重大的过程创新。另外，也有很多渐进式的过程（工艺）创新，如对产品生产工艺的某些改进，提高生产效率的一些措施，或使生产成本降低的一些方式等。

2.技术创新的基本战略

技术创新有自主创新、模仿创新和合作创新 3 种基本战略思路。从中国国情出发，现阶段我国企业实施技术创新，应当以在引进技术基础上的模仿创新为主，逐步增加自主创新的比重，同时采取适当形式积极进行合作创新。

（1）自主创新　所谓自主创新，是指企业主要依靠自身的技术力量进行研究开发，并在此基础上实现科技成果的商品化，最终获得市场的认可。自主创新具有率先性，因为一种新技术或一种新产品的率先创新者只能有一家，而其他采用这项技术、生产这种产品的企业都是创新的跟随者或模仿者。自主创新要求企业有雄厚的研究开发实力和研究成果积累，处于技术的领先地位，否则是做不到自主率先创新的。

（2）模仿创新　所谓模仿创新，是指在率先创新的示范影响和利益诱导之下，企业通过合法手段（如通过购买专有技术或专利许可的方式）引进技术，并在率先创新者技术的基础上进行改进的一种创新形式。模仿创新并不是原样仿造，而是有所发展、有所改善。就我国园林企业的实力而言，模仿创新也并非易事，决不能认为模仿创新"不够档次，不上台面"。

（3）合作创新　所谓合作创新，是指以企业为主体，企业与企业、企业与研究院所或高等院校合作推动的创新组织方式。合作的成员之间可以是供需关系,也可以是相互竞争的关系。一些较大规模的创新活动往往是一个单位难以独立实施的,多个单位进行合作创新,可以充分发挥各自优势,实现资源互补,从而缩短创新周期,降低创新风险,提高创新成功的可能性。合作创新的条件是合作各方共享成果、共同发展。借助合作创新,也能把有激烈竞争关系和利益冲突的企业联合起来,使各方都从合作中获得更大的利益。

　　3.技术创新过程

　　技术创新是一个将知识、技能和物质转化为顾客满意的产品的过程,也是企业提高技术产品附加价值和增强竞争优势的过程。自20世纪60年代以来,国际上出现了以下几代具有代表性的技术创新过程模式。

　　(1)技术推动创新过程模式　人们早期对创新过程的认识是:研究开发或科学发现是创新的主要来源,技术创新是由技术成果引发的一种线性过程。这一创新过程模式的基本顺序是基础研究、应用研究与开发、生产、销售和市场需求。

　　许多根本性创新是来自于技术的推动,对技术机会的认识会激发人们的创新努力,特别是新发现或新技术常常会引起人们的注意,并刺激人们为之寻找应用领域。如无线电和计算机这类根本性创新就是由技术发明推动的。

　　(2)需求拉动创新过程模式　研究表明,出现在各个领域的重要创新有60%～80%是市场需求和生产需要所激发的。市场的扩展和原材料成本的上升都会刺激企业技术创新,于是有人提出了需求拉动(或市场拉动)的过程模式。在需求拉动创新过程模型中,强调市场是研究开发构思的来源,市场需求为产品和工艺创新创造了机会,并激发研究与开发活动。需求拉动创新过程模式的基本顺序是:市场需要——销售信息反馈——研究与开发——生产。

　　(3)技术与市场交互作用创新过程模式　技术与市场交互作用创新过程模式强调创新全过程中技术与市场这两大创新要素的有机结合,技术创新是技术与市场交互作用共同引发的,技术推动和需求拉动在产品生命周期及创新过程的不同阶段有着不同的作用,单纯的技术推动和需求拉动创新过程模式只是技术和市场交互作用创新过程模式的特例。

　　(4)一体化创新过程模式　一体化创新过程模式是将创新过程看作是同时涉及创新构思的产生、研究开发、设计制造和市场营销的并行的过程,它强调研究开发部门、设计生产部门、供应商和用户之间的联系沟通和密切合作。

　　(5)系统集成网络模式　系统集成网络模式最显著的特征是强调合作企业之间更密切的战略联系,更多地借助于专家系统进行研究开发,利用仿真模型替代实物原形,并采用创新过程一体化的计算机辅助设计与计算机集成制造系统。创新过程不仅是一体化的职能交叉过程,而且是多机构系统集成网络联结的过程。

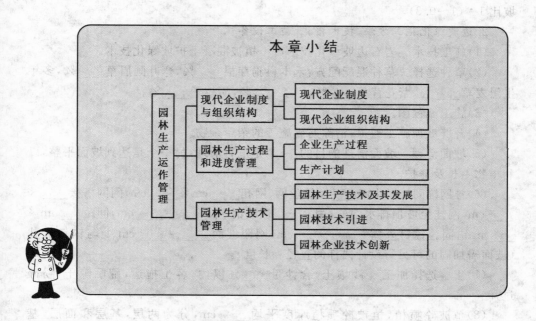

【关键概念】

现代企业制度　组织结构　生产计划　园林生产技术　技术引进　技术创新
生产过程　生产作业计划

【复习思考题】

1. 什么是现代企业制度？谈谈现代企业制度的基本特征与主要内容。

2. 企业组织结构的主要形式是什么？

3. 企业生产计划主要包括哪些内容？

4. 园林企业如何进行技术引进和技术创新？

5. 调查一家园林公司的年度种植计划，并根据当时的季节，制定一周的生产作业计划。

【观念应用】

植被砼护坡绿化一般施工方案

1. 工程概况

坡面为岩石坡面（混凝土坡面），坡面稳定，坡面岩石纹理发育完好或微风化，坡比1：（1～0.3）。

2.边坡绿化施工方法、技术措施、施工设备

（1）施工技术　岩石边坡绿化技术——植被混凝土护坡绿化技术。

（2）草种选择　草种混配配方：禾本科狗芽根＿＿＿％，弯叶画眉草＿＿＿％，多年生黑麦草＿＿＿％，紫花苜蓿＿＿＿％，柠条＿＿＿％，胡枝子＿＿＿％。

（3）施工流程图。

（4）开辟坡顶施工通道，清除妨碍施工的杂草杂物。

（5）坡面清理　坡面清理的目的：一个是危石清理，另一个是达到坡面平整，以利植物生长及养护。

（6）挂网锚固　绿化用＿＿＿♯铁丝网、网孔＿＿＿cm×＿＿＿cm，网网搭接＿＿＿～＿＿＿cm，网挂至坡顶排水沟处，用φ＿＿＿螺纹钢，长＿＿＿～＿＿＿cm，间距＿＿＿m×＿＿＿m锚固。锚钉外露＿＿＿～＿＿＿cm，网距坡面＿＿＿～＿＿＿cm处与锚钉绑扎（坡面需加固的可另行设计锚杆的直径和长度）。

（7）土壤选择加工　沙壤土，含沙量＿＿＿％以内，客土拖运，翻晒晾干，粉碎过筛。

（8）植被砼喷植，植被砼喷植厚度平均＿＿＿cm，分为两层，基层和面层，基层＿＿＿cm，面层厚度＿＿＿cm，面层含有草种，喷植时喷管头与坡面垂直，且与坡面距离不超过＿＿＿m。

（9）排水孔　以＿＿＿m～＿＿＿m的间距设简易排水孔，坡面有明显渗水的位置，需钻孔＿＿＿cm，并安装塑料排水管。

（10）草种　草种为混合草种，冷季草和暖季草搭配使用。

（11）覆盖　用无纺布覆盖，保墒、防晒。

（12）养护　养护以喷灌为主，施工期养护用黑色硬塑料管组成喷灌网，安装摇臂喷头喷灌，以保证幼苗所需的水分和养分，完工后继续养护半年。景观要求较高的工程，可设置永久喷灌系统。

（13）施工设备　空压机＿＿＿台、手风钻＿＿＿台、搅拌机＿＿＿台、喷射机＿＿＿台、自卸车＿＿＿台、电焊机＿＿＿台、粉碎机＿＿＿台、高压泵＿＿＿台。

3.确保工程质量的措施

（1）建立健全质量管理制度。

（2）监督检查主要范围。

（3）开展质量教育及技术培训。

（4）建立中心试验室

在项目经理部设中心试验室。中心试验室配备常规土工试验、砼试验以及混

合料配合比例及其他较复杂试验工作的仪器设备,以满足本工程所需项目的试验服务。中心试验室配备即有理论又有实践和经验的一名试验工程师,两名试验助理工程师,在工程师监督下工作。另外,中心试验室还全面实施对工程所用原材料或试件等的检查和质量控制。

(5)建立开工前技术交底制度。

(6)采取项目挂牌制

①在经理部、各施工队的驻地,项目负责人及生产、技术、质管、测试负责人以及各级派驻监理都要挂牌。

②主要材料及工艺的质量标准和质量统计要挂牌。

(7)开展质量评比活动,实行优质优奖。

4.确保工程工期的措施

本合同投标的工期确定为＿＿天。工期控制是施工企业管理的内容之一,也是反映综合管理能力的一项重要指标。我们将为自己树立一个良好的企业形象,在创造优质工程的同时,也要按期地完成施工任务,为业主早日带来投资效益,因此,我们保证在＿＿天如期完成施工任务,为达到此目的,将采取以下措施:

5.确保安全生产的措施

6.文明施工措施

7.环境保护措施

8.人员、组织机构

(1)设立绿化项目部,项目经理1名、工程师1名,质量安全管理人员2名。

(2)砼工＿＿名。

(3)钢筋工＿＿名。

(4)风钻工＿＿名。

(5)电工＿＿名。

(6)电焊工＿＿名。

(7)机械操作工＿＿名。

(8)普工＿＿名。

共计＿＿名。

请你用所学过的知识完成上述施工方案。

第九章 园林施工管理

知识目标
- 理解园林施工管理的理论和方法；招投标的方法步骤。
- 掌握施工进度的管理方法。
- 掌握施工场容管理和竣工验收的方法和步骤。

技能目标
- 能够编制招标和投标书，会组织招投标活动。
- 能编制施工组织方案并组织实施。
- 会进行施工现场布置，会组织园林施工项目的竣工验收。

【引导案例】

李明是某市绿园园林工程公司的创始人和经理，虽然绿园公司创办不久，规模不大，但凭着全体员工扎实认真的工作态度和良好的信誉，公司也承包了不少小型的园林工程。这些工程无论施工质量还是施工进度都获得了业主方的广泛好评。绿园园林公司也成了当地一家规模不大，但小有名气的工程公司，并取得了二级施工资质。2007 年李明决定扩大公司规模，多承包一些大型工程，提高在当地的市场占有率。这时该市决定对一条贯穿市中心的河流进行绿化，使之成为贯穿市中心的滨水风景区。李明在当地报纸上看到招标公告后非常兴奋，他认为机会来了。在交纳了 300 元购买了标书后，他就连夜对标书进行了研究。

这项工程施工量大，工程共分为 11 个标段分别招标。李明想对所有的标段同时进行投标。在决定投标策略时，李明决定用最低的价格投标以确保全中。公司的其他同志对此提出异议，他们认为以公司目前的实力，全部承担如此大的工程条件还不具备，而且报价太低会影响公司的利润，但李明认为只有薄利才能多销，只要工程量大了，同样也会有可观的利润。开标时发包方单独与李明进行了沟通，他们觉得李明所报出的投标价格是所有投标者中最低的，但从公司现有的情况和以往的经历来看，绿园公司不具备同时承包11个标段的条件，但李明坚持认为人员不够可以增加，设备不够可以租赁，最终发包方将3个标段承包给了绿园公司。

施工开始了，现场上一片混乱。由于绿园公司没有承建大型工程的经验，事先没有编制好详尽的施工方案，现场上靠李明与另外两个技术人员现场指挥，但新来的人员干着急不知道应该怎么干，新进的机械与施工人员配合总是出问题，原料供应上也出现了问题，不是人等料，就是料等人。半个月过去了，工程进度远低于预想的情况，李明决定再增加施工人员。就是亏本也要保证按期完工。但人员增加后，现场更乱了。在施工中，运载土方的车辆又碰伤了进行水泥浇注的职工，李明赶紧开车将伤员送往医院。这时甲方又打来电话，通知他项目中期质量检查不合格，有些工程需要返工。李明非常苦恼，他搞不明白为什么施工会搞成这样呢？

案例思考问题：

1.绿园公司是采取哪种方式取得该项工程？该种方式的工作程序是怎样做的？

2."施工开始了，现场上一片混乱"是什么原因造成的？李明此时是一个好的管理者吗？

3.施工中出现了人员受伤、工程质量不合格等问题，工程将如何进行下去？

第一节　园林施工管理概述

一、园林施工与园林施工管理

园林施工就是施工企业对已经完成计划和设计阶段的园林工程项目，根据工程要求，结合自身条件，采取规范的程序、先进的工程技术和现代科学管理手段，进行组织设计、实施工作准备、现场施工、竣工验收、交付使用等一系列工作的总称。园林施工不是单纯的栽植工程，而是一项与土木建筑、水电工程等项目协同工作的综合性工程，因而精心做好施工组织管理是施工的必需环节。

园林施工管理是以现代管理理论和方法为指导，结合园林艺术和园林工程的特点,在总结当今国内外园林工程建设施工组织与管理经验基础之上,形成的一门新的交叉性学科。它涉及学科门类较多,理论与实践结合,技术复杂多样,是一门理论性、技术性、综合性和实践性较强的学科。

二、园林施工的内容和特点

(一)园林施工的内容

园林施工的过程大致可以划分为 4 个方面,即招投标(确定施工方)、制定施工组织计划、工程建设实施和工程竣工验收。

1. 施工招投标

园林工程一般都是通过招标投标的方式来确定施工方。通常是由项目工程的发包方作为招标方,通过发布招标公告或者向一定数量的特定承包商发出招标邀请等方式发出招标采购的信息,提出建设项目的性质及质量、技术要求、竣工期,以及承包商的资格要求等招标条件,承包商作为投标方提供工程的报价及其他响应招标要求的条件,参加投标竞争。经招标方对各投标者的报价及其他的条件进行审查比较后,从中择优选定中标者,并与其签订施工合同。

2. 制定施工组织计划

施工组织计划是以工程设计文件为基础,根据已经批准的设计方案,由园林工程建设组织、设计部门进行园林工程项目建设程序必要的组织和设计工作。施工单位应根据建设单位提供的相关资料和图纸,以及调查掌握的施工现场条件,各种施工资源(人力、设备、材料、交通等)状况,结合本企业的特点,做好施工图预算和施工组织设计的编制等工作。并认真做好各项施工前的准备工作。制定园林工程建设组织计划的主要工作是进行工程建设项目的具体勘察,并据此再进行施工设计,确定施工方案,如现场分布、人力安排、施工机械使用、工程进度及物资准备等。

3. 工程建设施工

一切准备工作就绪后,施工企业应严格按照施工图、工程合同,以及工程质量、进度、安全等要求做好施工生产的安排,科学组织施工,认真搞好施工现场的组织管理,确保工程质量、进度、安全,提高工程建设的综合效益。

4. 工程竣工验收

园林工程建设完成后即进入工程竣工验收阶段。施工企业应该在现场实施阶段的后期就进行竣工验收的准备工作,并对完工的工程项目组织有关人员进行内部自检,发现问题及时纠正补充,力求达到合同要求。工程竣工后,应尽快召集有关单位根据设计要求和工程施工技术验收规范进行正式的竣工验收,对竣工验收中提出的一些问题及时纠正、补充后即可办理竣工与交付使用的手续。

(二)园林施工的特点

园林施工和其他工程施工相比有其突出的特点,主要体现在园林工程施工的目的是建设供人们游览、欣赏的游憩环境,形成优美的环境空间。它既包含一定的工程技术同时又是艺术创造,是山水、植物、建筑、地形等造园要素在特定境域内的艺术体现。园林工程要求将园林生物、园林艺术与市政工程融为一体,同时又要求工程结构的功能和园林环境相协调,在艺术性的要求下实现高度统一。同时园林施工的过程又具有很强的实践性,要变理想为现实、化平面为立体,施工者既要掌握工程的基本原理和技能,又熟练使用园林技术手法,才能建设出园林工程的精品。一般来说园林施工有以下特点:

1.生物性特征

植物是构成园林的最基本要素,现代园林中植物占有越来越大的比重,植物造景已经成为造园的主要手段。由于园林植物的种类繁多,品种习性差异较大,园林工程的立地条件又千差万别,而自然条件对园林植物栽培的影响较大,为了保证园林植物的成活和正常生长,达到预期的设计效果,栽植施工时就必须遵守一定的操作规程;养护中也必须符合其生长要求,这些就使得园林工程在具有一般工程的特性外又具有生物性特征。

2.艺术性特征

园林工程不仅仅是一种工程,更是一门艺术,具有明显的艺术性特征。园林艺术是一门综合性的艺术,涉及造型艺术、建筑艺术和绘画、雕刻、文学艺术等诸多艺术领域。要使园林工程产品符合设计要求,达到预期的效果,就不仅要按设计搞好工程设施和建筑物的施工,还要对园林植物讲究配置手法,造景技艺。各种园林设施和建筑物既要美观舒适,又要从整体上讲究空间协调,既要求有良好的整体景观,又要求其在层次上组织得错落有序。这些都需要采用特殊的艺术处理才能实现。随着人们文化品位和审美情趣的提高,缺乏艺术性的园林工程产品已不能成为合格的产品。

3.广泛性、复杂性和综合性特征

园林施工是一项综合性强、内容广泛、涉及部门较多的建筑工程。当前,园林的规模日趋大型化,特别是生态型园林更是如此。在园林工程建设中协同作业、多方配合已成为当今园林工程建设的总要求。另外,新技术、新材料、新工艺的广泛应用使得园林工程更加复杂化,也对园林施工提出了更高的要求。复杂的综合性园林施工项目往往涉及地貌的融合、地形的处理、自然景色的利用以及建筑、水景、给排水、电力供应、园路、假山、园林植物栽种、修剪与养护、艺术品点缀、环境保护等诸多方面的内容。在施工中又因不同的工序需要将工作面不断地转移,导致劳动资源也跟着转移,增大了施工的复杂性,这就要求施工中要具有全局观念才能做到有条不紊。而园林景观的多样性必然导致施工材料的多种多样。园林工程施工多为露天作业,且地域复杂多样,经常受到自然条件,如冰冻、降雨等影响,而树木、花卉的栽种与草坪的铺种又都是季节性很强的施工项目,只有统筹兼顾、综合考虑、合理安排才能搞好,否则成活率就会降低,或因生长不良而难以实现预想的目的。此外作为艺术品的园林工程产品,其艺术性又受多方面因子的影响,在施工中更要仔细地加以推敲。

4. 时代性特征

园林是随着社会的发展而发展的,在不同的社会背景条件下,总会产生具有鲜明时代特征的园林。尤其是园林建筑总是与当时的工程技术水平相适应的。随着人民生活水平的提高和人们对环境质量要求的不断提高,人们对园林的要求更加多样化,导致园林工程向多样化、现代化发展,工程的规模和内容越来越大,新技术、新材料、新科技、新时尚已深入到园林工程的各个领域。如集光、电、机、声为一体的大型音乐喷泉,传统的木结构园林建筑逐渐被钢筋混凝土仿古建筑所取代,形成了现代园林工程又一显著特征。

三、园林施工管理的内容

(一)工程管理

工程管理是园林施工管理中的基本工作,对于业主来说,工程管理的目的就是保证工程按预定期限和质量要求竣工并交付使用。对于施工方来说,就是要用最小的投入取得最好的效益。工程管理的重要指标是施工速度,为了提高施工速度,必须研究以下问题:首先,应选定能保证经济施工和质量要求的、具有实际可能的最佳工期。其次,要编制能满足工期、质量及经济性等条件的工程计划。第三,要进行合理的工程管理,随时分析施工进展情况并调整施工计划。在研究上述问题时,还必须考虑施工顺序、作业时间安排和作业量的均衡等问题。一般地说,加快施工速度就能够降低成本,但超过限度,成本反而增加。而且,施工进度过快也容易出现施工质量的下降和管理的疏漏。所以施工时应保持经济速度施工,并维持健康的经营管理状况。另外,施工中也会出现一些预料不到的障碍。因此,补充或修正工程进度表就显得很重要,当因故而被迫停工时,可以结合工程管理采取不违背合同条款的应变措施。

(二)质量管理

质量管理的目的是为了经济有效地建造出符合业主方要求的高质量的园林工程。施工中应该规定园林工程的质量特性,确定质量标准。施工时在现场确定作业标准量,测定和分析这些数据,并把相应数据加以研究运用。

园林质量管理要求在施工现场,参照施工说明书正确地掌握质量标准,进行质量检查。施工时必须根据质量标准进行生产管理,确保质量稳定,减少误差。同时,对施工中使用的材料也要进行质量管理,必须加强材料保管的管理工作,避免质量下降。无论检查什么材料,都要准备好合同书、施工说明书、图纸、检查申请、材料试验结果表、证明书等文件,并提供检查所必需的器具。在进行质量管理时,如施工方和业主方的意见不一致或产生疑义,应向监理机构说明,寻求解决问题的途径,对于查出的问题要立即处理。

(三)安全管理

安全管理的目的是杜绝劳动事故,创造井然有序的施工环境。安全管理的主要工作是在施工现场建立安全管理组织,制定安全管理计划,以便系统而有效地实施安全管理。安全管理的主要工作有以下几个方面:首先,确立安全管理组织并安排负责人,确立危险防范标准,进行安全教育,要求作业人员严格遵守各种操作的规章制度。其次,进行工程现场的安全活动,如进行日常教育和班前教育,鼓励佩戴安全带、戴安全帽等,明确紧急状态的应急预案,应对各种紧急情况等。第三,要采取各种工程的安全措施和防止公众伤害措施。施工现场应执行有关部门制定的防止土木工程伤害群众的规定,接受监督人员的指导,处理好交通管制以及日夜连续施工等问题。对通行道路、临时设施、挖掘作业、建设机械、脚手架、搬运、高空作业、电气等各种工程采取相应的安全措施。

(四)成本管理

园林是公共事业建设工程,业主方和施工方的目标是一致的,即经济、有效地建造出高质量的园林。为了在预定的工期内经济、有效地建造出高质量的园林作品,必须提高施工中的成本意识。业主方的成本意识体现在进行准确的计算,编制出准确可行的预算并准确的进行决算。编制决算需要准确掌握现场施工状态,各项目单价及作业天数等数据都要准确无误。施工方的成本意识体现在质量管理、工程管理、安全管理、劳务管理和成本管理一齐抓,在保证质量和工期的前提下,从合同所规定的工程价款中获得适当的利润。应该认识到,成本管理不是追逐利益的手段,但利润是成本管理的结果。

(五)劳务管理

项目施工负责人必须对本单位的职工进行恰当的劳务管理。对于转包单位也应给予指导和建议,促使转包单位同样实行恰当的劳务管理。

四、园林施工管理的作用

园林施工管理是以园林工程为对象的一系列管理过程。其核心内容是如何科学合理地安排好劳动力、材料、设备、资金和施工方法这5个主要的施工因素。根据园林施工的特点和要求,以先进的、科学的施工方法与合理的组织手段使人力和物力、时间和空间、技术和经济、计划和组织等诸多因素合理优化配置,从而保证按质量要求和预定工期完成施工任务。

园林工程施工组织设计是园林工程施工中的科学管理手段之一,是长期工程建设中实践经验的总结,是组织现场施工的基础。因此,编制科学的、切合实际的、可操作的园林工程施工组织设计,对指导现场施工、确保施工进度和工程质量、降低成本等都具有重要意义。

园林工程施工组织设计,首先要符合园林工程的设计要求,体现园林工程的特点,对现场施工具有指导性。在此基础上,要充分考虑施工的具体情况,完成以下几部分内容:首先,依据施工条件拟订合理的施工方案,确定施工顺序、施工方法、劳动组织及技术措施等。其次,要按施工进度搞好材料、机具、劳动力等资源配置。第三,要根据实际情况,布置临时设施、材料堆置及进场实施。最后,应通过组织设计协调好各方面的关系,统筹安排各个施工环节,做好必要的准备和及时采取相应的措施,确保工程顺利进行。

五、园林施工管理的原则

园林施工管理要做到科学、实用,就要求在管理中应不断总结吸收工程施工中的成功经验,在管理过程中要遵循施工的一般规律和科学的理论、方法,在管理方法上应集思广益,逐步完善。一般来说,园林施工管理应遵循下列基本原则:

(一)遵循国家法规、政策的原则

施工管理受到国家有关政策、法规的很大影响,在管理中要分析这些政策对工程施工有哪些影响,如合同法、环境保护法、森林法、园林绿化管理条例、环境卫生实施细则、自然保护法及各种设计规范等,都须要认真遵守。在工程施工承包合同及按照经济合同法而形成的专业性合同中,都明确了双方的权利义务,特别是明确的工程期限、工程质量保证等,在管理时应予以足够重视,以保证施工顺利进行,按时交付使用。

(二)符合园林工程特点,体现园林综合艺术的原则

园林工程大多是综合性工程,其艺术特色需要随着时间的推移才慢慢发挥和体现出来。因此,组织施工时要密切配合设计图纸,要符合原设计要求,不得随意

更改设计内容。同时还应对施工中可能出现的其他情况拟订防范措施。只有吃透图纸，熟识造园手法，采取针对性措施，编制施工计划才能符合施工要求。

（三）采用先进的施工技术，合理选择施工方案的原则

园林工程施工中，要求提高劳动生产率、缩短工期、保证工程质量、降低施工成本、减少损耗。而要实现上述要求关键是采用先进的施工技术、合理选择施工方案以及利用科学的组织方法。因此，应根据工程的实际情况，企业现有的技术力量、经济条件，吸纳先进的施工技术。目前园林施工中采用的先进技术多应用于设计和材料等方面。这些新材料、新技术的选择要切合实际，不得生搬硬套，要以获得最优指标为目的，做到施工组织在技术上是先进的，经济上是合理的，操作上是安全可行的，指标上是优质高标准的。

施工方案应进行技术经济分析，要注意在不同的施工条件下拟订不同的施工方案，努力实现所选择的施工方法和施工机械最优，施工进度和施工成本最优，劳动资源组织最优，施工现场调度组织最优和施工现场平面最优。

（四）周密而合理的施工计划、加强成本核算，做到均衡施工的原则

施工计划是施工管理中极其重要的组成部分。施工计划安排得好能加快施工进度，保证工程质量，有利于各项施工环节的把关，消除窝工、停工等现象。周密而合理的施工计划，应注意施工顺序的安排，避免工序重复或交叉。要按施工规律配置工程时间和空间上的次序，做到相互促进，紧密搭接。施工方式上可视实际需要适当组织交叉施工或平行施工，以加快速度。编制方法可采用条形图和网络计划技术。要考虑施工的季节性，特别是雨季或冬季的施工条件。计划中还要正确反映临时设施设置及各种物资材料、设备的供应情况，以节约为原则，充分利用固有设施，减少临时性设施的投入。正确合理的经济核算，强化成本意识。所有这些都是为了保证施工计划的合理有效，使施工保持连续均衡。

（五）确保施工质量和施工安全的原则

施工质量直接影响工程质量，必须引起高度重视。施工管理中应针对工程的实际情况，制定出切实可行的保证措施。园林工程是环境艺术工程，设计者呕心沥血的艺术创造，完全凭借施工手段来体现。为此，要求施工必须一丝不苟，保质保量，并进行二度创作，使作品更具艺术魅力。

"安全为了生产，生产必须安全"，施工中必须切实注意安全，要制定施工安全操作规程及注意事项，搞好安全教育，加强安全生产意识，采取有效措施作为保证。同时应根据需要配备消防设备，做好防范工作。

第二节　园林招投标管理

一、招标投标基本知识

1. 招标投标

招标投标是在进行工程建设项目发包与承包、大宗货物的买卖、服务项目的采购与提供时所经常采用的一种交易方式。由于园林施工的项目造价一般都比较高，且内容复杂，施工周期长，所以园林施工一般都采取招标投标来确定施工方。在进行招标投标时，通常是项目工程的发包方作为招标方，通过发布招标公告或者向一定数量的特定承包商发出招标邀请等方式发出招标的信息，提出所需建设项目的性质及其数量、质量、技术要求、竣工期，以及承包商的资格要求等招标采购条件，表明将选择最能够满足建设要求的供应商、承包商，并与之签订采购合同的意向，由各投标方提供工程的报价及其他相应招标要求的条件参加投标竞争。招标方对各投标者的报价及其他的条件进行审查比较后，从中择优选定中标者，并与其签订采购合同。

2. 投标书的结构

由于大部分的园林工程是通过招标确定施工单位的，尤其是大中型项目。因此，企业通常需要通过投标才有可能获得园林建设施工项目。投标者应仔细阅读招标公告，并填写投标书。投标书一般包括投标方授权代表签署的投标函，说明投标的具体内容和总报价，并承诺遵守招标程序和各项责任、义务，确认在规定的投标有效期内投标内容所具有的约束力。投标书还包括技术方案和投标价目表等内容。

3. 招标的形式

招标通常有 4 种形式，即公开招标、邀请招标、两阶段招标和议标。园林施工项目招标主要采用公开招标和邀请招标。

（1）公开招标　是指招标人以招标公告的方式邀请不特定的企业投标。即招标人按照法定程序发布招标广告，凡有兴趣并符合公告要求的企业，不受地域和数量的限制均可以申请投标，经过资格审查合格后，按规定时间参与投标竞争。

（2）邀请招标　是指招标人以投标邀请书的方式邀请特定的企业投标。这种招标方式是由招标人员根据承包者的资信和业绩，选择一定数量的企业，向其发出投标邀请书，邀请他们参加投标竞争。招标人应向 3 个以上具备承担项目能力的、资信良好的特定企业发出投标邀请书。

（3）两阶段投标　也称两步招标法，是无限竞争性招标和有限竞争性招标相结合的一种招标方式，一般适用于内容复杂的大型工程项目。两阶段投标通常的做法是：先通过公开招标，邀请投标人提交根据概念设计或性能规格编制的不带报价的技术建议书，进行资格预审和技术方案比较，经过开标、评标淘汰不合格者。然后由合格的承包者提交最终的技术建议书和带报价的投标文件，再从中选择业主认为理想的投标人并与之签订合同。这种招标方式中的第1阶段不涉及报价问题，称为非价格竞争；第2阶段才进入关键性的价格竞争。

（4）议标　也叫做非竞争性招标。这种招标方式的做法是业主邀请一家自己认为理想的承包者直接进行协商谈判，通常不进行资格预审，不需开标。严格来说，这并不是一种招标方式，而是一种合同谈判。但是谈判的双方仍受到市场价格及国际惯例的制约。议标常用于总价较低、工期较紧、专业性较强或由于保密而不适合招标的项目。

二、项目招标

园林施工项目的招标就是业主方选择施工方的过程，主要包括以下步骤：

1. 发布招标公告或投标邀请书

招标公告是招标人以公开方式邀请不特定的潜在投标人就某一项目进行投标的明确意思表示，这是公开招标的第一步。依法必须进行招标项目的招标公告应当通过国家指定的报刊、信息网络或其他媒介发布。招标广告应包括以下主要内容：招标人或招标代理机构的名称、地址、电话、联系人，招标项目的性质，招标项目的数量，招标项目的实施地点，招标项目的实施时间、质量要求，获取招标文件的方法，对投标人的资格要求，报送投标书的时间、地点和截止日期，招标的资金来源，招标工作安排等。

投标邀请书是法定招标项目按规定经批准可采用邀请招标方式时，招标人以邀请书的形式邀请事先选定的特定的潜在投标人就某一项目进行投标的明确意思表示。投标邀请书的内容与公开招标的招标公告内容一致。

2. 资格预审

资格预审是招标人对投标人的合法性和资格进行评审，以便淘汰在能力上不合格的潜在投标人。目前国内常用的评价方法是首先淘汰报送资料不全的潜在投标者，然后根据工程特点确定评价项目、标准，淘汰不符合投标标准的投标者。如果投标人数目较多，招标人可以确定项目标准评分，对有关内容逐一评分，然后根据评分结果从高分到低分确定投标人名单，并向所有合格单位发出资格预审合格通知书，申请单位应在收到通知书后以书面形式予以确认。

招标单位根据工程具体情况和要求编写资格预审文件,并报招标管理机构审查同意后刊登资格预审通告,按规定日期、时间发放资格预审文件。资格预审文件应包括以下内容:投标单位与机构情况,近3年完成工程的情况,目前正在履行的合同情况,过去2年经审计过的财务报表,下一年度的财务预测报告,施工机械设备情况,各种奖励或处罚,与本合同资格预审有关的其他资料。

3. 发售招标文件

收到允许参加投标通知的潜在投标人,按招标公告或资格预审合格通知书规定的时间向招标人购买或领取招标文件。不进行资格预审的项目直接将招标文件发售给愿意参加投标的单位。投标人收到招标书后,在规定时间内以书面形式向招标人提出有关疑问或需澄清的问题。

4. 投标预备会

投标预备会的目的在于澄清招标文件中的疑问,解答投标人对招标文件和现场踏勘所提出的疑问。会议主要内容是:对图纸或有关问题交底,澄清招标文件的疑问或补充修改招标文件,解答投标人提出的疑问,通知有关事宜。

5. 受理投标文件

在投标截止时间前,招标人应做好投标文件受理工作,接收投标文件,对文件的密封标志签收并出具书面证明,书面证明中应包括签收的时间、地点、具体签收人、签收的件数、密封状况和送达人签字。招标单位要遵守有关规定,妥善保管投标文件。

6. 工程标底价格的报审

工程施工招标的标底价格在开标前报招标管理机构审定,招标管理机构在规定的时间内完成标底价格的审定工作。标低价格审定完成后应及时封存,直至开标。所有接触标底价格的人员开标之前都有保密责任,不得泄露标底价格。

7. 开标

开标就是提交投标文件截止后,招标人在预先规定的时间将各投标人的投标文件正式启封揭晓的过程,开标、评标就是选择中标人。开标方式可以分成秘密开标和公开开标。公开开标是目前招标投标中的主要方式。公开开标一般按以下程序进行:主持人按招标文件中确定的时间停止接收投标文件,开始开标,宣布开标人员名单,确认投标人的法定代表人或授权代表人是否在场,投标人或其代表应该在会议签到簿上签名以证明其在场。宣布投标文件开启顺序,依开标顺序先检查投标文件密封是否完好再启封投标文件。经检查密封情况完好的投标文件,由工作人员当众逐一启封,当场高声宣读各投标人的名称、投标价格和投标文件的其他主要内容,这就是唱标。这主要是为了保证投标人及其他参加人了解所有投标人的投标情况,增加开标程序的透明度。唱标时应做好记录,同时由投标人代表签字确认,对上述工作进行记录,存档备查。开标会议上一般不允许提问或做任何解释,但允许记录或录音。开标后,不得要求也不允许对投标进行实质性修改。唱标完毕开标会议即结束。

一般情况下,在开标时招标人对有下列情况之一的投标文件可以拒绝或按无效标处理:投标文件密封不符合招标文件要求的,逾期送达的,投标人法定代表人或授权代表人未参加开标会议的,未按招标文件规定加盖单位公章和法定代表人(或其授权人)的签字(或印鉴)的,招标文件规定不得标明投标人名称,但投标文件上有投标人名称或有任何可能的透露投标人名称的标记的。

8.评标

投标文件一经开拆,即转送评标委员会进行评价,以选择最有利的投标者,这一步骤就是评标。评标工作一般按以下程序进行:招标人宣布评标委员会成员名单并确定主任委员,招标人宣布有关评标纪律,必要时在主任委员主持下成立有关专业组和工作组,听取招标人介绍招标文件,组织评标人员学习评标标准和方法。提出需澄清的问题,以书面形式送达投标人澄清问题。投标人应对需要澄清的问题以书面形式送达评标委员会。评标委员会按招标文件确定的评标标准和方法,对投标文件进行评审,确定中标候选人推荐顺序,提出评标工作报告,并报招标人。

经初步评审合格的投标文件,评标委员会根据招标文件确定的评标标准和方法,对其商务部分和技术部分作进一步评审、比较。商务评审的目的在于从成本、财务和经济分析等方面评定投标报价的合理性和可靠性,并评价授标给各投标人后的不同经济效果。技术评审的目的在于确认备选的中标人完成本招标项目的技术能力以及所提方案的可靠性。

9.中标

中标是招标人根据评价报告和推荐的中标候选人名单最后选定1名投标人为中标者的过程。

10.签订合同

招标单位与中标的投标单位在规定的期限内签订合同。在约定的日期、时间和地点根据《中华人民共和国经济合同法》及其相关规定,依据招标文件,投标文件双方签订施工合同。

三、项目投标

(一)投标的前期准备

参与投标竞争是一项十分复杂并且充满风险的工作,因而园林企业正式参加投标之前,需要进行一系列的准备工作。投标的前期工作包括:成立投标工作组织、参加投标资格预审、研究招标文件、参加标前会议、收集相关信息和调查研究等。

1. 成立投标的组织

园林企业应设置专门的工作机构和人员对投标的全部活动过程加以组织和管理。平时多掌握市场动态信息,积累有关资料,遇有招标项目时办理参加投标的手续,研究投标策略,编制投标文件。投标组织应该由经营管理类、专业技术类和法律类等人员组成。为了保守单位对外投标的秘密,投标工作机构人员不宜过多,尤其是最后决策的核心人员更应严格限制。

2. 参加投标资格预审

参加投标资格预审的主要工作是准备资格预审资料并提交。资格预审内容一般包括投标申请人概况、经验与信誉、财务能力、人员能力和设备5大方面。不同招标项目资格预审表的样式和内容也有所区别,但一般都包括投标人身份证明、组织机构和业务范围表,投标人在以往若干年内从事过的类似项目经历(经验)表,投标人的财务能力说明表,投标人各类人员表以及拟派往项目的主要技术、管理人员表,投标人所拥有的设备以及为拟投标项目所投入的设备表,项目分包及分包人员表,与本项目资格预审有关的其他资料等。

3. 研究招标文件

投标前要认真研究招标文件,特别要重点研究以下内容:研究投标者须知,重点了解招标项目的资金来源,招标项目资金的提供机构,建设养护资金是否落实。了解资金提供机构关于资金使用的有关规定。了解招标文件对投标担保形式、担保机构、担保数额和担保有效期的规定。了解投标文件送达的时限、方式、份数。了解招标人是否允许对招标文件所提出的方案进行更改、调整、建议。进行合同分析,投标单位应注意对合同背景进行分析,分析承包方式、合同计价方式、合同的风险因素等。除了以上内容以外,还要研究技术规定、分析工程量清单、分析评标办法等。

4. 调查研究,勘查现场

投标人要广泛收集与招标项目相关的各种信息,应该通过勘查施工现场、查阅资料、参加有关会议、走访同行专家和相关管理机构等多种形式开展信息汇集工作,为投标决策提供必要的依据。调查的内容主要包括施工现场自然条件调查、施工条件调查、施工辅助条件调查、生产要素市场调查、潜在的协作单位调查、招标单位及关联单位情况调查、对竞争对手的调查、项目所在地有关机构情况调查、业主及项目情况调查等。

(二)投标决策

1.判断是否投标的方法

投标决策主要包括决定是否参加投标,投标时投什么性质的标,投标中采用什么样的策略和技巧。

决定是否参与某项目的投标时,首先要考虑本企业当前的经营状况和参加投标的目的,其次要权衡自身是否具备参加某项目投标的条件。判断是否应参与投标有许多分析方法,专家评分法是在进行投标决策中经常采用的方法。利用专家评分法进行投标决策首先应按照所确定的指标对本企业完成该项目的相对重要程度分别确定权数。然后用各项指标对投标项目进行衡量,一般可将标准划分为好、较好、一般、较差、差5个等级,各等级赋予定量数值打分。将每项指标权数与等级分相乘,求出该指标得分。全部指标得分之和即为此项目投标机会总分。最后将总得分与过去其他投标情况进行比较或预先确定的准备接受的最低分数相比较,来确定是否参加投标。

2.报价决策

报价应当根据招标文件的要求和招标项目的具体特点,结合市场情况和自身竞争实力进行决策,但不得以低于成本的报价竞标。投标报价实际是投标人对承揽招标项目所要发生的各种费用的计算,包括单价分析、计算成本、确定利润方针,最后确定标价。

3.投标策略

投标策略是指企业在投标竞争中的指导思想及参与投标竞争的方式和手段。由于招标内容不同、企业性质不同,所采取的投标策略也不相同。常见投标策略有以下几种:

(1)做好施工组织设计,采取先进的工艺技术和机械设备,优选各种植物及其他造景材料,合理安排施工进度,选择可靠的分包单位,力求最大限度地降低工程成本,以技术与管理优势取胜。

(2)尽量采用新技术、新工艺、新材料、新设备、新施工方案,以降低工程造价,提高施工方案的科学性赢得投标成功。

(3)投标报价是投标策略的关键,在保证企业相应利润的前提下,实事求是地以低报价取胜。

(4)为争取未来的市场空间,宁可目前少赢利或不赢利,以成本报价在招标中获胜,为今后占领市场打下基础。

(三)报价

报价是投标全过程的核心工作,对能否中标、能否盈利、盈利多少起决定性作用。要做出科学有效的报价必须完成以下工作：

1.报价准备

报价前要了解工程内容、工期要求、技术要求，熟悉施工方案，核算工程量。根据造价部门统一制定的概（预）算定额为依据进行投标报价。确定现场经费，间接费用和预期利润率，留有一定的伸缩余地。

2.报价内容

（1）直接工程费　包括3方面内容。一是人工费、材料费和施工机械使用费，是施工过程中耗费的，构成工程实体并有助于工程形成的多项费用。二是施工过程中发生的其他费用，如冬季、雨季、夜间施工增加费、二次搬运费等。当然，具体到单位工程来讲，可能发生，也可能不发生，需根据现场施工条件而定。三是现场经费，指为施工准备、组织施工生产和管理所需的费用。

（2）间接费　指虽不直接由施工工艺过程所引起，但却与工程总体条件有关的园林施工企业为组织施工和进行经营管理以及间接为园林施工生产服务的各项费用。

（3）计划利润　指按规定应计入园林建设工程造价的利润。

（4）税金　按税法规定应计入园林工程造价内的营业税、城建税和教育附加费。

3.报价决策

报价决策首先是计算基础标价，即根据工程量清单和报价项目单价表进行初步测算，对有些单价可做适当调整，形成基础报价；其次，要进行风险预测和盈亏分析；第三，在前2项工作的基本上，最后测算可能的最高标价和最低标价。

基础标价、测算的最低标价和测算的最高标价按下列公式计算：

$$基础标价 = \sum 报价项目 \times 单价$$

$$最低标价 = 基础标价 - (估计盈利 \times 修正系数)$$

$$最高标价 = 基础标价 + (风险损失 \times 修正系数)$$

一般情况下各种盈利因素或风险损失很少在一个工程中100％出现，所以应加修正系数0.5～0.7。

（四）编制标书

园林施工企业作出报价决定后即进行标书的编制。投标书一般包括：标书编制说明、总报价书、单项工程报价书、工程量清单和单价表、施工技术措施和总体布置以及施工进度计划图表、主要材料规格要求、厂家、价格、一览表等。投标书没有统一的格式，由地方招标管理部门印制，并由招标单位发给投标单位使用。标书投

送时应注意以下几点:

(1)标书编制好后,要由负责人签署意见,并按规定分装、密封,派专人在投标截至日前送达指定地点,并取得收据。通过邮寄送达时,一定要考虑路途的时间。

(2)投送标书时须将招标文件,包括图纸、技术规范、合同条件等全部交还招标的建设单位,切勿丢失。

(3)将报价的全部计算分析资料加以整理汇编,归档备查。

四、合同签约

合同是指项目招标者与中标者为完成项目目标而达成的明确的相互权利和义务关系的具有法律效力的协议。项目合同大致有:项目总承包合同、项目分包合同、转包合同、劳务分包合同、劳务合同、联合承包合同、采购合同等。

(一)合同的内容

园林绿化工程施工合同一般包括以下主要内容:

(1)工程范围 具体包括工程名称、工程地点、工程规模、结构特征、资金来源、投资总额、工程的批准文号等。

(2)建设工期 即整个施工工程从开工至竣工所经历的时间。开工日期通常是指建设项目或单项工程开始施工的日期。竣工日期是指全部完成约定的建设项目并达到竣工验收标准的日期。

(3)中间交工工程的开工和竣工日期 在签订分包合同时,在保证总工期的前提下,对中间交工项目明确具体地规定开、竣工日期。

(4)工程质量要求 工程质量应当达到有关工程文件的规定,包括工程的适用、安全、经济、美观等各项特性。

(5)工程造价 以招标、投标方式签订的合同,工程造价应以中标时确定的中标价格为准,也可以在合同中明确规定工程价款的计算原则和计算标准。

(6)技术资料交付时间。

(7)材料和设备供应责任。

(8)拨款和结算方式 工程价款可预付、中间付,也可以竣工后付,皆由双方自行协商确定。

(9)竣工验收 工程验收应以施工图纸、施工说明书、施工技术等文件为依据。

(10)质量保修范围和质量保证期 双方当事人在约定质量保证条款时,应注意质量保修范围和期限等应当与工程的性质相适应,范围不能过小,期限不能过短。

（二）合同的签约

经过实质性谈判，双方当事人就合同的基本条款逐步达成了一致意见。书面合同形成后，当事人各方就应及时签署予以确认，签署时一般要以法人的全称和签署人的姓名、职务作为标准。

（三）合同的管理

合同的管理包括签约前的审批、合同的登记和进程管理。签约前的审批在合同正式签订以前，要认真审查签订合同的对象、商品、成交条件的内容以及合同的合法性、有效性等。通过审查复核要做到不签订可能无法执行的合同，不签订留有隐患的合同，不签订不符合法律条例及国际惯例的合同，不签订权利义务不对等的合同，不签订责任条款不明确的合同，不签订无约束力的合同。

合同登记和进程管理要求从签订合同开始对合同的一切活动及履约过程进行登记。包括合同本身主要交易条款的记载，成交直到结算的进程记录，掌握每一笔合同执行的全过程。合同的登记从收到对方签字的正本合同开始，以后有关合同的变更、撤销、解除、终止以及合同的争议、调解、仲裁、索赔、理赔都要予以记录。

第三节　园林施工进度与工期管理

园林施工都有一定的工期要求，对园林的施工进度和工期进行管理是保证园林按预定的时间交付使用的关键。园林施工进度管理是指施工方根据合同规定的工期要求编制施工进度计划，并以此作为进度管理的目标，对施工的全过程经常进行检查、对照、分析，及时发现实施中的偏差，采取有效措施，调整园林工程建设施工进度计划，保证工程按期完成的各项活动。园林施工进度与工期的管理主要包括设计施工程序、编制施工进度方案和检查方案的执行情况。园林工程建设施工进度计划是园林施工管理中非常重要的环节，其内容编制是否翔实与全面，是否科学合理，直接影响到园林工程施工工期的长短、质量的好坏以及施工程序的衔接。因此编制园林工程建设施工进度计划尤为重要。

一、园林施工程序

园林施工程序是园林工程在施工过程中应遵循的先后顺序，它是施工管理的重要依据。在园林工程施工过程中按施工程序进行施工，对提高施工速度，保证施工质量和施工安全，降低施工成本具有重要作用。园林工程的施工程序一般可分为施工前准备阶段和现场施工阶段两大部分。

（一）施工前准备阶段

园林工程各工序、工种在施工过程中，首先要有一个施工准备期。施工准备期内，施工人员的主要任务是领会图纸设计的意图、掌握工程特点、了解工程质量要求、熟悉施工现场、合理安排施工力量，为顺利完成现场各项施工任务做好准备工作。施工前准备工作一般包括技术准备、生产准备、施工现场准备、后勤保障准备4个方面的工作。

1. 技术准备

进行技术准备时施工人员首先要认真阅读施工图纸等技术资料，体会并了解设计意图。在此基础上对施工现场状况进行踏勘，结合施工现场平面图了解施工工地的现状，熟悉施工组织设计内容，了解建设双方技术交底和预算的内容，领会工地的施工规范、安全措施、岗位职责、管理条例等。技术准备阶段还要求掌握本次施工中的技术要点和技术改进方向。

2. 生产准备

生产准备阶段要求将施工中所需的各种材料、构配件、施工机具等要按计划组织到位，并要做好验收、入库登记等工作。要组织施工机械进场，并进行安装调试工作。制定各类工程建设过程中所需的物资供应计划。根据工程规模、技术要求及施工期限等，合理组织施工队伍，选定劳动定额，落实岗位责任，建立劳动组织。生产准备中还要做好劳动力调配计划安排工作，特别是在采用平行施工、交叉施工或季节性较强的集中性施工期时，更应重视劳务的配备计划、避免发生窝工浪费和因缺少必要的工人而耽误工期的现象。

3. 施工现场的准备

施工现场是开展各项施工活动的场所，合适、科学、有序地布置施工现场是保证施工顺利进行的重要条件，施工现场的准备工作主要内容有：界定施工范围，进行必要的管线改道，保护名木古树及历史文化遗迹。进行施工现场工程测量，设置工程的平面控制点和高程控制点。做好施工现场的通水、通路、通电、通信息和平整场地工作，实现四通一平，施工用临时道路选线应以不妨碍工程施工为标准，结合设计园路、地质等因素综合确定。施工现场的给水排水、电力等应能满足工程施工的需要。做好季节性施工的准备，场地平整时要与原设计图的土方平衡相结合，以减少工程浪费，要做好拆除清理地上、地下障碍物和建设用材料堆放点的设置安排等工作。搭设临时设施，如施工用的仓库、办公室、宿舍、食堂、临时抽水泵站、混凝土搅拌站、材料堆放地等。在修建临时设施时应遵循节约够用，方便施工的原则。

4.施工后勤保障工作

后勤工作是保证一线施工顺利进行的重要环节,也是施工前准备工作的重要内容之一。施工现场应配套简易、必要的后勤设施,如医疗点、安全值班室、文化娱乐室等。做好劳动保护工作,强化安全意识,搞好现场防火工作等。

(二)现场施工阶段

现场施工各项准备工作就绪后,即进入现场施工阶段。由于园林工程的类型繁多,涉及的工程种类多且要求高,因而对现场各工种、各工序施工提出了各自不同的要求,在现场施工中应注意以下几方面:严格执行施工管理人员对质量、进度、安全的要求,确保各项措施在施工过程中得以贯彻落实。严格执行各有关工种的施工规程,确保各工种的技术措施的落实。不得随意改变,更不能混淆工种施工。严格按照施工组织设计和施工图进行施工安排,不可随意更改。如确需更改时,则必须经建设双方共同研究并以正式的施工文件形式决定后方可实施。严格执行现场施工中的各类变更的请示、批准、验收、签字的规定,不得私自变更和未经甲方检查、验收、签字而进入下一工序。严格执行各工序间的检查、验收、交接手续的签字手续的要求,尽早发现施工中的问题,及时纠正,以免造成大的损失。验收、签字的文字材料要妥善保管,以作为竣工验收和决算的原始依据。

二、园林施工进度计划编制原则和依据

(一)园林施工进度计划编制原则

园林施工综合性强,具体的施工作业组织中应有合理的时间和空间组合,各分项工程间必须相互协调并衔接,因此必须制定详细、清晰、易操作的作业计划。编制园林施工进度计划时,要综合各方面因素,遵循一定的原则,确保计划的合理性。

1.集中力量保证重点工序施工的原则

工程施工应抓重点工序,做到先重点后一般,特别是在大型园林项目施工更要集中主要力量搞好重点项目的施工。此外,应有完成一处、开放一处的施工意识。避免全园开花、战线过长、劳力分散,在保证工作面安全条件下,适当缩小工作面、加快施工速度是计划的关键之处。

2.实事求是、量力而行的原则

编制施工计划时应充分考虑自身的技术力量、劳力情况及施工条件,做到制定的指标切合实际,不过分超前,又要留有余地,各项施工指标以量力而行为基本的制定原则。

3.编制中确定技术措施的原则

编制作业计划除作业量、用工、用料、进度及监控指标外,还要制定与之相关的

技术措施。所定措施要具体可行,在制定措施时要听取有关人员的意见,需要采取新的措施时,要迅速落实,不得拖延,以免造成浪费。

(二)园林工程建设施工进度计划的制定依据

(1)相应的年度计划、季度计划,上级主管部门下达的各项指标及关键工程(或工序)的进度计划等。

(2)多年来基层施工管理的经验,尤其是资源调配及进度控制的成功经验。

(3)上月计划完成情况。主要分析施工进度、材料供应、机具选用、劳力调度及出现的具体问题。

(4)各种先进合理的计划定额指标,诸如劳动定额、物资材料消耗定额、物资储备定额、物资占用定额、费用开支定额、设备利用定额等。

园林工程施工作业计划的编制因工程条件和施工单位的习惯、管理经验的差异而有所不同。计划内容也有繁简之分。计划编制时,要注意雨天或雪雾天等灾害性天气影响,适当留有余地。

三、施工计划编制

园林施工内容复杂,项目较多,为使施工任务保质保量的有序进行,就必须制定科学合理的施工计划。施工计划应立足于经济效益,减少不必要的消耗,设计出最合理的工期。施工计划中的关键是施工进度计划。施工进度计划应以最低施工成本为前提合理安排施工顺序和工程进度,保证在预定工期内完成施工任务。施工进度计划的主要作用是全面控制施工进度,为编制基层作业计划及各种材料供应计划提供依据。园林施工进度表有条形图、坐标图、网络图等,这几种进度表各有利弊,应根据项目情况选择合适工程进度表。

编制施工进度计划首先要对工程项目进行分类并确定工程量,然后计算劳动量和机械台班数,在此基础上确定合理的工期。分析解决工程间的相互衔接问题,编制施工进度,按施工进度提出劳动力、材料及机具的需要计划。根据上述编制步骤,将计算出的各因子填入施工进度计划中,绘成条形图即成为最常见的施工进度计划。条形图由两部分组成,第1部分是工程量、人工、机械的计算数量;第2部分是用线段表达施工进度的图表,图中可清晰地表明各项工程的衔接关系。

(一)工程项目分类

工程项目分类是将工程按施工内容不同分别归类。分类时视实际情况需要而定,宜简则简,但不得疏漏,着重于关键工序。常见园林施工项目有:准备临时设施工程、平整建筑用地工程、基础工程、模板工程、混凝土工程、土方工程、给水工程、排水工程、防水工程、安装工程、地面工程、抹灰工程、瓷砖工程、脚手架工程、木工工程、油饰工程、供电工程、灯饰工程、掇山工程、栽植整地工程、栽植工程、收尾工程等。

在一般的园林施工中,园林工程项目常被简单地分为:土方工程、基础工程、砌筑工程、混凝土及钢筋混凝土工程、地面工程、抹灰工程、园林路灯工程、假山及塑山工程、园路及园桥工程、园林小品工程、给排水工程及管线工程等。

(二)计算工程量

按施工图和工程计算方法逐项计算求得,并应注意工程量单位的一致。

(三)计算劳动量和机械台班量

计算劳动量和机械台班量:

$$某项工程劳动量 = 该工程的工作量/该工程的产量定额$$
$$(或等于该项工程的工程量 \times 时间)$$
$$时间定额 = 1/产量定额(各种定额参考各地的施工定额手册)$$
$$需要机械台班量 = 工程量/机械产量(或等于工程量 \times 机械时间定额)$$

(四)确定工期

$$所需工期 = 工程的劳动量(工日)/工程每天工作的人数$$

工程项目的合理工期应满足最小劳动组合、最小工作面和最适宜的工作人数3个条件。最小劳动组合是指明某个工序正常安全施工时的合理组合人数。最小工作面是指每个工作人员或班组进行施工时有足够的工作面,并能充分发挥劳动者潜能确保安全施工时的作业面积,例如,土方工程中人工挖土最佳作业面积每人$4 \sim 6 \ m^2$。最适宜的工作人数即最可能安排的人数。在一定工作面范围内,依靠增加施工人数来缩短工期是有限度的,但采用轮班制作业形式可达到缩短工期的目的。

(五)编制进度计划

编制施工进度计划应使各施工段紧密衔接并考虑缩短工程总工期。为此,应分清主次,抓住关键工序。首先分析消耗劳动力和工时最多的工序。如喷水池的池底、池壁工程,园路的基础和路面装饰工程等。待确定主导工序后,其他工序适当配合、穿插或平行作业,做到作业的连续性、均衡性、衔接性。

园林工程施工组织设计要求合理安排施工顺序和施工进度计划,用以控制施工进度与施工组织。目前,表示工程计划的方法最为常见的是条形图法、坐标图和网络图3种。本章只介绍用条形图法进行园林工程建设施工组织。条形图也称横道图、横线图。它简单实用、易于掌握,在绿地项目施工中得到广泛应用。常见的有作业顺序表和详细进度表两种。编制条形图进度计划要确定工程量、施工顺序、最佳工期以及工序或工作的天数、衔接关系等。

　　编好进度计划初稿后应认真检查调整,看看是否满足总工期,衔接是否合理,劳动力、机械及材料能否满足要求。如计划需要调整时,可通过改变工程工期或各工序开始和结束的时间等方法调整。

　　(六)落实劳动力、材料、机具的需要量计划

　　施工计划编制后即可落实劳动资源的配置。组织劳动力,调配各种材料和机具并确定劳动力、材料、机械进场时间表。

四、施工进度表编制方法

　　详细进度表是最普遍、应用最广的条形图进度计划表,经常用于各种园林的施工管理中,通常所说的条形图就是指施工详细进度表。

　　详细进度计划是由两部分组成:以工种(或工序、分项工程)为纵坐标,包括工程量、各工种工期、定额及劳动量等指标;以工期为横坐标,通过线框或线条表示工程进度。

　　(1)确定工序(或工程项目、工种)。一般要按施工顺序,作业衔接客观次序排列,可组织平行作业,但最好不安排交叉作业。项目不得疏漏也不得重复。

　　(2)根据工程量和相关定额及必需的劳动力,加以综合分析,确定各工序(或工种、项目)的工期。确定工期时可视实际情况酌加机动时间,但要满足工程总工期要求。

　　(3)用线框在相应栏目内按时间起止期限绘成图表,需要清晰准确。

　　(4)清绘完毕后,要认真检查,看是否满足总工期需要。能否清楚看出时间进度和应完成的任务指标等。见表 9-1 所示。

表 9-1　绿地铺草工程条形图进步计划表

工种	单位	数量	开工日	完工日	工程进度(天)						
					0	5	10	15	20	25	30
准备工作	组	1	4 月 1 日	4 月 5 日	___						
定点	组	1	4 月 5 日	4 月 10 日		___					
土山工程	m³	5 000	4 月 10 日	4 月 15 日			___				
种植工程	株	450	4 月 15 日	4 月 24 日				___	___		
草坪种植	m³	900	4 月 24 日	4 月 28 日						___	
收尾	队	1	4 月 28 日	4 月 30 日							___

表 9-1 是某绿地铺草工程的作业顺序,它清楚地反映了各工序的实际情况,对作业量比率一目了然,便于实际操作。

五、园林施工进度计划的实施管理

(一)影响施工项目进度的因素

影响施工进度的因素有多种,经常遇到的有如下 3 种因素:

1. 相关单位的影响

影响施工的外部相关单位很多,它们对项目施工活动的密切配合与支持是保证项目施工按期顺利进行的必要条件,如果其中任何一个单位,在某一个环节上发生失误或配合不够,都可能影响施工进度。如材料供应、运输、供水、供电、投资部门和分包单位等没有如约履行合同规定的时间要求或质量数量要求,设计单位图纸提供不及时或设计错误,建设单位要求设计变更、增减工程量等情况都将会使进度、工期拖后或停顿。对于这类原因,施工方应以合同形式明确双方协作配合要求,在法律的保护和约束下,尽量避免或减少损失。而对于向政府主管部门、职能部门进行申报、审批、签证等工作所需时间,应在编制进度计划时予以充分考虑,留有余地,以免干扰施工进度。

2. 施工方内部因素影响

施工方的活动对于施工进度起决定性作用,施工组织不合理,人员、机械设备调配不当,施工技术不当,质量不合格引起返工,与外层相关单位关系不协调等都会影响施工进度。因而提高项目经理部的管理水平、技术水平,提高施工作业层的素质是非常重要的。

3. 不可预见因素的影响

园林施工中可能出现的持续恶劣天气、严重自然灾害,都可能造成临时停工,影响工期,在编制施工计划时必须留有余地。

在园林工程建设施工的全过程中,项目管理者要经常检查园林建设施工进度计划的实施情况,通过对照比较和分析,及时发现实施中的偏差,采取有效措施调整园林工程建设施工进度计划,排除干扰,保证工期目标顺利实现。

(二)保障园林施工进度的措施

1. 组织措施

为保证园林施工进度管理,在施工时必须建立起完善的进度实施和控制的组织系统,建立进度控制目标体系。如召开协调会议落实各层次各项目的进度,安排进度控制调度员,明确各岗位的具体任务和工作职责。按施工项目的组成、进展阶段等将总进度计划分解,以制定出切实可行的进度目标。

2.合同措施

应保持总进度控制目标与合同总工期相一致,分包合同的工期与总包合同的工期相一致、相协调。

3.技术措施

要不断采用新技术、新方法,特别是在不增加成本的前提下加快施工进度的技术方法,以保证工程如期竣工。

4.经济措施

园林施工进度的管理措施中的经济措施一方面是指实现进度计划的资金保证措施。在施工中必须采取各种必要的措施保证资金供应,使施工不致因资金不足而停工误工。另一方面是指用经济手段保证施工按期进行,如在部分工序采用计件工资,对贻误工期的处以罚款等。

5.信息管理措施

信息管理是指对施工实施过程进行监测、分析、反馈和建立相应的信息交流程序,以持续地对全过程进行动态控制。

第四节 园林工程的场容管理和工程竣工验收

一、园林工程的场容管理

(一)施工现场的平面布置

园林施工现场包括各种不同的工程项目及必要的其他设施,如仓库、办公及生活设施、施工机械、临时设施等,合理的施工现场平面布置不仅能保证各项目间互不干扰的有序进行,还能减少劳动量,降低施工成本。施工现场平面布置图是用以指导工程现场施工的平面图,它主要解决施工现场的合理布置问题。

1.施工现场平面图的内容

施工现场平面布置图的内容应包括工程临时范围和相邻的部位,建造临时性建筑的位置、范围,各种已有的确定建筑物和地下管道,施工道路、进出口位置,测量基线、监测监控点,材料、设备和机具堆放场地、机械安置点,供水供电线路、临时排水设备、安全和消防设施的位置等。

2.施工现场平面布置的原则

(1)在满足现场施工的前提下应布置紧凑,使平面空间合理有序,尽量减少临时用地。

(2)为节约资金,减少施工成本,在保证顺利施工的前提下,应尽可能减少临时设施和临时管线,要有效利用原有建筑物,临时道路土方量不宜过大,路面铺装应简单,合理布置进出口,新建临时房应视现场情况尽量建在工地周边以免影响正常施工。

(3)施工材料设备的场内搬运会增加运输成本,影响工程进度,所以应最大限度地减少现场运输,尤其避免场内多次搬运。布置时应合理安排工序,合理安排机械安装位置及材料堆放地点,将道路设计成环形,选择适宜的运输方式和运距,按施工进度合理组织生产材料进场。

(4)要符合劳动保护、技术安全和消防的要求。场内的各种设施不得妨碍现场施工,要确保施工安全,保证现场道路畅通。配置足够的消防设备并制作明显识别的标记。

3.现场施工布置图设计方法

一个合理的现场施工布置图有利于现场顺利均衡地施工。其布局不仅要遵循上述基本原则,同时还要采取有效的设计方法,按照适当的步骤才能设计出切合实际的施工平面图。

(1)现场勘察,认真分析施工图、施工进度和施工方法。

(2)布置道路出入口,注意临时道路承载能力。

(3)选择大型机械安装点,材料堆放等。大型机械应根据园林工程施工需要布置位置,各种材料应就近堆放,以利于运输和使用。植物材料可直接按计划送到种植点以减少搬运次数,提高成活率。

(4)设置施工管理和生活临时用房。施工业务管理用房应靠近施工现场。生活临时用房可利用原有建筑,如需新建可沿工地周边布置。

(5)供水供电管网布置。施工现场的给排水是施工的重要保障。给水应按正常施工、生活和消防需要来合理确定管网。如自来水无法满足工程需要时,则要布置泵房抽水。管网一般沿路埋设,施工场地应修筑排水沟,雨季施工时还要考虑雨水的排除问题。

现场供电一般由当地电网接入,根据需要设置临时配电室或配电箱,容量应保证各种动力设备需要。供电线路必须架设牢固、安全,不影响交通运输和正常施工。

实际工作中,可制定几个现场平面布置方案,经过分析比较,最后选择布置合理、技术可行、方便施工、经济安全的方案。

(二)施工安全管理

进行施工安全管理目的是杜绝劳动事故的发生,施工安全管理是保证施工正常进行的极其重要的管理环节。安全管理的主要工作是在施工现场建立安全管理组织,制定安全管理计划,以便系统而有效地实施安全管理。

1. 建立安全管理组织

施工中必须建立安全管理组织体系并安排负责人。安全管理组织应确立安全防范标准,进行安全教育,要求作业人员严格遵守生产操作的各项规章制度,对于施工中的特殊作业要选任作业负责人,对国家限定就业的资格的岗位从业人员进行审查,只有参加技能培训并取得资格的人员才能上岗,并定期进行自查,对发现的安全问题及时整改。

2. 开展安全生产活动

施工中要严格履行建设方、安监局、消防队、劳动局等单位关于安全生产的规定,坚持进行日常教育和班前教育,强制佩戴安全带、戴安全帽等,举办应付紧急情况的训练,明确紧急状态应对预案。

3. 防止发生公众伤害

施工中应执行有关部门制定的城市中建设工程安全防护的规定,接受监督人员的指导,处理好交通管制以及日夜连续施工等问题。对通行道路、临时设施、挖掘作业、建设机械、脚手架、搬运、高空作业、电气等各种工程,采取相应的安全措施防止伤害过往群众。

二、园林工程竣工验收

当园林建设工程按设计要求完成施工并可供开放使用时,承接施工单位就要向建设单位办理移交手续,这种交接工作就称为项目的竣工验收。园林施工项目的竣工验收是园林建设过程的最后一个阶段,它是由投资建设转入使用、服务于社会的一个标志。竣工验收既是对项目进行交接的必须手续,又是通过竣工验收对建设项目的工程质量等进行全面考核和评估。此外,竣工验收对于全面总结建设过程的经验教训具有重要的意义和作用。竣工验收一般是在整个建设项目全部完成后进行一次集中验收。对一些分期建设项目,只要其分项工程建成后就能够正常使用的也可以分期分批地组织验收,以使其及早发挥投资效益。

(一)工程竣工验收的标准和依据

园林建设项目涉及多种门类、多种专业,要求的标准也各不相同,加上园林工程艺术性较强,很难形成国家统一标准,因此一般在对园林工程项目竣工验收时可采用将整个工程分解成若干部分,再分别选用相应或相近工程的标准进行验收。一般园林工程可分解为土建工程和绿化工程两大部分。

进行土建工程的验收时工程施工应达到以下标准:园林工程、游憩、服务设施及娱乐设施等建筑应按照设计图纸、技术说明书、验收规范及建筑工程质量检验评定标准验收,并应符合合同所规定的工程内容及合格的工程质量标准,不论是游憩性建筑还是娱乐、生活设施建设,不仅建筑物室内工程要全部完工,而且室外工程及建筑物周围应平整的场地都要平整清理完毕,并达到水通、电通、道路通。

进行绿化工程的验收时工程施工应达到以下标准:施工项目内容、技术质量要求及验收规范和质量应达到设计要求、验收标准的规定及各工序质量的合格要求,如园林植物的配植方式、园林植物的品种、数量和成活率,草坪铺设的质量等,都应达到设计要求和验收标准的规定。

进行园林工程竣工验收的依据主要有上级主管部门审批的计划任务书、设计文件,招投标文件和工程合同,竣工图纸和说明、设备技术说明书、图纸会审记录、设计变更签证和技术核定单,国家或行业颁布的现行施工技术验收规范及工程质量检验评定标准,有关施工记录及工程所用的材料、构件、设备质量合格文件及检验报告单,承接施工单位提供的有关质量保证等文件。

(二)园林施工竣工验收的准备工作

竣工验收前的准备工作是竣工验收工作顺利进行的基础,施工单位、建设单位、设计单位和监理单位均应做好准备工作,竣工验收前的准备工作主要包括以下内容:

1.对建设工程进行全面检查

竣工验收前有关各方要对园林建设工程进行全面的检查。检查可分为土建工程和绿化工程两个部分。土建工程主要对园林建设用地、对场区内外邻接道路、临时设施工程、整地工程、管理设施工程、服务设施工程、园路铺装、运动设施工程、游乐设施工程按设计文件和技术规范进行全面检查。绿化工程主要检查乔木栽植作业、灌木栽植、移植工程、地被植物栽植等,绿化工程检查主要包括以下具体内容:对照设施图纸,是否按设计要求施工,检查植株数有无出入。支柱是否牢靠,外观是否美观,有无枯死的植株。栽植地周围的整地状况是否良好。草坪的栽植是否符合规定,草皮和其他植物或设施的接合是否美观。

2.编制竣工图

竣工图是如实反映施工后园林现状的图纸,它是工程竣工验收的主要文件。园林施工项目在竣工前,应组织有关人员测定和绘制竣工图,保证工程档案的完备以满足维修、管理、养护、改造或扩建的需要。施工中的原施工图、设计变更通知书、工程联系单、施工洽谈记录、施工放样资料、隐蔽工程记录和工程质量检查记录等原始资料都是编制竣工图的依据。竣工图必须做到与竣工的工程实际情况完全吻合。

3.进行试运转测试工作

竣工验收前应安排各种设施、设备进行试运转测试。各种游乐设施尤其关系到人身安全的设施，如缆车等的安全运行应是试运行和测试的重点。进行试运转测试时要对各种设备、电气、仪表和设施做全面的检查和试验，要进行电气工程的全面试验，管网工程要进行试水、试压试验等。

（三）准备园林施工竣工验收的资料

工程资料是园林建设工程项目竣工验收的重要依据之一。一项园林工程从承接到组织施工、到竣工有许多的技术资料及其他资料，及时整理资料是竣工验收前必须做好的工作，同时也是为将来竣工的工程项目交接做准备。园林施工项目竣工验收的技术资料主要包括：工程项目的开工报告，工程项目的竣工报告，图纸会审及设计交底记录，设计变更通知单，技术变更核定单，工程质量事故调查和处理资料，水准点位置、定位测量记录，材料、设备、构件的质量合格证书，试验、检验报告，隐蔽工程记录，施工日志，竣工图，质量检验评定资料，工程竣工验收有关资料。

（四）准备工程项目交接的资料

园林建设工程在正式验收时应该提供完整的工程技术档案。由于工程技术档案有严格的要求，内容又很多，往往又不仅是承接施工单位一家的工作，所以常常只要求承接施工单位提供工程技术档案的核心部分。而整个工程档案的归整、装订则留在竣工验收结束后，由建设单位、承接施工单位和监理单位共同来完成。在整理工程技术档案时，通常是建设单位与监理工程师将保存的资料交给承接施工单位来完成，最后交给监理工程师校对审阅，确认符合要求后，再由承接施工单位档案部门按要求装订成册，统一验收保存。

需要移交技术资料内容庞杂，如果按不同阶段来分主要有以下内容：项目准备及施工准备阶段的资料，包括申请报告、批准文件，有关建设项目的决议、批示及会议记录，可行性研究、方案论证资料，征用土地、拆迁、补偿等文件，工程地质（含水文、气象）勘察报告，概（预）算，承包合同、协议书、招投标文件，企业执照及规划、园林、消防、环保、劳动等部门审核文件等。项目施工阶段的资料，包括开工报告，工程测量定位记录，图纸会审、技术交底，施工组织设计，基础处理、基础工程施工文件，隐蔽工程验收记录，施工成本管理的有关资料，工程变更通知单。技术核定单及材料代用单，建筑材料、构件、设备质量保证单及进场试验记录，栽植的植物材料名录、栽植地点及数量清单，各类植物材料的已采取的养护措施及方法，假山等非标工程的养护措施及方法，水、电、暖、气等管线及设备安装施工记录和检验记录，工程质量事故的调查报告及所采取处理措施的记录，分项、单项工程质量评定记录，项目工程质量检验评定及当地工程质量监督站核定的记录等。竣工验收阶段的资料，包括竣工验收申请报告，竣工项目的验收报告，竣工决算及审核文件，竣工验收的会议文件、会议决定,竣工验收质量评价,工程建设的总结报告,工程建设中的照片、录像以及领导、名人的题词等,竣工图(含土建、设备、水、电、暖、绿化种植等)。

为确保工程在生产或作用中保持正常的运行,施工单位还应办理以下各项资料的移交工作:

1.使用保养提示书

由于施工单位在建设调试过程中对园林中某些设备、设施和工程材料的使用和性能已积累了不少经验和教训,施工单位应把这方面的知识编写成使用保养提示书,以便使用部门能及时掌握。

2.各类使用说明书

各类使用说明书及有关装配图纸是日常管理者必备的技术资料。因此,承接施工单位应在竣工验收后,及时收集列表汇编,并于交工时移交给建设单位,移交中也应办理交接手续。

(五)园林工程建设施工竣工验收管理过程

一般园林施工项目的竣工验收需按以下程序进行:

1.预验收

竣工项目的预验收是在施工单位完成自检自验并认为符合正式验收条件,在申报工程验收之后和正式验收之前的这段时间内进行的。预验收应由施工单位、建设单位、设计单位、质量监督人员参加。预验收的目的是发现问题并及时整改,以便项目通过正式验收。

预验收主要进行以下几方面工作:首先参加预验收人员按不同的专业或区段分组,验收检查前先组织预验收人员熟悉有关验收资料,制定检查方案,并将检查项目的各子项目重点检查部位以表或图列示出来,准备好工具、记录、表格。

园林建设工程的验收检查方法有以下几种:

(1)直观检查　直观检查是一种定性的、客观的检查方法,不用手摸眼看的方式,需要有丰富经验和掌握标准熟练的人员才能胜任此工作。

(2)测量检查　对能实测实量的工程部位都应通过实际测量获得真实数据。

(3)点数　对各种设施、器具、配件、栽植苗木都应一一点数、查清、记录,如有遗缺不足的或质量不符合要求的,都应通知施工单位补齐或更换。

(4)操作检查　实际操作是对功能和性能检查的好办法,对一些水电设备、游乐设施等应进行启动检查。

2.正式竣工验收

正式竣工验收是由政府、建设单位以及单位领导和专家参加的最终整体验收,正式竣工验收的工作程序如下:介绍验收工作议程及时间安排,简要介绍工程概况,说明此次竣工验收工作的目的、要求及做法,由设计单位汇报设计施工情况及对设计的自检情况由施工单位汇报施工情况以及自检自验的结果情况,由监理工程师汇报工程监理的工程情况和预验收结果,对竣工验收技术资料及工程实物进行验收检查。如检查没有问题就可办理竣工验收证书和工程验收鉴定书。

　　3.隐蔽工程验收

　　隐蔽工程是指在施工过程被下一工序所掩盖而无法进行复查的部位。如种植坑、直埋电缆等。现场监理人员必须对这些工程在下一工序施工以前,按照设计要求、施工规范对其进行检查验收。如果符合设计要求及施工规范规定,应及时签署隐蔽工程记录交承接施工单位归入技术资料。如不符合有关规定,应以书面形式告诉施工单位,令其处理,处理符合要求后再进行隐蔽工程验收与签证。由于隐蔽工程无法复查,所以其验收通常是结合质量控制中技术复核、质量检查工作来进行,重要部位可用摄影的办法保存资料,以备检查。

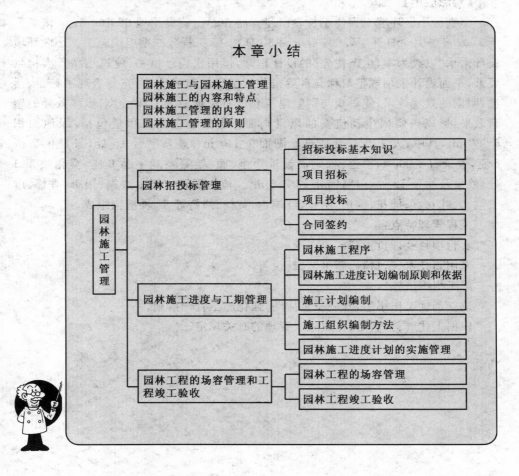

本 章 小 结

【关键概念】

园林施工　园林施工管理　招标　投标　园林施工进度计划　条形图　园林工程竣工　施工现场的平面布置

【复习思考题】

1.简述园林施工管理的内容和原则。

2.项目招标和投标的内容有哪些?

3.园林工程场容管理内容?如何进行工程竣工验收?

4.根据自己在园林设计课中所做的一个设计方案拟订一个招标公告,并制定招标工作进程方案,然后编制一个投标书。

5.根据自己在园林设计课中所做的一个设计方案拟订一个施工进度表。

【观念应用】

弘别墅小区环境工程位于长春市迎宾路 30 号,建设用地 99 100 m²。该工程于 2007 年 6 月 1 日开工,2009 年 5 月 30 日竣工,工程分二期组织施工。小区环境设计秉承“以人为本、生态优先”的设计理念,运用水、石、植物、建筑小品 4 大构景要素,平面设计采用规整对称与自然错落相结合的布局手法,充分表现了典雅、活泼、明朗的景观效果,使景观与别墅建筑和谐有机地融为一体,追求步移景异的感官效果,形成一幅幅生动流畅的风景画面。本工程主要工程量包括:绿地面积 6 620 m²,其中,人工开挖营造自然湖面 1 440 m²,观景平台 15 处,景观生态桥 6 座,置景石 1 000 t,沿道路、湖面设景观亭、廊、架等景观小品 8 座,雾化喷泉 1 处,喷泉及涌泉 12 处,道路铺装 13 765 m²。植物配置主要由法桐、银杏、香樟、广玉兰、大叶女贞、桂花、棕榈、刚竹、红端木、黄杨、蜡梅等 55 种植物组成。

工程管理特点:

实行项目经理负责制。

采用新技术、新材料、新工艺、新设备。

施工组织措施:

成立创优工作小组,开展质量活动,强化施工管理措施。

根据上述资料,制定、完成施工管理的有关规定。

第十章 公园管理

知识目标

- 理解公园的基本功能。
- 掌握公园管理的特点。

技能目标

- 能够在公园管理过程中,根据季节或资源优势, 有针对性地策划小型的游园主题活动。
- 会针对所在地的一个具体公园进行分析,并 提出管理方案。

【引导案例】

运河公园的体育运动特色主题

风景秀丽的运河公园位于苏州城西,南临市体育中心,西靠京杭大运河,得名 运河公园,又包含着运动公园的含义。1993 年正式建成对外开放,占地面积 15 hm²,现在,已经发展成一个具有现代气息、集文化、娱乐、健身、休闲户外运动 的体育公园。

公园以植物造景为主,有绿色如荫的芳草地、有花团锦簇的锦绣坡,园内拥有 众多的休闲体育服务项目,如高尔夫球练习场、游泳池、童心乐园、健康乐园、亲鸽 广场、轮滑场等。

玲珑迷人的高尔夫练习场主要由会所、练习场、十八洞迷你型果岭组成,会所 内设有总台、酒吧间、卡拉 OK 厅、球具屋等,为都市里渴望轻松、自由的人们提供了一个难得的休闲好去处;游泳池由标准池和儿童戏水池组成,为炎炎夏日里寻找纳凉场所的人提供了一个好去处;在公园内一环形岛屿上则建起了赋予童趣功能的童心乐园、健康乐园,它们主要由 10 组有惊无险的绳木结构型娱乐项目及健身区、少儿极限区、旱喷泉、涂鸦廊等设施组成,整个小岛充满自然童趣、成为广大青少年朋友、中老年朋友嬉戏、健身的娱乐场所;人与鸟类和谐嬉戏的"亲鸽广场"专供游人放飞、喂食鸽子,成为了人们与鸟类加强情感的场所;充满惊险、刺激的轮滑训练比赛场于 2003 年 8 月举行第 18 届全国速度轮滑、花样轮滑锦标赛后,迅速吸引了大批轮滑爱好者,目前公园已举办了 5 期轮滑培训班,共计培训轮滑爱好者500 多名,苏州市"风火轮滑俱乐部"已经成立,"中国轮滑训练苏州基地"挂牌,为轮滑爱好者提供了一个舒展身体的好场所。

　　运河公园为了不断适应社会的发展,满足人民生活水平提高而产生的休闲娱乐、健身的需求,不断完善园中建设,它将以一流的环境、一流的场地、一流的服务,成为以户外运动为主的休闲体育公园。

　　案例思考问题:

　　1. 苏州城市的土地可以说"寸土寸金"为什么苏州市政府会规划出 15 hm² 土地建设免费开放公园?

　　2. 运河公园为什么以体育运动为特色主题?

第一节　公园的主要功能

　　公园是城市绿地系统的骨干部分。是以植物材料为主,配以建筑、山、水,运用造园规律组成的多层次、多功能的艺术空间。反映人与自然、人与社会的关系。随着植物生命的活动,发挥保护环境,提高环境质量的功能,是城市生态的重要组成部分,是城市接待群众最多的公共场所,也是群众受益最直接的公共设施,是城市绿化的典型代表。随着城市化进程的加快发展,人们物质文化生活水平的提高,人们为了缓解日常工作的紧张,躲避工业经济的繁杂想到大自然中去,领略大自然的宁静与秀美,公园是城市中唯一绿地,是提供给市民室外休闲、健身与娱乐的场所。一个城市一般都以每个公民平均占有公共绿地面积的多少来衡量城市建设水平和文明程度。其中公园就是考核的重要指标之一。

　　现代社会中,公园在城市经济中的地位越来越重要,是满足市民不断增长的精神文明的需求相一致的,公园正在城市建设中发挥着重要的功能。

一、提高环境质量，保持生态平衡

公园作为城市绿地系统的一部分，发挥着保护城市环境的作用，公园这个绿色空间的存在，本身就时时刻刻发挥着保护环境的作用，但公园主要是接待游客，游客越多，效益越大，因而忽视对游客量较少的公园养护管理，或是偏重于吸引游客的设施，而放松对植物的养护，这样就削弱了公园绿化功能。公园的环境效益是靠植物的作用才发挥出来的。为此，必须坚持以绿化为主的方向，经常做好园艺养护工作。绿化面积与建筑面积保持合理的比例，加强树木、花卉、地被植物的种植和养护管理，发挥环境效益。

二、公园是建设社会主义精神文明的大课堂

建设社会主义精神文明，是长期的历史任务。"文化建设包括健康、愉快、生动、活泼、丰富多彩的群众娱乐活动，使人民在紧张劳动后的休息中，得到高尚趣味的精神上的享受。"这个要求对公园管理工作应该发挥怎样的作用指明了方向。公园接触社会领域很广，联系群众的数量很大，在这特定的环境中，结合公园服务管理工作在精神文明建设方面，可以做的事很多，应充分利用绿色环境的良好条件，为群众提供优美、整洁的休息环境，安排丰富多彩的文化活动，使人民群众在紧张劳动之后，得到放松、休息。寓教育于文娱，在游览中向人们介绍植物学、动物学知识，开展科学普及活动，传播人类改造自然所获得的精神财富，启发人们特别是青少年一代爱科学、学科学的兴趣；在人民群众中提倡利用业余时间养花、种树、陶冶情操，培养对艺术的欣赏能力，丰富业余文化生活；利用公园大量接触群众的特点，以喜闻乐见、活泼生动的形式，在群众中树立尊长爱幼、助人为乐、遵守社会公德，讲究文明礼貌的社会风尚。提倡"五讲四美三热爱"活动（讲文明、讲礼貌、讲卫生、讲秩序、讲道德。心灵美、语言美、行为美、环境美。热爱祖国、热爱社会主义、热爱党），达到潜移默化的效果。把公园经营成为建设社会主义精神文明的大课堂。

三、公园是人们业余生活重要的活动场所

城市人口密度大，活动场地少。生活在这种环境的人们，在紧张的劳动工作以后，很需要到自然环境里去调剂精神，消除疲劳。公园是为人民群众提供休息的好去处。在社会安定、物质文化生活水平逐步提高的情况下，这种要求更加迫切。近年来，由于退休职工增加，人口结构发生变化，公园游客量逐年持续增加，广大退休职工，在党和政府的关怀下，生活安定，经济有靠，晚年幸福，有空闲时间到公园去游憩、散步、锻炼身体。因而大大增加了游客量，特别是青少年一代及幼儿园托儿所的儿童们定期到公园里进行室外活动，越加显示了公园与人民生活的密切关系。

四、公园是发展旅游事业的资源

公园一般是城市中自然景观和人文景观荟萃的地方,是园林风景、名胜、古迹和各种文化活动相结合的综合体。我国国务院公布的风景名胜区大都是坐落在园林范围之内,有些还是以森林公园或地质公园而命名,现在都已经成为我国重要的旅游资源。我国的旅游业正在蓬勃发展,而旅游者的动机除了领略风土人情以外,吸引力最大的主要是为了欣赏大自然的绿意,去到这天然的氧吧去呼吸新鲜空气,因此,国家森林地质公园成为发展城市旅游业的依托。

第二节　公园管理工作的特点

现代公园的发展随着经济的发展,在城市建设中发挥着越来越重要的作用。做好公园管理,实际也是城市建设管理的一个组成部分。

现在,我国的公园一般都是免费对市民开放,这对管理者而言又增加了许多的难处,以前的那种管理方式与方法易使公园管理者与游客之间的矛盾激化,产生冲突,特别是在重大的节日或有纪念活动的集会时,由于公园的管理人员或固有资源的限制,则会不能全面满足游客的需求,这样就导致了游客或多或少地会有不满意的地方。1989年深圳的锦绣中华主题公园的开园,倡导的公园管理由"由防范式管理转变为疏导式管理"、"洗手间管理"、"强化制度建设,体现亲情教育"、"以优质服务为本,注重口碑"等思路,给当时的公园管理带来全新的理念,使服务观念与意识在公园的管理中得到体现。在"免费开放"机制下,这种理念对提高经营管理服务质量水平也有重大作用。

公园的管理要研究公园本身的特点、确定主题,按照客观规律进行管理,才能发挥它应有的作用。各个公园的园艺结构不同,服务设施不同,活动内容不同,所在地区不同,服务对象不同,公园的定位不同,可不管怎样,公园的基本功能都是相同的,不同的只是它们吸引游客的角度不同,所以,任何的公园管理工作都具有相同的特点与各自提供的特色服务。根据公园在现代社会城市中所起的基本功能,公园的管理主要有以下特点:

一、园艺园林植物为主的公园管理

公园是以绿色植物为主体的公共场所,是区别于其他公共场所的根本标志。公园管理工作中要发挥以园艺园林植物的特色,突显公园的植物茂密、郁郁葱葱、宁静、亲和的大自然环境,让市民在公园里有种亲临大自然的感觉。公园里植物生长的好坏将直接影响公园的基本功能,所以公园里的园艺园林植物占地面积、植物的养护是公园管理的基础。目前有的单位在建设公园时常把大部分投资用在建筑物上，对已建成的公园改建时也不断地增加建筑物，忽视了以植物为主体的建园原则。好不容易划出一块土地来辟建公园，却又被大量的建筑物把它塞满了，公园里增加一座建筑物就等于减少一块绿地，这是削弱公园的基本功用，而不是增加公园的绿化效益。

社会舆论与公园游客，可能出于一时一事的需要，对公园提出各种各样的要求，暂时反映出某种倾向性的爱好，但是公园的管理者要保持清醒的头脑，抓住主业，不宜增加与公园无关的活动内容，防止逐渐削弱公园主体，而去改变它原来的性质。有的公园，本来园林面貌很好，根据一时的需要，逐步向里面加球场、游泳池、展览馆、活动室等，最后面目全非，不成其公园，而变成了"大世界"。

时代在变化，生活方式在变化，人们向往自然、回归大自然的心态正在发展，我们在建设公园时要遵循以园艺园林植物为主，以自然为主的原则。在规划时确定好植物与建筑物的比例，协调好两者之间关系，走生态公园的道路。

二、公园基本管理业务涉及面广、变化快

公园管理业务因季节不同，气候寒暖，阴晴风雨，休息节假日等因素而有很大变化。所谓"风吹一半，落雨全无"是公园管理的经验写照。一年中有淡季旺季，一周中有高峰低谷，一天中有高潮低潮，要做好公园的管理工作，必须掌握变化规律，采取相应服务措施，才能周到、主动地为公园的游客做好管理服务工作。管理服务工作的机构设置，人员配备要适应这种特点。各种游乐设施的设置，管理营运要考虑这个特点，并且要适应这个特点。否则可能出现事倍功半，得不偿失的局面。公园还是以植物为主体的绿化地带，植物的种植、栽培、养护是季节性很强的工作，随着季节的变化也存在着淡季旺季之分。所谓"不违农时"的规律对公园养护管理工作同样是适用的。这是公园管理必须认真探讨，切实掌握的特殊规律。

三、划分好公园内不同功能区，突出特色功能区，创办主题公园

公园每天接待成千上万的游客来园游览，他们因年龄、文化、职业爱好和经济水平各不相同，带着不同的动机，走进了公园，他们对公园有各种不同的要求。远道而来的外地游客他们忙于浏览景色，摄影留念；邻近的游客常常是天天按时来打拳散步，锻炼身体；老年人希望有幽静的环境，休息散步，赏花赏草；青少年希望有新颖有趣的活动内容，或登高、或划船、或乘坐惊险的大型游艺设备；年轻的父母，希望带着独生子女到儿童园里玩一下各种安全有趣游戏设备；青年男女希望找到一个安静的环境谈情说爱等等。公园管理工作要懂得不同游客的需要，投其所好，预先在划分好的公园不同功能区内，安排不同的服务内容，满足特定游客群体的不同需求。这样才能提高服务质量，发挥公园的特色优势，使游客来之满意，去则愉

快。但是,一个公园的接待游客的能力毕竟有限,不可能满足游客的各种需求。

现在城市中的公园一般是免费开放的,游客可以选择公园休闲娱乐的成本是相同的,有许多公园布局雷同,没有新意。因地制宜,发挥公园的优势,创办主题公园,突出主题特色才是现代公园管理的关键,才能吸引游客。主题公园是一种以游乐为目标的人造模拟景观的呈现,它的最大特点就是赋予游乐形式以某种主题,围绕既定主题来营造游乐的内容与形式。园内所有的建筑色彩、造型、植被游乐项目等都为主题服务,共同构成游客容易辨认的特征和游园的线索。它是现代旅游业在旅游资源的开发过程中所孕育产生的新的旅游吸引物,是自然资源和人文资源的一个或多个特定的主题,采用现代化的科学技术和多层次空间活动的设置方式,集诸多娱乐内容、休闲要素和服务接待设施于一体的现代旅游。

主题公园是一种人造的旅游资源,它着重于特别的构想,围绕着一个或几个主题创造一系列有特别的环境和气氛的项目吸引游客。主题公园的一个最基本特征——创意性,具有启示意义。如常州的中华恐龙园,就是以恐龙为主题的公园,还有的如深圳的锦绣中华主题公园,苏州的苏州乐园等。

四、公园管理更需注重人文关怀

公园是个活跃的开放综合有机整体,树木经历着种植、生长、衰老、更新的过程;花卉在不断地生长、盛开、凋谢、枯萎;草地需要不断地养护、修整、补植;建筑设备要不断地维修更新;环境要不断地清扫保洁;成千上万的游人川流不息,一批去了,一批又来了,在不断地更换;公园中的每个元素好似整天都在运动一样,一刻不息,处于一种动态过程之中。公园管理也要适应这种动态环境,不同的管理内容分别安排在不同的时间进行。虽然公园的管理人员每天、每月、每季、每年都有可能在重复着相同或者不同的工作,有时,它只是一个简单的千百次重复固定工序,但对每一个游园者来说,对公园中每一个环节,每一个局部,都可能是新鲜的初遇。每一项工作疏忽或不周,都可能给游客造成失望或不满,这就要求公园工作者,要以饱满的热情,高度负责的精神,天天像迎接盛大节日一样对待每一项具体细小的工作。让到园游玩的游客能够宾至如归,轻松、愉快地度过公园时光。

五、公园是传播社会信息,反映时代特色最快的场所

公园是客流量容量最大的场所。一切社会现象、时代特色在公园里都有反映,公园管理工作要紧跟形势,依照党和政府的方针、政策做事,在特定的节假日、纪念日、重大的活动前,通过专题的游乐活动、园景布置来教育、影响广大的来园游客,树立良好的社会风气。并时时地在广大群众中,提倡文明游园,宣扬、讴歌好人好事,社会进步思想。抵制一切不良社会风气,并配合相关部门,打击歪风邪气,维护

社会安宁与稳定,保护人民的安全,促进安定团结。

六、良好的社会效益是公园管理工作的最终目标

在公园管理工作中,特别是在当代经济社会环境下,在免费开放的管理体制下,公园所提供的服务工作,体现的是党和政府对人民业余休闲娱乐生活的关怀,它应体现出一种公益性服务,注重社会效益,而不能以经济效益来衡量。现代公园是为每一个公民提供一个游览休息的场所,为游客提供人性化服务,体现社会的人文关怀。在过去有过"以园养园"、"园林结合生产"等口号,这是在特定社会经济环境下我国特有现象,它违背了公园的建园初衷。最终,劳碌的人们来公园的次数越来越少,公园的功能渐渐散失。为了更好发挥公园的功效,体现它的公益事业性,给紧张工作的人们有一个宽松、自然的休息环境,政府从现在起,对公园的经费改由财政拨款,实行对游客免费游园。面对公园的开放式经营,如何更好为市民服务,提供优美的公园环境,展示最美的园艺艺术,同时保持园容整洁、卫生,让市民有"花径不曾缘客归,蓬门今始为君开"之感。将是一项繁重而有意义的工作。

【案例 10-1】

"免费开放"——主题公园管理的趋势

我国一般性的主题公园、博物馆正逐步免费对公众开放。公园是大众的,实行免费制可以让更多人更方便地走进这些景点,而且这在国内外正逐渐成为公园管理的发展趋势。

目前国内很多城市主题公园都免费向市民开放:北京的 169 个公园,有 108 个是免费的;杭州市 110 多个公园有 2/3 免费开放;长春市除了动植物园外,其余全免费;武汉市的绝大多数公园免费;上海市的 141 个公园已经有 122 个免费,比较有名的长风、人民、中山公园等也在免费之列;成都市 90% 以上的公园免费……

2003 年 5 月,成都市在城中心新开了一个 500 亩的浣花溪免费公园,一家酒店管理公司通过社会招投标,最后成为管理者。他们实行人性化管理,有手推车、读报等 10 多项免费服务,深得群众喜爱。

在墨西哥城,几乎所有由政府出资的主题公园全部免费,包括 4 个大型森林公园、十几个中型公园和数十座小型社区公园。首屈一指的查普尔特佩克森林公园是政府投资最多、品质最优良、环境最优美的市内公园,内有湖泊、喷泉、树木,建筑和雕塑及各种文化活动场所。国家文化法规定,平时向参观者收费,而星期日所有墨西哥公民持有效证件皆可免费游览。世界闻名的墨西哥太阳、月亮金字塔遗址公园,也实行这一办法。

资料来源:http://www.lz66.cn/bl/article.asp? id=719

第三节　公园管理的主要内容

公园的经营管理方针是"为人民服务，为社会主义服务"。这个方针体现了我国社会公益事业的服务目的，体现了社会主义的时代特征。在现时代，公园管理内容应该服从于这个方针，实现公园的功能。公园的建园是基础，养护管理是关键。管理工作的特点是为游客服务。牢固地树立服务的意识，是做好管理工作的根本。没有全心全意为游客服务的思想是做不好管理工作的。公园所有的生产、业务活动，都是为游客进行的。可以说，没有游客，就没有公园。公园管理工作要做到时时处处为游客着想，一切为了满足游客的要求，一切为游客提供方便，为游客提供人文关怀。具体地说，现代公园管理工作要求是：保持优美的园林景色，整洁的游览环境，周到的服务项目，丰富的活动内容。公园的管理根据它的工作要求，管理主要涉及以下内容：

一、园艺园林植物养护

公园是以植物为主体，必须服从植物生长的自然规律。首先，公园里花草树木是生命体，它是一个从生长到旺盛，再到凋零，死亡又重生的循环反复之中，所以它们需要不断地进行养护处理，进行浇水、修剪、施肥、植物病虫害防治，才能维持正常生长，达到植物美化园容的要求。其次，任何公园建设，植物都有一个时间生长周期，通过长期的养护，公园的设计思想、理念才逐步在植物上展示出来。第三，公园里装饰性、点缀性工作，如花坛布置、草皮整修、绿篱修剪等，要靠养护工作来实现。园艺园林养护很多，包括树木栽培、花卉繁育、土壤改良、施肥、灌溉、植物保护等多种工序。要注意采用先进的科学技术，实行合理标准的操作方法，提高工作质量与工作效率。园艺园林植物养护既要注意提高工作效率，又要注意提高园艺艺术水平。公园里的栽培植物，应该是生长良好，有欣赏价值的优良品种，是供人们欣赏，讲究季节变化、色彩、造型、协调等的要求。公园里的植物配景，主要是运用不同的植物材料配置，使人感到一年四季各不相同。

在进行养护工作中，要严格遵守建园的规划思想，逐步完善规划的要求。衡量园艺园林植物养护质量水平的高低，除了一般的植物栽培要求以外，还应该符合一定的园艺园林标准。园艺园林养护要遵守季节，根据植物生长规律和季节特点制定《园艺园林植物养护月历》，作为安排工作的参考。同时制定各种养护质量标准，如花坛养护标准，树木养护标准，草地养护标准，植物保护标准等。以及相应的技术措施和技术操作规程的标准，以保证养护质量的实现。

二、设施养护与维修

公园的硬件设施提供是实现公园为人们服务的基础。公园设施要坚持平时以养为主,养护与维修相合的原则。克服"重建轻修"、"喜新厌旧"的思想,尤其是一些历史较长的公园,要注意保护好原来的面貌,不要轻易改动。尤其是具有历史意义的建筑物或设施,是对后人进行爱国主义教育或革命传统教育的好材料,要妥善保护。对所有设施,要注意定期检查,保持安全、完好、美观、舒适的要求,并附相应的管理配套措施。如在劳动组织上,要配有专业的维护人员,保持相应的稳定性;在工作制度上,根据各种设施的性能和使用要求,制定定期检查制度和维修保养制度,落实设施安全运行岗位责任制。使设施的管理人员和使用人员,懂得设施的性能和操作方法,懂得常规保养技术,以保证设施的安全使用与运转,提高设施的完好率和使用率,最大限度地发挥设施的经济效益。

三、创建整洁优美的公共环境

公园是接待旅客的大客厅,保持整洁的环境是对游客的礼貌,是文明待客的起码条件,它是一项基本的、长期的、细致性的工作。公园清洁整齐的面貌,对社会、对城市、对人民大众都会产生重要的影响。

公园的清洁工作,包括环境卫生清洁与保护,提供的饮食卫生安全,达到政府相关部门的卫生管理标准。尤其是餐厅、茶室、小卖部、厕所的卫生是重要管理部门。根据公园的特点,要建立相应的卫生管理制度。落实卫生岗位责任制,建立固定的卫生管理组织和专职人员。

公园的一草一木、一山一水,每个张贴、每个标志、每个设施,都要讲究美观、艺术、有条不紊,与公园的景观相适宜,给人以美的感觉。不在游人所到之处堆放杂物,不留死角,不乱张挂粗制滥造的标牌等。做好公园环境保护工作,公园本身的炉灶要严格治理,安全生产、消烟除尘、污水排放、粪便清理要遵守国家的规定,确实做好对环境的保护;公园里还要防止噪声、避免喧嚣,保持环境的幽静。在做好整洁工作的同时,对广大游客,要做好宣传与管理工作。对危害公共卫生、不爱护公共财物的行为,要批评制止。对有破坏性行为的人,按照公园管理规章制度给以相应地制裁。公园里整齐清洁的环境面貌,本身就是一个教育,身教重于言教,事实可以教育游客,比滞后的管理更能奏效。

四、举办丰富多彩的游园活动

游客到公园来活动,或是一家老小,亲朋好友相邀来游公园,除了就近散步,休息之外,大都不是偶然的促成,一般都抱有各种不同的目的。或是来赏景、赏花;或是来划船、溜冰;或是来参观名胜古迹;或是来参观珍禽异兽、名花奇木;或是带孩子来玩某种游艺项目。公园管理者要体察游客的心理和愿望。除了做好一般的园艺布置以外,要根据不同的季节安排群众喜闻乐见的内容,给游客留下美好的记忆,满足游客的需求,使游客在思想上受到教育,使之成为隔时再来的"回头客"。

公园的活动内容,要结合公园的特点进行。在不同的季节,结合公园的不同功能,充分利用公园的现有条件,发挥公园的优势,举办各类老少皆宜的活动,如花展、画展、工艺美术品展,普及植物知识等活动。在淡季,应举办一些有特色的活动,扩大影响力,如夏天搞荷花节,秋天搞菊花节,或者搞一些游乐项目,如游乐嘉年华等活动。但不宜安排那些与园林无关而违背公园基本功能的活动内容,如有的在公园以经济为中心,举办"商品展销会",把公园变成了商场,在公园耍马戏、演杂技,把公园闹得甚嚣尘上,不像个公园。凡此等等都是应该制止的。

五、提供良好的服务

公园的服务主要包括两方面,一是服务的态度与意识,二是提供服务的内容。现代公园服务中要树立游客是上帝的思想意识,加强职工的职业道德教育,树立奉献精神,要有"宁可一人累,换得万人乐"的思想。这是全心全意为游客服务的根本。在管理中要设身处地,为游客的方便、舒适着想,创造条件,开展多种服务项目,满足群众的各种需要。如为携带幼儿游团的游客出租童车;为残疾人游园出租手推车;为外地过路游客存寄笨重行李物品;雨天出租雨伞;为青少年团体游客出租茶桶;为外地及外国游客出售旅游纪念品。在饮食方面,既要供应高档的饮料,又要准备卫生价廉的茶水;为各种消费水平的游客,供应各种不同档次的饭菜,还为青少年学生团体游客,供应经济实惠的快餐;从失物招领到照顾迷童等等,都要尽可能给游客提供种种方便。

六、加强治安保卫安全防范工作

公园应与公安部门密切配合,建立 110 联动。及时打击利用公共场所进行违法犯罪活动的坏人坏事,保持公园的社会秩序和良好风气,保护游客的人身安全,保证游客众多时的及时疏导分散,及时做好防灾防害工作。公园要配备专门组织与人员进行这项工作。如有些公园,成立了退休工人服务队,对加强公园管理提高服务质量卓有成效。组织热心公益事业的退休职工,根据他们的特长,做些力所能及的服务工作,如有的辅导游客进行拳术等体育活动;有的帮助做治安保卫工作,有的做环境卫生工作,宣传爱护树木花草的纠察工作,这些都是值得提倡的群众路线的工作方法。

除此之外,还有公园的服务性商业部门,是公园服务工作的一部分,与一般商业部门有显著的区别。要为游客的需要服务,一切服从于游客的方便,其经营活动,受公园业务特殊规律的支配,随着季节、气象的变化,业务的涨落幅度很大,例如,每年只有春季高峰,每天只有一个中午高潮,这是与其他商业部门完全不同的。因此,在业务设备、人力调配、货源安排、服务项目和供应品种方面,都有特殊要求。多年来的实践经验证明,公园里的商业服务部门,由公园自己经营,集中领导,单独核算。这样可以根据服务工作的需要,统筹安排,多方兼顾,减少矛盾,有利于提高服务质量,提高公园经济效益。

公园管理基本业务结构示意:

园艺养护:树木栽培
　　　　　花卉种植——花圃;温室
　　　　　草地养护
　　　　　植物养护、修剪与植保防病
设施养护与维修:水电设备养护与维修
　　　　　　　　建筑物的维修、油漆、粉刷
　　　　　　　　服务设施的安全检修与保养
　　　　　　　　公园娱乐设备的机械安全保养
环境美化卫生:园地清扫、保洁
　　　　　　　垃圾处理
　　　　　　　厕所保洁、管理
　　　　　　　下水道疏通和管理
商业服务:饮食服务
　　　　　小卖部
　　　　　照相服务
　　　　　其他服务
游览服务:园内活动项目的指引牌或浏览示意图
　　　　　游乐设备的经营和管理
　　　　　活动内容的组织和管理
　　　　　各种游览设施的经营管理
治安保卫:打击违法犯罪活动
　　　　　保护游客的人身安全
　　　　　做好防灾防害工作

公园为了适应游客的需要,应当设置一些商业服务性设施,对公园来说,只能是附属性的。不能破坏景观,影响游览秩序,设施与绿地相协调,规模要适度,不能过多地占据绿地面积。其设置是否适当将直接影响公园的质量。因此,必须按照总体规划的要求,合理安排商业服务网点的位置、规模和形式,统一进行规划和建设。

为此,我国的《城市绿化条例》规定:在城市的公共绿地内开设商业、服务摊点的,必须向公共绿地管理单位提出申请,经城市人民政府城市绿化行政主管部门或者其授权的单位同意后,持工商行政管理部门批准的营业执照,在公共绿地管理单位指定的地点从事经营活动,并遵守公共绿地和工商行政管理的规定。

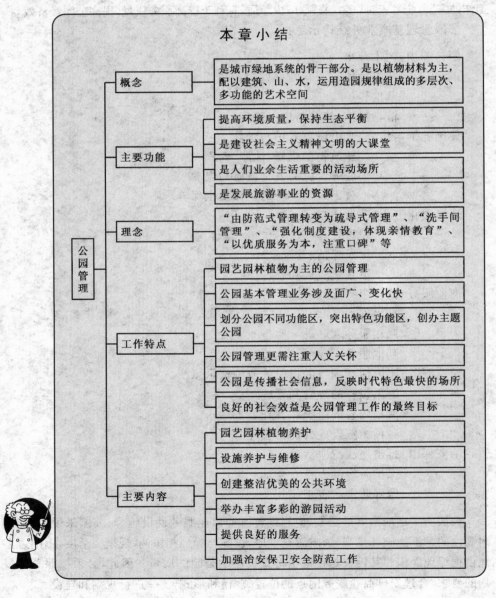

本 章 小 结

公园管理	概念	是城市绿地系统的骨干部分。是以植物材料为主,配以建筑、山、水,运用造园规律组成的多层次、多功能的艺术空间
	主要功能	提高环境质量,保持生态平衡
		是建设社会主义精神文明的大课堂
		是人们业余生活重要的活动场所
		是发展旅游事业的资源
	理念	"由防范式管理转变为疏导式管理"、"洗手间管理"、"强化制度建设,体现亲情教育"、"以优质服务为本,注重口碑"等
	工作特点	园艺园林植物为主的公园管理
		公园基本管理业务涉及面广、变化快
		划分公园不同功能区,突出特色功能区,创办主题公园
		公园管理更需注重人文关怀
		公园是传播社会信息,反映时代特色最快的场所
		良好的社会效益是公园管理工作的最终目标
	主要内容	园艺园林植物养护
		设施养护与维修
		创建整洁优美的公共环境
		举办丰富多彩的游园活动
		提供良好的服务
		加强治安保卫安全防范工作

【关键概念】

公园　主题公园　娱乐休闲　设施的养护与维修　整齐清洁　保护环境　服务

【复习思考题】

1.简述公园的功能。

2.简述公园管理工作的特点。

3.简述公园管理工作的主要内容。

4.结合自己附近的公园进行分析,指出它在管理中的优势与不足,并提出相应的改进措施。

【观念应用】

常州中华恐龙园

"神秘的恐龙,欢乐的世界"成为一句脍炙人口、妇孺皆知的广告语,"创一流服务,建旅游精品"是主题公园常州中华恐龙园不懈追求的目标。

中华恐龙园是年轻的主题公园,随着全球经济一体化进程的加快,旅游产业的全球一体化的大势所趋,人流、物流、资金流将在世界范围内大流动、大整合,旅游行业必将迎来空前的发展机遇和严峻的挑战。对此,恐龙园管理者开拓思路、勇于创新、大手笔构建公园崭新的未来。

首先,大力推行"素质工程"和"凝聚工程",培养了一支业务过硬、爱岗敬业的高素质员工队伍是恐龙园人一贯注重学习和借鉴其他景区和主题公园管理上的先进经验。他们始终认为"以人为本"的管理理念应包括两个层面的意思,一是公园应以游客为本,为游客提供优质的服务;二是公园应以员工为本,高素质的、稳定的员工队伍是公园不断发展的源动力,不断地充分挖掘员工的潜能和创造力,在整个经营过程中将会收到令人惊奇的效果。

其次,从强化管理入手,在园区经营过程中引入先进的管理机制,目前恐龙园已通过 ISO 9000 质量管理体系认证,并成为中国最年轻的国家 4A 级旅游景点。

再次,居安思危,开拓思维,横向联合,走"大旅游"之路。旅游公园只有开拓创新,积极主动地寻求联合,走"大旅游"之路,才能在经济一体化的大潮中避免淘汰的厄运。中华恐龙园积极吸引外资,现已与泰国是拉差集团公司达成合作协议,该公司将投资 5 000 万美元建一座泰国风情龙虎园,它的落成将为恐龙园迈出"大旅游"之路奠定坚实的一步。

在国内许多人造景观纷纷败落的情况下,中华恐龙园为何能取得这样的业绩?这与常州市决策者们科学的决策分不开。

第一，在选题上符合国际旅游发展潮流，体现了差别化旅游产品的特色。中华恐龙园主题比较鲜明，差别化程度高，特色性强。国际旅游界将主题公园视为现代旅游发展的主体内容和未来发展的重要趋势。由于恐龙融体形庞大、凶猛、憨厚于一体，在史前占有特殊地位，加上人类对恐龙突然消失原因的种种猜测和对恐龙时代良好生态环境的留恋、向往，使得在纷繁众多的主题公园中，尤以恐龙主题最为吸引人胜。"恐龙热"首先在欧美开始盛行。与国外的迪斯尼乐园、国内的苏州乐园等相比，中华恐龙园不仅有游乐项目，而且还有博物、科普项目；不仅有仿真恐龙，而且还有恐龙化石。全园以中华恐龙馆为核心，以恐龙化石、恐龙标本、活体恐龙、恐龙群雕、侏罗纪走廊以及恐龙形状的仿生建筑等，构成了一幅形象生动、内容丰富、趣味无穷的恐龙世界和恐龙乐园，给人以惊奇和耳目一新之感。

第二，策划巧妙，设计独具匠心。中华恐龙馆，顾名思义是一个博物馆，博物本来是静态的，但设计者们巧妙地把静与动、博与游有机结合起来。馆外，相拥在一起的 3 只头颅高扬的恐龙仿佛在窃窃私语。馆内，大小不一、形态各异的恐龙化石骨架在人造森林、高山、仿真音响、灯光、雪花、瀑布的衬托下，栩栩如生，变幻无穷。海洋内没有一条真鱼，但借助于空间成像技术，使人觉得仿佛真的到了海底世界。"穿越侏罗纪"项目，有机地把博物展示项目与参与、刺激性项目结合在一起，使游客在人造的原始森林、火山爆发、恐龙扑击、放声吼叫、高速下滑中有一种身临其境的感觉，并从中获得全新的刺激和乐趣。

第三，较高的科技含量和文化品位，为"中华恐龙园"提供了高品位的物质支撑。主题公园一般都是资金、智力、技术密集型项目，"中华恐龙园"突出的是它的高科技含量和文化品位。它将博物展示、高科技的声光电、影视特效、多媒体网络等现代技术完美结合在一起。融科普、博物、休闲、娱乐、环保等于一体。借助于高科技，增强了环境的仿真性、展品的观赏性、学习的兴趣性和游乐的刺激性。游乐、休闲中有学习、有知识的传播、环境的熏陶，学习中有休闲、游乐、寓教于乐、寓乐于教，双向互动，相得益彰。从而使得"中华恐龙园"在同类项目中更具有生命力。

第四，科学运筹，力出精品。在设计、建设"中华恐龙园"时，决策者们要求起点要高，至少 30 年不落后。实行一次规划，分期实施，把每一个项目作为精品来制作、建设。借鉴美国迪斯尼、好莱坞等主题公园建设的成功经验，紧紧围绕恐龙这一主题，实行高起点的一次性整体规划。在空间上，按不同功能区，对项目、设施进行合理布局，把娱乐、学习、休闲、购物等功能有机结合，充分考虑如何方便、吸引游客。在内容上，最大限度地体现项目的时代性、科技性、参与性、差别性，增强冲击力、震撼力和吸引力。设计和建设者们十分注重园内绿色、生态环境的营造，种植了 70 000 m² 高品质的草坪，近 4 000 余棵高大的香樟、樱花、桂花等名贵树种，在绿色鲜花中配置了近30项内容新、奇、特、老少皆宜的博物展示、游乐休闲项目。

第五,政府扶持与企业化运作相结合,建立一个"中华恐龙"的主题公园,常州市政府大力扶持。同时,还建立市场机制,完善市场主体。实行公司化运作:"中华恐龙园"项目从建设一开始就成立了中华恐龙园有限公司,实行股份制的资本结构,多元化的筹资方式、公司制的组织体制,市场化的运作机制,由企业自主决策、自主经营、自负盈亏、自我发展。市场化的机制,使企业真正成为了市场主体。

常州不是恐龙化石产区,可以说与恐龙根本无关系。但为什么能把一个国家级的恐龙博物馆建在常州,并形成了一个以恐龙为核心的主题公园?它是以高起点的规划,高品位、差别化的项目,市场化的运作、科学的管理、创出富有特色和知名度的"中华恐龙园"品牌,使之成为国内著名的旅游景点。

资料来源:世界著名旅游策划实战案例.作者:沈祖祥主编。

案例思考问题:

1.常州中华恐龙园属于哪一类企业?常州市政府为什么扶持该企业?

2.常州中华恐龙园管理的内容有哪些?

3.常州中华恐龙园如何做好主题产品?

4.常州中华恐龙园采取了哪些营销措施?

第十一章　风景名胜区管理

知识目标

- 理解风景名胜的内涵与类型、风景名胜服务管理的内容。
- 掌握我国风景名胜的管理特点,风景名胜实行科学、可持续发展管理的内容。

技能目标

- 能够运用所学的风景名胜区管理知识分析现有的风景名胜存在的管理问题。
- 通过学习能有意识地去培养与提高自身的管理能力和管理素质。
- 能够用学过的风景名胜管理理论为企业拟订计划,设计新的经营方案。

【引导案例】

　　三清山坐落于江西上饶东北部,素有"天下第一仙峰,世上无双福地"之殊誉。因玉京、玉华、玉虚三座山峰如三清(即玉清、上清、太清)列坐群山之巅,故名。三清山经历了 14 亿年的地质变化运动,风雨沧桑,形成了举世无双的花岗岩峰林地貌,"奇峰怪石、古树名花、流泉飞瀑、云海、雾涛"并称自然四绝。三清山以自然山岳风光称绝,以道教人文景观为特色,已开发的奇峰有 48 座,怪石有 52 处,景物景观 500 余处。1988 年 8 月经国务院批准为国家重点风景名胜区。景区总面积 229 km²,最高峰玉京峰海拔 1 816.9 m。1997 年 8 月美国国家公园基金会主席保罗等访华团慕名来三清山考察后惊叹道:"三清山是世界上为数极少的精品之一,是全人类的瑰宝"。三清山为历代道家修炼场所,自晋朝葛洪开山以后,便渐为信奉道学的名家所向往。唐僖宗时(873—888年)信州太守王鉴奉旨抚民,到达三清山北麓,见到此山风光秀丽,景色清幽,卸任后即携家归隐在此。到宋朝时,其后裔王霖捐资兴建道观,三清山开始成为道家洞天福地。明景泰年间(1450—1456年),王霖后裔王祜对三清山进行大规模的重建,并请全真道士詹碧云协助其事,三清山风景名胜区内资源丰富,景点众多,景观布局"东险、西奇、南绝、北秀"。我国著名散文家秦牧赞之为"云雾的家乡,松石的画廊",著名风景名胜专家清华大学教授朱畅中高度赞颂三清山"看罢三清和黄岳,三清定将胜黄岳"。历代名臣名家王安石、朱熹、苏东坡等都在这里留下足迹。

案例思考问题:

1.为什么美国国家公园基金会主席保罗等访华团慕名来三清山考察后惊叹道:"三清山是世界上为数极少的精品之一,是全人类的瑰宝"?

2.为什么历代名臣名家都在这里留下足迹?

第一节　风景名胜区的概述

一、风景名胜的内涵

国家风景名胜区源于古代的名山大川、河流与湖泊,与现代国际上的国家公园接轨,其价值达到世界级的为世界自然文化遗产,达到国家级的为国家遗产。如我国的敦煌、长城、埃及的金字塔等,都是世界少有的历史文物资源,那到底什么是风景名胜呢? 它是指具有丰富的人文、自然资源,自然景观与人文景观相互融合,环境优美,并经县级以上人民政府审定命名、划定范围,供人们游览、观赏、休息和进行科学文化活动的地域。如山河、湖海、地貌、森林、动植物、化石、特殊地质等文物古迹,以及革命纪念地、历史遗址、园林、建筑、工程设施等人文景物和它们所处的环境以及风土人情等,如山东泰山、四川峨眉山、浙江雁荡山、桂林漓江、钱塘江潮等等,都是举世闻名的自然景物。龙门石窟、拉萨布达拉宫、万里长城、都江堰、赵州桥等等,都是世界有名的人文景物。

风景名胜区的资源是以自然资源为主,具有独特的、不可替代的景观资源,是通过几亿年大自然鬼斧神工所形成的自然遗产,而且是世代不断增值的遗产。

中国风景名胜在中国国家级自然保护区名录中,截止到2007年8月已达到303个。

中国10大名胜:万里长城、安徽黄山、桂林山水、北京故宫、杭州西湖、苏州园林、长江三峡、西安兵马俑、台湾日月潭、承德避暑山庄。

中国旅游40佳：故宫、颐和园、杭州西湖、曲阜三孔、深圳锦绣中华、泰山、大观园、苏州园林、八达岭长城、大东海——亚龙湾、黄山、中山陵、桂林漓江、敦煌莫高窟、九寨沟——黄龙寺、庐山、织金洞、瑶林仙境、北戴河海滨、自贡恐龙博物馆、华山、葛洲坝、壶口瀑布、珠海旅游城、避暑山庄——外八庙、峨眉山、武陵源、乐山大佛、成吉思汗陵、山海关及老龙头长城、井冈山、蜀南竹海、五大连池、黄果树瀑布、夫子庙及秦淮河风光带、黄鹤楼、长江三峡、明十三陵、巫山小三峡、秦始皇陵及兵马俑博物馆。

世界遗产清单之中国文化和自然遗产：长城、庐山、敦煌石窟、北京故宫、武当山古建筑群、天坛、颐和园、曲阜三孔、布达拉宫、峨眉山——乐山大佛、泰山、武陵源、苏州园林、北京猿人遗址、秦始皇陵及兵马俑坑、黄山、平遥古城、丽江古城、九寨沟——黄龙寺、承德避暑山庄及周围寺庙。

二、风景名胜在国民经济中的地位及作用

国家风景名胜区是以具有科学、美学价值的自然景观为基础，自然与文化融为一体，主要满足人们对大自然精神文化活动需求的地域空间的综合体。

无论是农业文明时代的天下名山，还是工业文明时代的国家公园和生态文明时代的自然文化遗产，都是满足人类在不同发展阶段对大自然精神文化活动的需求，是人们对大自然现象的认识、精神寄托、规律探索等行为，其主要有崇拜、祭祀、欣赏、歌颂、探索、研究、体验等表现形式，是人与自然精神往来的场所。在现代社会，风景名胜越来越成为人们生活中精神文化的一个组成部分，在社会经济生活中起着十分重要的地位与作用。

首先，风景名胜资源是一种宝贵的人类财富，是社会经济发展过程中物质与精神文明的体现，是社会经济发展过程中不可缺少的组成部分。风景名胜反映一个国家、一个地区经济、文化发展的水平，衡量一个国家、民族经济发达、文明进步的标准。

其次，风景名胜是人类对赖以生存的环境保护的一种体现。自人类社会以来，人们就一直在地球上进行改造自然，创造物质财富，同时也破坏了大自然的生态平衡，人们在获取了大自然的许多福利后，也受到大自然的许多报复，出现许多恶劣的气候与地质灾害，如温室效应、地震、厄尔尼诺等现象。现在人们已经意识到保护人类生存的自然环境的重要性，而风景名胜是一种生态环境最接近于原生态的大自然的处女座，风景名胜的生态环境保护程度从某种程度上来讲，是我们对人类生存环境保护的体现。

第三，风景名胜区为人们提供休息、游览，进行有益的文体活动的场所。现代高节奏的社会经济，让人们整天处于高度的精神紧张之中，风景名胜区可以为现代社会中的人们提供优美的活动场所，优美的自然环境、安逸、清新的空气，新鲜灿烂的阳光可以给日常处于高工作压力的人们解除精神压力，调节工作疲劳，增进身心健康。

第四，风景名胜区的对外开放旅游，不但促进当地的旅游经济的发展，提升当地的经济结构，增加当地人们的收入，增加就业；还介绍了风景名胜区的自然与文化风貌，促进了内外交流，增加风景名胜区的辐射力与影响程度。

第五，风景名胜是人文素质教育的基地。风景名胜区中有丰富的地质地貌，成千上万的动植物种群，变化多端的气象、水文等自然景观，以及当地的风俗民情，历史古迹等人文景观，给人们科学启迪，是青少年进行科普教育的基地。提高人们的人文素养，增强人们的民族自豪感，激励人们奋发图强，改造大自然，为保护祖先所创造的历史古迹，发挥风景名胜区的影响力。

总之，风景名胜在我国的社会经济发展中具有重要的地位与作用，保护、管理、开发好风景名胜的资源对经济发展具有十分重要的现实意义。

三、风景名胜的类型

我国地缘辽阔，有从内陆到海洋，从沙漠到雪山，从热带到寒带的各种不同生物群落和不同气候。雄奇瑰丽的名山大川、飞瀑流泉、急湍回流、奇峰怪石、森林原野、雪山草地、名花奇葩等天然景观，游览不尽，以及冰川、峡谷、火山、溶岩、溶洞、断层、石林、地下河流、化石、原始森林、孑遗濒危物种等天然纪念物。所有的这些人文与自然两类景观组成了我国的风景名胜，形成了我国特有的风景名胜体系。根据我国的地理地貌，以及当地浓厚的文化底蕴，可以把我国的风景名胜分为以下几种类型。

一是森林风景区。如浙江天目山、福建武夷山、杏林长白山、四川卧龙、湖北神农架、陕西秦岭、广西花溪、云南西双版纳等。

二是山岳风景区。如安徽黄山、浙江雁荡山、江西庐山、山东泰山、湖南衡山、四川峨眉山、山西五台山、湖北武当山、云南玉龙雪山、广东白云山、辽宁千山等。

三是山水风景区。如桂林漓江、长江三峡等。

四是湖泊风景区。如江苏太湖、杭州西湖、大理洱海、昆明滇池、武汉东湖、吉林白头山天池、黑龙江镜泊湖、青海青海湖、新疆的天山天池与赛里木湖等。

五是滨海风景区。如海南的天涯海角、辽宁大连、福建厦门、广东汕头、浙江普陀山等。

六是石林瀑布风景区。如云南的石林、贵州的黄果树瀑布。

七是历史古迹名胜区。如北京、南京、西安、开封等历史古都，甘肃敦煌莫高窟、河南的洛阳龙门、山西云冈石窟、山东曲阜等历史古迹，以及苏州园林、扬州园林等历史人造古迹。

八是革命纪念胜地。如嘉兴南湖、江西井冈山、贵州遵义、福建古田、安徽皖南事变遗址、陕西延安、南京中山陵等。

第二节　风景名胜管理的特点和要求

保护好我国的风景名胜资源，是落实科学发展观的重大课题。长期以来，党和政府对风景名胜资源保护十分重视，加强对风景名胜的管理。各个风景名胜区由于所处的地区不同，民风民俗不同，拥有的资源优势不同，基础设施上的差异等等，形成了各自不同的特点。

一、风景名胜区的特点与功能

在"靠天吃饭"的农业时代，人与大自然的物质关系是索取、种植和饲养，很大程度上依赖大自然，并产生了敬畏、崇拜、祈求与亲和的情感。这种关系，已经从远古的普遍自然崇拜，上升到选择风景名胜中的名山大川作为大自然的原型和代表，进行各种反映天人关系的精神文化活动。风景名胜专门作为人类对自然的精神文化活动胜地，并受到保护。在中国数千年的时代，风景名胜积淀了深厚的山水精神文化，发展了多种功能，其主要特点与功能如下：

（1）自然资源、人文景观丰富　如北京颐和园原为帝王的行宫和花园，由万寿山、昆明湖等组成，有各种形式的宫殿园林建筑 3 000 余间，其园林布局集我国造园艺术之大成，是把自然景物与人文景观进行组合而成，形成独特的大量优质景观资源，具有不可再生性。

（2）帝王封禅祭祀　据文字记载，早在先秦时代，已形成"天子祭祀天下名山大川，诸侯祭其疆内名山大川"的祭祀礼仪，祈求风调雨顺、国泰民安。祭祀的最高形式是帝王封禅五岳之首泰山，积淀了两千多年来世界上特有的帝王封禅祭祀文化。

（3）游览与审美　"孔子登东山而小鲁，登泰山而小天下"，这也许是名人登峄山（今在山东邹县东南）和泰山的游览审美活动的最早记录。孔子的"仁者乐山，智者乐水"让仁者和智者从不同角度领悟山水"生养万物，取益四方"，使"国家以宁"的品格。从魏晋南北朝开始，游山玩水已成为时尚，尤其是唐宋以来，更成为风景名胜的重要功能。

风景名胜环境优美,有一定的规模和范围。比如承德的避暑山庄,群山环抱,地势高峻,气候宜人,总面积 564 km^2,为颐和园的 2 倍。风景名胜区环境优美是由于它茂密的树木、俊美的自然风光。

现在,风景名胜已经成为人们游览、休息或进行科学文化活动的场所。如,巍峨的山川、如画的湖泊、名木古迹、艺术宝藏及革命纪念地。风景名胜区内还要建立相关的配套游乐设施及服务部门,如各种游乐场地、游乐器具、饭馆、商店、摄影等,满足人们对在游览过程中的休息或进行其他活动的需求。

(4)宗教文化与活动　宗教文化对风景名胜的建设和发展产生了深远而持久的影响,宗教活动逐渐成为风景名胜的重要功能之一。创立于东汉末年的道教以"崇尚自然、返璞归真"为主旨,名山是他们采药炼丹、得道成仙的理想场所。到了唐代,道教盛行全国,并形成了 10 大洞天、36 小洞天和 72 福地的道教名山体系。其中有 30 处现已成为国家风景名胜区,有 3 处列入《世界遗产名录》。佛教传入中国后,受道、儒思想的影响,遂与名山结缘,形成"天下名山僧占多"的局面。著名的佛教 4 大名山均成为国家级风景名胜区,另有 4 处佛教文化遗产已列入《世界遗产名录》。

(5)创作体验　创作体验是中国风景名胜区特有的高级功能。魏晋南北朝时期,名山大川不仅成为审美对象,还开创了山水文化创作的体验功能。许多文人墨客,深入名山,寄情山水,赋诗作画。如谢灵运踏遍大江南北,赋诗寄情,成为中国山水诗的宗师。山水诗的创作在唐宋进入了高峰,"一生好入名山游"的李白,深感名山与创作的关系,得出"名山发佳兴"的结论。诗画同源,山水画派也是在南北朝时形成的。如山水画宗师宗炳,"栖丘饮谷 30 余年,不知老之将至"。每当游历山川归来时,便将其"图之于室,卧以游之"。此后山水画家人才辈出,他们无不深入名山大川,师法自然。正如明末清初僧人画家石涛被黄山的自然美所吸引,长驻黄山"搜尽奇峰打草稿",成了黄山画派的创始人之一。除了诗画以外,山水游记、散文及山水园林、山水盆景等无不源于名山胜水。据统计,在拥有近 5 万首全唐诗电子检索中,描写风、山、水、树林、石以及云等自然景观要素的诗分别占 41.49%、37.46%、27.62%、15.23%、11.52%、11.52%。足见自然景观在诗人心目中的分量。

(6)风景名胜具有观赏、文化或科学价值　比如苏州园林、杭州西湖有极大的观赏价值;兵马俑、敦煌壁画有高度的文化价值;四川都江堰、河北赵州桥有巨大的科学价值。

从古至今,大自然就给人以灵感和情感,给人以理性的启迪。宋代博学家沈括游雁荡山,观奇峰异洞深受启迪,而作出流水侵蚀作用的科学解释。明代旅行家徐霞客,一生"问奇于天下名山大川",以"性灵游求美,驱命游求真",既欣赏山水之美,又探索其成因。他不仅是旅行家、文学家、地理学家,而且是名山风景科学的开创人。正如英国科学技术史学家李约瑟博士评价徐霞客,"他的游记,读起来并不像是17世纪学者所写的东西,而像是20世纪野外勘察家所写的考察日记"。可见,中国名山早在宋明时代,就孕育了科学研究功能。

(7)风景名胜是学习的胜地　中国自古以来,就有许多高士隐居于名山胜水,如庄子、东方朔、严光、嵇康、陶渊明、陈抟、王夫之等。他们崇尚自然,超然尘外;不求功名利禄,隐居山水之间;读书写作,陶冶情操;养浩然正气,扬民族气节,留下许多代表中华民族与青山绿水长存的山水文化。

除此之外,唐宋以来,尤其是宋代,在名山风景区建立了不少书院。如庐山的白鹿洞书院、武夷山的紫阳书院、嵩山的嵩阳书院等,有的名山多达十来个书院,这也是中国名山特有的现象,充分体现了人与自然精神联系的不断发展与深化。

数千年来,风景名胜有的功能消失了,如祭祀隐读,有的功能发展了,如游览审美、探索大自然的规律等。

二、风景名胜区管理的要求

风景名胜区所具有的独特人文与自然资源。由于地理地貌、气候、水文的不同,民风民俗各异,各地的风景名胜区进行管理时要有适应其特色的管理办法,但不管怎样,我国的风景名胜区的管理主要有以下几个方面要求。

1. 管理制度化、法制化

以前有许多风景区管理体制不顺,政出多门,各行其是,造成了资源破坏和管理混乱。如今,国家为了强化对风景名胜区的管理,制定了《风景名胜区条例》。条例中对风景名胜区的管理机构,组织形式,开发与建设等都作了明确的规定。

在管理体制上,依据《风景名胜区条例》,风景名胜区所在地县级以上地方人民政府设置的风景名胜区管理机构,负责风景名胜区的保护、利用和统一管理工作。国务院建设主管部门负责全国风景名胜区的监督管理工作。国务院其他有关部门按照国务院规定的职责分工,负责风景名胜区的有关监督管理工作。省、自治区人民政府建设主管部门和直辖市人民政府风景名胜区主管部门,负责本行政区域内风景名胜区的监督管理工作。省、自治区、直辖市人民政府其他有关部门按照规定的职责分工,负责风景名胜区的有关监督管理工作。可见,除了法定的主要管理机构外,还需要其他相关的部门协助管理,这里主要涉及园林、文物、林业、旅游、环保等部门,主要的部门是园林部门。

除此之外,我国现有《中华人民共和国文物保护法》、《森林法》、《野生动物保护法》、《风景名胜区管理条例》等法律法规对风景名胜的旅游资源开发起到一定的约束作用,要严格贯彻执行。另外,我国各地要根据当地实际情况,出台了一些对风景名胜资源与环境保护方面的地方法规。如安徽省出台的《黄山风景区管理条例》、《皖南古民居保护条例》等对风景名胜资源和环境保护起到较大的作用。

依法开展风景名胜区工作。要依据《风景名胜区条例》,严格执行有关法律法规,加大对违法行为的查处力度,把景区保护、开发和管理工作纳入法制化轨道。

2. 提供完善的服务及配套措施

风景名胜区提供的服务内容包括硬件设施配套与软件服务水平两方面。风景名胜区与公园一样,每天接待成千上万的游客,且游客的来源、年龄、职业、文化层次、职业爱好不同,游览景区的目的不同,对景区会提出各种各样的要求。风景名胜区管理工作不但要提供相应的硬件基础与娱乐设施,还应以游客为本,以满足不同游客的个性需求为出发点,实行人性化服务,及时有效地提供各类服务,树立服务品牌,提高服务质量,使游客来的开心,走得满意。

3. 加大景区外围服务设施配套建设,景区内少建,维护景区的生态文明

随着经济体制的改革,我国许多风景名胜区经营管理都实现了经营主体资格的市场化。市场化主体注重经济效益的回报,他们对拥有的资源进行无序开发,无限制地满足游客观光游览时的需求,如在景区建立游乐场,建立大型的索道,大型的酒店,有的甚至打国家政策的擦边球,开发别墅庄园等,利用景区珍稀资源创造超值经济利润。所有的这些,都是风景名胜区管理者的短视行为,实际上是对风景名胜区资源的破坏,是对风景名胜区特有资源的毁灭,不利于风景名胜区的可持续发展。

我们在进行风景名胜管理时,社会效益第一,在保护风景名胜资源的基础上,对游客的需求进行适度满足,重点应放在风景名胜区的优美人文与自然景观的维护与美化上。做好风景名胜区外围的基础设施的投入与完善,如交通、旅游品市场、饭店、旅馆等。减少对风景名胜区自然环境的破坏,维持景区的生态文明。通过风景名胜区内的优美环境,与风景名胜区外的完善配套服务设施等为游客提供优质服务,扩大风景名胜区的对外界的辐射范围,来吸引更多的游客,从而带动地方的旅游业,促进地方经济快速发展。反过来,地方经济的快速发展又会促进风景名胜的良性循环发展。

4. 加强管理和监督

一个生态系统处在自然状态下,有较强的自我恢复能力,一旦作为旅游资源来开发,人的影响便削弱了这种能力,所以风景名胜区要强化环境与资源保护。依照《风景名胜区管理条例》,风景名胜区的管理机构是国家专门的旅游管理机构,是政

府的职能部门,所以风景名胜区的管理离不开政府主导,政府主管部门要加强对风景名胜区的管理,完善管理机构,健全管理制度,落实管理责任,加强管理队伍建设,真正实现风景名胜管理法制化、制度化。

我们还要切实搞好对风景名胜区生产经营和旅游活动的监管,特别是那些所有权与经营权分离的风景名胜区,坚决制止无序开发。在核心景区,禁止建设楼堂馆所等与资源保护无关的建筑物;在一般景区,禁止建设破坏景观、污染环境的设施,防止景区人工化、城市化、商业化。要切实加强景区安全管理,维护景区秩序,建立健全应急管理机制,及时处理突发事件。

第三节　风景名胜区管理的主要内容

风景名胜区是我国旅游资源的重要组成部分。平时要接待成千上万的游客,面对来自世界各地的游客,提供多种服务。这里涉及面广,内容多,头绪复杂,是一项综合性的管理工作。风景名胜区对游客提供的服务水平将直接让来自四面八方的游客带回去,从而影响风景名胜景区的社会影响力,并对风景名胜区的持续发展产生深远的影响。所以,平时要做好风景名胜区的管理。由于我国的风景名胜区一般都有当地独特的地理或人文的稀有景观,所以对风景名胜区的管理主要可以分为两个方面。一方面是要有成效地保护、利用风景名胜自然资源,另一方面也要大力保护和开发当地丰富的文化人文景观。具体地主要涉及以下几方面的内容:

1. 抚育管理

自然资源是我国风景名胜资源的重要组成部分。由于不同地原地貌等地理条件,形成了我国丰富多样,各种不同的自然景观。而多种多样、习姿百态的自然景物,给参观的人们呈现出形象美、色彩美、线条美、视觉美、嗅觉美,使人们在繁忙的劳动和工作之余通过休息、度假、旅游,欣赏大自然的美,消除疲劳,调剂精神,陶冶性情,激发热情。单以形象美来说,高而大的山峰给人们以雄伟的美感,奇松、怪石、云海、瀑布给人们以奇特的美感,华山的"千尺幢"、"百尺峡"、"擦耳崖"、"上天梯"给人们以险峻的美感,植被茂密的景区给人们以山清水秀的美感,丛山深谷、铺天盖地的林木给人们以幽深的美感,以宽阔水面为主体的景区给人们以畅旷、心怡的美感等。

这些自然景观资源的存在是风景名胜区的宝贵资源,是风景名胜区永继发展的源泉,所以,风景名胜区管理的重点之一就是要保护好这些天赐的大自然资源。对风景名胜区内的植物资源进行抚育管理。抚育管理主要包括两方面的内容:一是要在景区做好封山育林、植树绿化、护林防火、排水灌溉、追肥、整形修剪及防治林木病虫害,切实保护好林木和植被资源,创造动物、植物的生长,栖息条件。风景名胜区抚育管理的另一内容,是保护风景名胜区及其外围保护地带的花草树木不被任意砍伐。不论这些林木的所有权归属于谁,都不能够被任意砍伐。根据我国森林法规规定,风景名胜区的林木属于特种用途林,国家给予特殊的保护。在特殊用途林内,不可以任意砍伐,不可以砍柴和放牧。如果确实需要进行抚育性的采伐,也必须事先上报地方主管部门审查批准后方可实施。

保护古树名木,严禁砍伐古树名木,是风景名胜区抚育管理的一个重要内容。我国地大物博,历史悠久;古树名木是历史发展的见证,是劳动人民辛勤劳动的结果。我国的许多古树名木是我国所特有或世界所稀有,具有历史、艺术、科学价值。比如,江西省庐山的三宝树之一的银杏树,传说有 1 600 多年的历史。全国 44 个国家重点风景名胜区内,差不多每个风景名胜区内都有上百年甚至上千年的古树名木。国家对风景名胜区内的各种古树名木,依法采取特殊的保护方针和措施。对珍贵树木和具有特殊价值的植物资源管理未经省、自治区、直辖市林业主管部门批准,一律不得采伐和采集,对风景名胜区内的古稀的植物树种,如采集标本、野生药材或其他副产品,都必须经管理机构同意,并按限定的数量,在规定的范围内进行。

【案例 11-1】

风景名胜区:井冈山

井冈山位于江西省西南部,于湘赣边界、罗霄山脉中段,山势高大,地形复杂,主要山峰海拔多在千米以上,最南端的南风屏海拔 2 120 m,是井冈山地区的最高峰。整个地势中部高,四周低,高度不同处呈极明显的两级阶梯,平均海拔 800 多 m,属亚热带季风型,年平均气温 14℃,冬无严寒,夏无酷暑,空气清新,环境幽静。井冈山风景名胜区是 1982 年国务院公布的第一批国家级重点风景名胜区。1991 年又被评为中国旅游胜地 40 佳之一,同时还是全国百家爱国主义教育示范基地和全国十佳优秀社会教育基地。2007 年 5 月 8 日,吉安市井冈山风景旅游区经国家旅游局正式批准为国家 5A 级旅游景区。风景名胜区总面积 213.5 km²,分为茨坪、黄洋界、龙潭、主峰、桐木岭、湘洲、笔架山、仙口 8 大景区。还较好地保存了井冈山斗争时期革命旧址遗迹 29 处,其中 10 处被列为全国重点文物保护单位。这里巍峨群峰矗立,万壑争流,苍茫林海,飞瀑流泉,有气势磅礴的云海,瑰丽灿烂的日出,十里绵延的杜鹃长廊和蜚声中外的井冈山主峰。

井冈山地区的自然资源十分丰富,森林覆盖率高达 64%,景区内拥有各种植物 3 800 多种,其中珍稀树种 30 多种,稀有动物 20 多种,有"动植物基因库"、"天然动植物园"和"绿色明珠"之誉。由于动物资源丰富,1981 年井冈山设立了面积达 16.6 km² 的自然保护区。

井冈山又是一块红色的土地；井冈山，是一个绿色的宝库。"四面重峦障，五溪曲水萦。红根已深植，今日正繁荣。"这是老一辈无产阶级革命家董必武 1960 年访问井冈山时对井冈山发展的评价。井冈山——革命山——旅游山——文化山，"物华天宝钟灵毓秀，绿色明珠流光溢彩"。从红色中走来，向绿色中走去，希望您能走进井冈山，走进这片神奇的土地……

井冈山属山岳型风景名胜区景观景点，汇雄、奇、险、峻。秀、幽的自然风光特点，属中亚热带湿润季风型气候，雨量充沛，气候宜人，夏无酷暑，冬无严寒，年平均温度为 14.2℃。是从事爱国主义教育，学习革命传统。旅游风光。避暑疗养回归大自然的理想之地。当年郭沫若游览井冈山时曾感慨万千，挥毫留下了"井冈山下后，万岭不思游"的赞美诗句。今天，井冈山正以崭新独特的面貌迎接国内外嘉宾的光临。

千年的历史变迁，不变的青山秀水，积淀下来的是浓郁的地方文化。从 1927 年红色的铁流融会在井冈山之后，井冈山的生命力得到了焕发，"星星之火"不仅燃遍了神州，同时，凝聚成了不朽的井冈山革命精神。

传奇的石刻碑帖，淳朴的民间风俗，优美的民间传说，丰富的文学作品……构成了井冈山的深厚人文背景。

像井冈山这样的风景名胜区的抚育管理就是要保护好这些林木植被和动植物生长和栖息的原始生态条件。

2. 安全管理

风景名胜区应加强安全管理，保持景观资源与游客游览安全的完好。保障游客安全，是风景名胜区安全管理工作的首要任务。由于在风景名胜区内，往往有滨湖水域，以及高山险峰，甚至有的地方还会有野生或展出的动物，因而建设安全的观赏设施，开辟畅通的交通通道，及时地发现和排除游客可能出现的险情，并能及时实行各种行之有效的安全措施，对保障游客的安全和景观资源的完整是十分必要的。比如，距今已有 1 000 多年的六和塔位于杭州西湖之南，钱塘江畔月轮山上。在 1986 年发现险情，7 层以上木结构严重破损，塔身已有外倾之势，为了保障游客的安全和古塔的完好，杭州市政府决定将六和塔 7 层以上全部封闭，不对游客开放，并对六和塔 6 层以下每日游客限制在 200 人左右。同时由市园林方面专家组成小组制定修复和加固六和塔的方案。又如，自古华山一条路，华山山路年久失修，路面状况十分恶劣，经过时确有一定危险，1984 年华山抢险事件发生后，当年国家拨款 40 万元，沿路筑桥、立桩、凿石阶拉铁链，一条长达 16.5 km 的山路已经变成 5 m 宽的大道，保障了游客在游览时的人身安全。

另外就是要严格管理烟火,是加强安全管理、保障游客安全和景物完好的重要内容。俗语道:水火无情。一场火灾可能烧毁风景区的自然景物和人文景物,也可能危及游客的生命安全。在风景名胜区,要把防火护林工作放在极为重要的地位。许多风景名胜管理部门,明文规定任何单位与个人未经公安部门批准,严禁在园、区内燃放鞭炮、焰火;严禁在建筑、古松柏、林地、山林等易燃火的地方吸烟和使用明火。在有群众居住的风景名胜区内,发动群众在订立民规市约时要把防火放在重要地位,有的地方还要组织防火队或防火员,开展防火工作。

良好的社会秩序是群众进行游览活动的必要条件,风景名胜区必须同一切扰乱公共秩序的行为进行坚决的斗争。为此,许多风景名胜区的安全管理方面都规定,禁止进行损害风景名胜区安静、有序或危及游客安全的活动;严禁携带各种凶器、枪支弹药(狩猎山另有管理规定)、爆炸物进入景区;非经管理部门同意,各种车辆不得进入景区,准许进入的车辆必须按规定的线路慢速度行驶,在指定的地方停放整齐。

许多风景名胜区在安全管理方面还规定,在景区内购票要顺序排队,进出景区要顺序行进,不准拥挤、起哄,不准堵塞通道或出入口;租退游船要顺序排队,上下船必须经由码头,严禁超员乘船,不准私自转让游船,遵守静园时间,静园后不准在园内停留,不准翻越、拆毁园墙或栅栏;爱护野生或展出的动物,不准捕捞,不准恫吓或投喂、投打,不准在非钓鱼区钓鱼;禁止在景区露天的水面游泳、冰面滑冰等等。所有规定都是保障游客安全或者保障自然、人文景观资源保存完好的必要管理措施。

3. 保存、开发好人文景观

人文景观在我国自然风景区与风景名胜相得益彰。风景名胜区的人文景观,主要指存在于风景名胜区域内的具有历史、艺术、科学价值的古文化遗址、古建筑、古墓葬、石窟寺、石刻;具有重要纪念意义、教育意义和史料价值的建筑物、遗址、纪念物等等,这些人文景物,对于继承我国优秀的历史文化遗产,进行爱国主义和革命传统教育,建设社会主义精神文明,对于发展旅游事业,都有重要的意义和作用。

在发展风景名胜的同时,不光要发展当地丰富的自然资源,还要开发与自然风景相适应的人文景致,增加风景名胜的内涵,扩大风景名胜的社会影响力。

4. 为游客提供优质服务

风景名胜区的管理理念应该是全心全意为游客服务。游客是维持风景名胜生存的基础之一,没有游客,就像是无米之炊。所以全心全意为游客服务是风景名胜管理的根本,管理的源头。风景名胜的所有生产业务都是为游客而进行的,如风景名胜区的基础硬件设施,高空缆车、宾馆、小卖部等都是围绕着游客的需求而设置的。所以风景名胜管理要以游客为上帝,处处为游客着想,一切为满足游客的需求、一切为游客提供方便,只有这样,风景名胜才能在国民经济中发挥它应有的作用与地位。

5.保护资源特色,积极营销,开拓市场

风景名胜区的管理关键是要保护好景区内的独特资源,而景区内的游客大多数来自五湖四海,全国各地。他们对风景名胜区的保护就是最大的环保,所以,加强对游客的宣传是十分重要的。风景名胜区可以根据当地的风俗、自然风景的特点进行专项市场策划,包括本地景区内的市场策划与外地的市场宣传策划活动。建立旅行社团的市场策划活动,加大风景名胜区对外界知名度的辐射影响,也可强化人们对风景名胜区的保护意识。通过多种形式的市场策划活动,扩大风景名胜区的知名度,获取更大的旅游市场份额。

第四节　风景名胜区资源的保护、开发与利用

保护是任何时代文化与物质遗产发展利用的前提。没有保护就没有天下名山,没有风景名胜区。古代的中国名山,是靠全社会来保护的。古时帝王下诏"凡五岳及名山,……皆禁樵采。"具体到一座山,如"天台山中避封内四十里,为禽兽草木长生之福庭,禁断采捕者。"文人从山水审美价值观进行歌颂和保护,宗教从仙山佛国意识保护寺观及其环境,百姓及全社会都以风水意识进行有效保护,这就形成我国古代的天下名山保护体系。除了战争,名山一般都能得到有效保护。

随着经济的发展,工业时代高科技的发展,使人类的生产生活发生了日新月异的变化,同时也给大自然带来空前的破坏。自然环境的日益恶化,已直接威胁到人类自身的生存与发展。联合国环境署发表的全球环境报告指出,地球上的植被、土地已遭严重破坏,全球80%的原始森林已被砍伐或被破坏。我国国土荒漠化速度也是史无前例的,目前正以平均每年 2 460 km^2 的速度扩展。面对地球村的绿色家园受到日益严重的威胁、干扰和毁坏,人们不仅要有整体的保护意识,更需要保护那些传统的自然文化遗产和抢救那些尚未被破坏的具有科学、美学和历史文化价值的自然保护区、自然风景区,以满足人类对大自然的精神需求。这已成为全球的共识。1972 年,联合国教科文组织通过了《保护世界文化与自然遗产公约》,以公约的形式联合全世界的力量,来保护全球最珍贵的遗产。保护它的真实性和完整性,使之世代传承,永续利用,这也是现代文明的重要标志。这表明风景名胜区——自然文化遗产保护、开发与利用已进入生态文明时代,生态保护原则已成为风景区保护的首要原则。承认自然界的生物同人类有着同样的价值和权利。尊重

自然，爱护生态，从精神文化需求和科学上指导人类与大自然的可持续发展。

【案例11-2】

　　工业文明时代的国家公园，都是立法保护，并由国家最高权力机构——中央政府直接管理。如在美国，保护国家公园，带有政治任务性质，每届总统都要为此做出努力，总统为国家公园顾问。生态文明时代，地球已成为"地球村"，保护自然文化遗产，已成为全球战略。联合国教科文组织以公约的形式联合世界的力量，保护全人类最珍贵的遗产。公约要求签约国政府竭力保护好所在国的世界遗产和国家遗产。截至2001年底，全球世界遗产已有721项，其中有28项在中国。可见，在人类社会发展史中，遗产的保护也是不断发展的，从家族遗产（传家宝），国家遗产（国宝），到世界遗产（人类瑰宝）。无论什么时代，保护遗产的宗旨都是保护遗产的真实性和完整性，发展遗产地的精神文化功能和科教功能，禁止对遗产地进行过度经济开发，使之世代传承，永续利用。因为遗产地风景区内精神文化功能的发展，必然会促进区外服务设施的开发建设，从而为本地区带来巨大的经济效益，但只要保护好区内的自然生态本底，适当的建设也可为所在地区提供良好的生态环境和生物多样性做出贡献。

　　在满足人们对大自然的精神文化的需求，要进行风景名胜区一些必要的旅游开发，必须把保护资源和生态环境放在突出位置。要坚持严格保护、合理开发和永续利用相结合的原则。1995年在西班牙召开的可持续旅游发展会议通过了《可持续旅游发展宪章》和《可持续旅游发展行动计划》。宪章指出：旅游发展必须建立在生态环境的承受能力之上，符合当地经济发展状况和社会道德规范。可持续发展是对自然资源进行全面管理的指导性方法，目的是使各类资源免遭破坏，使自然和文化资源得到保护。旅游作为风景名胜发展的一种强有力形式，应该积极参与可持续发展战略。

　　风景名胜区的资源开发与环境保护是一种良性互动的关系。良好的生态环境是我国风景名胜区可持续发展的物质基础。只有得到精心保护，处在良性循环状态的自然环境和人文景观，才能激发人们的旅游意愿并转化为旅游需求。因此，环境保护为风景名胜区的可持续发展提供了基础，创造了条件。其次，风景名胜的健康发展，也推动了环境保护的发展。人们通过旅游，走进风景名胜，提高了保护风景名胜的认识和保护环境的自觉性。通过发展旅游，可以实现风景名胜部分自然资源的永续利用，减少资源开发造成的生态破坏；可以替代部分资源消耗大、污染重的传统产业，达到减轻污染排放的目的；可以为环境建设提供必要的资金，促进当地环境质量的改善。

　　所以说，风景名胜的资源开发与环境保护并不矛盾，它们是辩证统一的。关键是要处理好它们的关系，把资源开发纳入到保护的健康轨道上来。保护的根本目的是为了开发,而科学有序地开发是一种积极的保护。盲目开发不仅不利于保护,更主要的是破坏了风景名胜的资源。

联合国世界遗产组织认为,除了自然灾害,世界遗产所面临的主要威胁还有人为的因素,包括国际战争、地区或国内冲突、大型工程和大众旅游及其失控的旅游开发等。

目前,对我国的风景名胜区的最大威胁便是失控的旅游开发,尤其是错位的、超载的旅游开发已经造成国家风景名胜区有史以来最严重的破坏。

在中国,80%左右的风景名胜区都有上千年的开发历史,按现代生态文明对自然文化遗产保护利用的原则,使不少风景名胜区早已"超标"。尤其是近十几年的错位、超载开发,不少风景名胜区人工化、商业化、城市化。结果,自然度、美感度和灵感度严重下降,自然生态系统遭到空前破坏。所谓的国宝、人类瑰宝俨然成了少数决策者和股东的摇钱树。风景名胜区的"三化"迎合了那些缺乏自然科学知识和历史文化知识、缺乏山水审美素养,狂热追求物质享受者的胃口,为经营者牟利,给国家和全人类造成了无法挽回的损失。

风景名胜区是祖国锦绣大地上的玉石,是我国宝贵的稀有资源,虽然它的面积还不到国土面积的1%,但却是国土中的精华,是大自然中最高精神文化活动场所,具有多种高级功能。

在市场经济环境下,如何在保护这些资源原生态的条件下,做到资源永续利用,发挥它的社会效益,对风景名胜实行更加科学、合理的管理,实现可持续发展,主要要做好以下几方面的工作:

1. 树立正确的风景名胜区环境观

环境是风景名胜区发展的自然资源,风景名胜区离开了优美的环境便无法发展,风景名胜的资源开发与环境保护利用是相辅相成,缺一不可。所以,我们在开发风景名胜区的资源时,要立足长远,树立正确的风景名胜区的环境观,克服短期行为,在环境承载力的范围内科学开发风景名胜资源。

2. 景区规划科学化

编制好风景名胜区规划。制定规划一定要按照科学发展观的要求,充分体现人与自然和谐相处的原则,合理划定景区范围,确定资源承载能力和环境容量,安排好开发时序和强度。

尽管很多风景名胜的开发是打着保护环境、维护生态平衡的旗号,但在运营中实际上都对生态环境造成了不同程度的破坏。所以,风景名胜区在开发时要进行详细的环境评价,制定科学的规划。要把风景名胜资源的有序开发、合理利用、有效保护落实在当地风景名胜区的整体规划和实践中,成为检验当地风景名胜区管理得失的主要指标。景区内项目建设,要优先安排保护性设施,适度考虑基础设施,严格控制经营性项目建设。要严格执行规划程序,维护规划的科学性和权威性。

3.提高公众保护意识,高度重视对自然风貌和人文遗址的保护

要坚持保护优先、开发服从保护的原则,明确景区内禁止开发和限制开发的范围,严格限制砍伐、采掘、捕猎等活动,尽量减少生产生活对资源环境的影响,妥善处理加强保护与当地居民生产生活的关系。

联合国教科文组织在对申报世界文化遗产的景点进行考察时,都是把有没有保护措施,有没有公众参与保护的意识放在首位。2001 年 6 月 18 日,黟县西递村以胡晖生为代表的 179 名老人组成的老年协会,庄重对外承诺:依法保护世界文化遗产,共创人类美好未来,誓让青山常在,绿水长流,文明村落,遗产永存! 以老年协会这种民间组织形式自发参与世界遗产保护,这在我国 28 处世界遗产地还是首次。此前,西递村民汤桂玉因修缮自家的老房子,擅自指使砖匠将房屋西、北两副墙体拆除,结果以故意损毁文物罪被判处有期徒刑一年。

【案例 11-3】

玉皇山南集中整治国庆新景亮相

杭州的玉皇山南,是一块很有故事的地方。五代时,吴越国王在这里祭天;明朝时,大学者王阳明在这里建了天真书院,广收门徒;到了清朝时,这里寺庙林立,香火旺盛。可惜后来日本入侵杭州,一场大火焚烧掉了大部分建筑和历史文化遗存,玉皇山南开始败落。

杭州市把玉皇山南整治列入西湖综合保护工程,希望考古发掘出一些地下建筑基础,通过环境整治,构建完善旅游系统,在西湖边开辟出一个新景点。

整治重点有 3 个:古樱花地、吴越郊坛遗址和天龙寺。

古樱花地。新近才发掘,大多数人不知道。老底子玉皇山上有 64 景,"星亭樱花"是其中之一,以种植大量樱花闻名。具体位置在玉皇山盘山公路左侧,距离紫来洞停车场约 20 m。这里一度野草丛生,整治后会新建一座茅草屋,围上篱笆,供游人休息、喝茶,并适当恢复樱花。

吴越郊坛遗址。以前是祭天的地方。遗址原来有两层,第 1 层有灵化洞、登云洞、朱天庙洞、甘露井等文化遗迹;第 2 层有张石床,上刻"午梦床"3 字。这次整治还发掘了第 3 层,据说这里才是真正祭天的地方。

据杭州市考古所调查,在现水泥路北侧发现一些明清时的建筑遗址,在水泥路南侧发现五代吴越和宋时的建筑遗址。根据史书记载,这一带历经唐宋元明清各朝,一直没有冷落过,曾建有朱天庙、天真寺等各种寺院。今后,这些新发掘的建筑遗址会围上长廊,供人们观看。

天龙寺。寺里的造像最珍贵,属于国家级文保单位。南京博物院的专家已给造像"洗脸"整修,旁边建一座香亭,设一个陈列区,集中展示玉皇山南的历史文化

积淀。考古人员还在天龙寺入口处发现一块"天真精舍"碑,天真书院当年也在那里。(根据 2008 年 8 月 5 日都市快报新闻整理)

4. 根据风景名胜区的资源接待能力,适量限制游客的数量

络绎不绝的游人为景区带来了可观的收入,但游人的数量一旦超过承载量,也会使原本脆弱的景区陷入危险的境地。世界遗产地敦煌石窟由于近年来游客过多,游人呼出的二氧化碳和光线的影响造成壁画变色剥落,20 年间的损坏超过过去几百年来的侵蚀。由于旅游者素质高低不齐,人为破坏风景的事故大有教训可列。全国旅游胜地 40 佳中的织金洞,是我国目前开发出来的最大的地下溶洞。但在运行初期,管理人员不够,大量的石笋、石柱等被游客折断带走,经数百万年才能形成的洞中独特的自然奇观卷曲石已所剩无几,且大的一个不剩,令人痛惜。

曾经因严重超负荷运转而受到诸多媒体批评的九寨沟,最近也宣布限员,每天最多只允许 1.2 万人进入风景区。为了解决"人满为患"等问题,美国黄石公园采取抓阄的方法,每天只限十几名"幸运者"乘一辆汽车进入栖息地。黄山风景区十分注重对现有景点的保护,对主要景点天都峰、莲花峰、丹霞峰等每隔 3 年轮流封山,一方面进行道路的维修,一方面让它们休养生息,尽可能使山体的自然生态得到好的恢复,这种让风景轮休的做法确实对风景名胜区的资源环境起了很好的保护,让风景名胜区的环境资源可以自然净化,起到永续利用的效果。

5. 推出生态旅游产品,加强游客教育

在风景名胜区的资源开发中,要贯彻生态意识,设计以可持续发展为核心的旅游新产品,大力发展生态旅游。如餐饮结合本地特产,以地域产品特别是当地的绿色食品为主。住宿设施与周围环境相协调,具有地方特色。景区内尽可能限制现代化的交通工具,而以较原始的交通工具为主,如步行、马车、自行车及利用自然能(风力、水力等)交通工具,既体现生态旅游活动的自然特色,又可以避免对生态环境的污染。购物方面提倡购买当地自然的土特产品。另处,加强对游客在自然资源和环境保护的宣传教育,并规定游客在旅游中允许操作的行为,使其旅游行为与资源、环境相协调,以有利于环境优化和生物多样性的发展和文化保护。

【案例 11-4】

国家公园的发展

19 世纪后半期,美国在西部大开发时,要求国会圈地保护,让世世代代的美国人都能享受这美丽的大自然。经国会通过、总统签署,1872 年美国诞生了世界上第 1 座国家公园——黄石国家公园。100 多年来,国家公园运动波及全世界,现在世界上已有 200 多个国家建立了 2 600 多个国家公园,平均占其国土面积的

2.4%。一位美国政治家说："如果说美国对于世界文明发展做过贡献的话，恐怕最大的就是设立国家公园了。"

1974 年，国际自然及自然保护联盟制定了如下 4 条国家公园标准：

①面积不小于 10 km²，具有优美景观、特殊生态或地形，具有国家代表性，未经人类开采、聚居或建设。

②为长期保护自然原野景观、原生动植物群、特殊生态系统设置的保护区。

③应由国家最高权力机构采取措施，限制工商业及聚居开发，禁止伐木、采矿、设厂、农耕、放牧及狩猎等行为，以有效地维护自然及生态平衡。

④保持现有自然状态，准许游人在一定条件下进入，可作现代及未来的科研、教育、游览与启智场所。

国家公园是工业文明时代，人与自然精神文化关系的纽带，它的特点是建立在科学基础上的精神关系。对此，美国国家公园手册就指出："允许公园被用于商业目的旅游，是对国家公园的独特、绝佳财富的浪费，所有这类旅游都应被制止"。"必需的公园内宿营地应根据自然景观要素来设计和操作，豪华宾馆无疑是不合适的"。"把保护生态系统作为公园的根本目的……并成为限制游客设施的理由"。"韩国国立公园画册的大标题写道："韩国国立公园无与伦比的美丽，这里只邀请热爱自然的人。"

美国黄石国家公园在 1995 年被列入《世界遗产濒危名录》，其理由是：

①公园东北边界外 4 km 处，计划采矿，将影响威胁公园。

②违规引入非本地物种——湖生红点鲑鱼与本地的刺喉鲑鱼竞争。

③道路建设与游人压力。

④野牛的普鲁氏菌病可能危害周边地区的家畜。

对此，克林顿政府于 1996 年以 6 500 万美元收购了计划采矿的私人土地，解决了区外的威胁，其他问题尚未完全解决。

我国于 1982 年经国务院批准公布了第 1 批国家风景名胜区——中国的国家公园，至今已有 303 处。其中绝大部分是历史上的名山大川。所以我们应继承名山的优秀传统，加强科研、教育功能与国家公园接轨。国家风景区的建立，是名山风景发展史上具有里程碑意义的事件。它强调保护原生态大自然的本色，强调科研、科普和爱国主义教育功能，使国家公园成为种质资源库、自然博物馆、生态实验室和环境教育课堂，限制游人及其服务设施的数量，使人类与自然和谐发展。

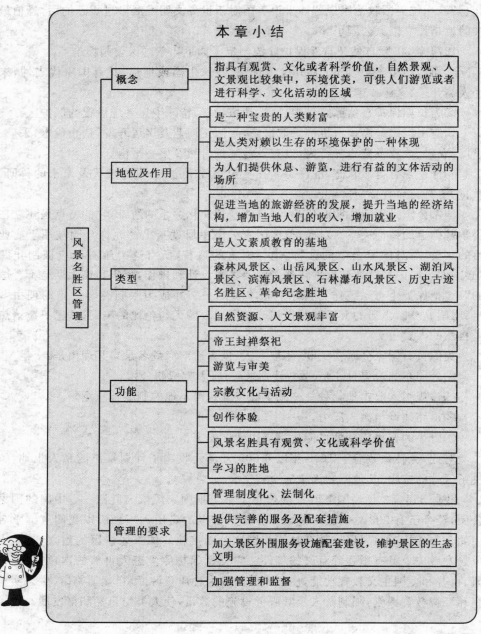

本 章 小 结

风景名胜区管理	概念	指具有观赏、文化或者科学价值，自然景观、人文景观比较集中，环境优美，可供人们游览或者进行科学、文化活动的区域
	地位及作用	是一种宝贵的人类财富
		是人类对赖以生存的环境保护的一种体现
		为人们提供休息、游览，进行有益的文体活动的场所
		促进当地的旅游经济的发展，提升当地的经济结构，增加当地人们的收入，增加就业
		是人文素质教育的基地
	类型	森林风景区、山岳风景区、山水风景区、湖泊风景区、滨海风景区、石林瀑布风景区、历史古迹名胜区、革命纪念胜地
	功能	自然资源、人文景观丰富
		帝王封禅祭祀
		游览与审美
		宗教文化与活动
		创作体验
		风景名胜具有观赏、文化或科学价值
		学习的胜地
	管理的要求	管理制度化、法制化
		提供完善的服务及配套措施
		加大景区外围服务设施配套建设，维护景区的生态文明
		加强管理和监督

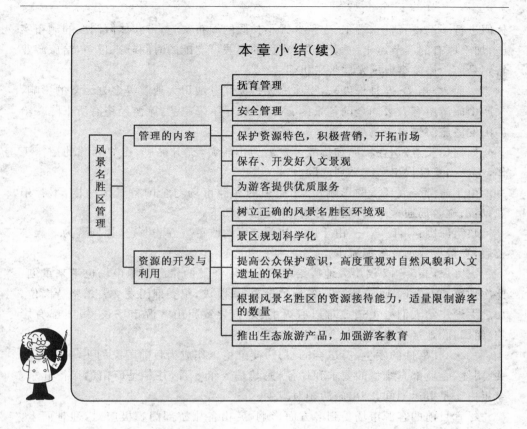

本章小结（续）

【关键概念】

风景名胜　抚育管理　安全管理　风景名胜区的营销策划　生态旅游

【复习思考题】

1.简述风景名胜的管理特点。

2.简述风景名胜管理的内容。

3.根据一个风景名胜区的现状，谈谈如何有针对性地对这一风景名胜区做好它的资源保护、开发与利用。

【观念应用】

点热庐山奥运旅游 凸现庐山清凉品牌

庐山开展"火热奥运、清凉庐山"暑期旅游市场推进活动。2008 年国家对法定休假进行了调整:清明、端午、中秋 3 天小长假的颁布实施,带薪休假制度的颁布实施,加上原有的春节、"十一"黄金周,市民的闲暇可支配的时间越来越多,给旅游业特别是庐山旅游事业的发展带来机遇。

　　然而,今年 1～6 月份以来,受冰冻灾害天气及四川大地震等多方因素的影响,来庐山旅游游客人数同全国各景区、景点一样呈下降趋势,旅游经济有所下降。给庐山发展旅游提出了挑战。

　　如何扬长避短,在机遇和挑战中发展庐山旅游,提升品牌,做好客源的招徕工作,给庐山景区提出了一系列问题。

　　由于旅游受大环境的影响,今年庐山的客源市场与全国各景区一样,不容乐观,庐山旅游局通过市场调查、分析,究其原因如下:

　　政策原因:今年"五一"由于国家休假制度的改革,"五一"黄金周调整为 3 天小长假,直接导致远程客源减少。

　　灾害原因:5·12 汶川大地震给雪灾后刚刚恢复的旅游客源市场也带来重创,此次地震波及全国 16 个省、市,各地忙于救灾、赈灾,纪委部门发文要求坚持岗位。加之大地震给人们心灵造成难以磨灭的影响,导致庐山客源市场长、短线都有影响,组团社、地接社退团在 1/3 以上。

　　"3·14"事件的发生、奥运会的召开,使维稳工作成为目前国家的头等大事,机关、团体、企业都有维稳的要求和任务,尤其是今年 8 月,往年是庐山的接待旺季,今年由于是奥运期间,外出旅游相对减少。

　　尽管目前的客源市场受到多方面影响,庐山各旅游部门积极应对,迎难而上,确保庐山客源在去年的基础上有所增长,经过广泛市场调研总结出下列有利因素:

　　——今年的 6～7 月份,汶川大地震的灾害,在党中央、国务院的正确领导下和社会各界的支持下,已趋于稳定 6 月初高考又结束,庐山是著名的避暑胜地的品牌,将迎接一个客源高峰期。

　　——奥运过后的 9 月份,又是金秋季节,又是一个客源高峰期。

　　——组团社、地接社的经济效益可调整,广泛寻找新的客源市场。

　　——7 月初,大陆与台湾通航,庐山与台湾在近代史上紧密相连。大陆与台湾通航,将给庐山的境外客源市场提供一个良好的契机。

　　——今年庐山与国旅总社、天津华堂、西安西部国旅、辽宁国际体育旅行社就客源市场的共同开发进行了签约,也给这些签约旅行社在庐山的客源招徕上增加了动力,为开拓更广泛的客源市场打下了基础。

　　决策:庐山管理局综观全局,认真调查研究,果断决策,适时推出"火热奥运、清凉庐山"暑期旅游市场推进活动,启动暑期旅游市场营销和旅游环境优化工作。

6月24日，管理局党委书记郑翔主持召开了书记办公会，就今年旅游形势进行了分析，并就开展暑期旅游市场推进活动相关事宜进行了研究。

会议认为，今年是奥运之年，应充分利用奥运契机，努力争夺奥运旅游市场份额，拓展奥运会期间及会后的境内外客源市场，进一步向海内外游客推介庐山，努力完成全年旅游经济的各项任务，促进庐山旅游经济发展。

会议决定，从今年7月1日至8月31日，在全山范围内开展"火热奥运、清凉庐山"暑期旅游市场推进活动，具体包括以下10项重要举措：

——广泛开展"火热奥运、清凉庐山"为主题的宣传推广活动，加强与客源地媒体和旅行社来庐山采风、踩线。此期间在媒体广告词以"火热奥运、清凉庐山"对外发布。

——7月18日，在上海举办"火热奥运、清凉庐山"旅游推介活动，并认真做好"上海—庐山"旅游专列的接待服务工作。

——采用小分队促销方法，由管理局领导带队，赴主要客源地和列车夕发朝至客源地促销，包括深圳、广州、汕头、武汉、南京、长沙、杭州、合肥、福州、青岛、铜陵、北京，炒热学生市场、教师市场、老年人市场。

——针对海峡两岸直航，在厦门邀请有关旅行社，召开一次拓展台湾客源市场座谈会。

——针对今年国家调整休假制度，出台优惠办法，与周边的武汉、长沙、杭州、南京、合肥等地大型企业合作，开辟休闲度假客源市场。

——在全山营造"火热奥运，清凉庐山"的氛围，在街心公园等处设立"庐山电视墙"，让奥运期间的来山游客能随时观赏奥运赛事；对来山游客赠送奥运小礼品；其他有关公共场所要有便于游客收看奥运节目的电视、线路。

——进一步加强与国旅总社的合作，共同开发客源市场，重点开拓会议旅游客源市场。

——围绕"新线路、新产品、新卖点"，力推"火热奥运、清凉庐山游"、"别墅游"、"庐山——休闲度假天堂游"等一批旅游产品。

——在全山各行各业深入开展"优质服务、优良秩序、优美环境，满意在庐山"的"三优一满意"活动，进一步强化旅游市场管理，苦练内功。各旅馆业单位、商业餐饮网点和园门管理局要进一步提高从业人员素质，对出现的有效投诉，实行"黑名单"制度，由相关部门予以重处；继续严厉打击"黑车"、"黑导"，进一步整顿、规范市场秩序，提高旅游业的整体服务质量，全面加强旅游安全工作。

——活动期间推出优惠政策，包括对旅行社组织客源来山所给予的优惠，以及与周边地区大型企业的合作优惠。

经过筹划和包装,庐山暑期旅游有了新视角:清凉冰爽的盛夏、经典怀旧的景致、周到贴心的服务、浪漫时尚的体验旅游配套新感觉,庐山别墅纳清凉。"火热奥运、清凉庐山"主题旅游给来山游客一份惊喜。

效果:"火热奥运,清凉庐山"主题暑期旅游活动开展以来,庐山旅游局积极同南昌、九江各旅行社进行联系、沟通,分别在南昌、九江召开旅行社座谈会,将活动期间的优惠政策推介给旅行社,极大地提高了旅行社组团的积极性和自觉性。

自7月初以来,避暑胜地、清凉庐山游客不断:来自上海、南京、青岛、湖南、武汉等地的大型直通车源源不断,学生、教师群体相约而至,休闲度假、避暑纳凉的游客比比皆是。特别是在华灯初上的夏夜牯岭街,天高星繁,人群簇簇,远观九江灯火,近享庐山清凉,成为人生一大快意。

据庐山旅行社管理办公室统计显示,自庐山实施"火热奥运,清凉庐山"主题暑期旅游活动以来,庐山大型旅游团队,旅游专列大幅增加,截止7月20日,来山旅游的外省大型旅游团队,旅游专列达50多批次。

据庐山园门管理局负责人介绍:7月1日至20日,来山游客与去年同期相比稳中有升。

"火热奥运,清凉庐山",2008年的暑期庐山以诚信文明的服务,让更多的游客观赏庐山美丽的景色、体验庐山清凉的空气、享受到奥运会带来的欢乐。

资料来源:中国庐山网——庐山官方旅游网站2008-8-1。

案例思考问题:

1. 庐山"火热奥运,清凉庐山"旅游活动采取哪些市场营销手段和方式?

2. 庐山"火热奥运,清凉庐山"旅游活动包括哪些管理内容?

3. 庐山"火热奥运,清凉庐山"旅游活动是否破坏了自然景观?

4. 为满足游客的需求庐山"火热奥运,清凉庐山"旅游活动提供了哪些产品?

第十二章　花木经营管理

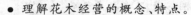

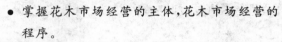

知识目标

- 理解花木经营的概念、特点。
- 掌握花木市场经营的主体,花木市场经营的
  程序。

技能目标

- 能够进行花木经营前、经营过程的市场分析。
- 会针对花木市场经营进行营销的主题策划。
- 熟悉花木市场经营的内容。

【引导案例】

目前,香草盆景是一项前景诱人的产业,在花卉市场上还是奇缺的抢手货。随着人们保健意识的不断增强,香草盆景的市场将会越来越大,这一天然绿色无公害香味品,满足了人们返璞归真的心理。香草盆景可分为 3 类,第 1 类闻香类:中华香草、香水草、香兰草等;第 2 类闻香理气类:七里香、熏衣草、西洋甘菊等;第 3 类杀菌驱虫类:蚊净香草、香蜂花、藿香等。李某看好香草盆景这一产品市场,准备进行投资,他进行投资前的市场调研后得出如下结论:

(1)选址:选 20 m² 以上的门面一间,应在菜市场或花卉市场、居民密集区等地带。

(2)购置香草种子、花盆和货架等批量进货约 3 000 元,即可启动。

(3)营业执照,税务登记在 1 000~1 500 元。共约 6 000 元资金即可启动正常营业。

(4)一年中低档品种成本 0.8~1 元,零售 6~20 元;多年生高档品成本为 5~

7元,售价为100元以上。平均每天按中低档品种出售20盆计算,至少也不少于100元的纯收入。一年收入均可在4万～10万元。

(5)如果自己育苗受到条件的限制,可与有信誉的种苗基地实行订单供苗,也可做他们的代理商。

(6)应将每个香草品种用途功效、使用方法及栽培技术印成说明书随盆景赠送。

(7)经营规模比较大的可以通过媒体、宣传单作宣传,这样可以明显提高其销售量。

案例思考问题:

1.李某投资前的市场调研范围涉及哪些因素?

2.李某得出的调研结果有可行性吗?

第一节　花木商品特点

花木商品是随着人们生活水平的提高,人们对审美、对生活情操,艺术的一种追求而产生的一种需求,是一种超越物质商品的精神追求在花木商品上的体现。在如今的社会经济条件下,花木商品已成为人们平常交往的一种互祝幸福与快乐的礼品,逐渐成为人们不可缺少的日常需求。

花木经营是指花木生产者和经营者,通过商品交换形式,使园林花木经过生产到流通领域,最终进入消费领域的一切经营活动。花木经营是花木生产和社会消费的纽带,是花木生产经营过程中的重要环节。

各种园林花木,除了有与农作物相同的对光、温、水、肥、气的要求外,还具有其固有的生物学特性、对外界环境的特殊要求及技术经济特点。园林花木与其他的工业或服务商品相比,具有自己的特点:

一、生命周期长短不一

一些园林花木,如观赏乔木、盆景等生长周期较长。而另一些园林花木,如盆栽草花、切花等生长周期相对较短,甚至一年可多季生产。园林花木在出售后,它还需延续着自己的生命特征,需要一定的阳光、空气、水分、营养等来维续自己的生命历程,并且随着时间的推移,园林花木商品还会随四季气候的变化来改变自己的体貌特征,这是其他商品所不具有的。

二、品种繁多的商品

园林花木既有草本，又有木本，木本中又有灌木、乔木、藤本等；既有热带和亚热带类型，也有温带和寒带类型。种类、品种丰富多彩，生态要求和栽培技术特点不尽相同，这就需要因地制宜，依据生态条件、栽培水平及社会经济等条件来经营适宜的园林花木，并确立合适的经营规模。

三、具有陶冶情操的观赏性商品

园林花木商品是被人观赏的，让人有赏心悦目的感觉，缺乏具体的功能性效果。它是人们在工作之余为解除一种工作压力或调解紧张心理而所需要的一种精神消费需求。园林花木商品通过它自己的形体、色彩、香味等生命活动过程中所透露出来的生物特征，来满足人们的视觉、嗅觉、触觉等方面的特殊需求与满足。

四、是具有鲜活器官的娇嫩商品

园林花木的产品有观花、观叶、观茎、观果等类型，大都是鲜活产品，外形、色泽等易变。因此要加强采收、分级、包装、储运、销售等采后各个环节的工作，配套好相应的防护技术与设备。不容许它本身被硬碰、挤、压、磕等，要求保持它鲜活的状况，商品才有实际意义。不但在采收时要轻，而且对其包装也提出了较高要求，不但要精美，而且要预留空间，以防运输与销售过程中损伤。

五、是一种需求弹性高的消费商品

它是随着人们的生活质量提高而需求量不断增长的一种商品，是随着人们生活不断增长的物质文明的需求，对精神文明的需求增长。由于人们生活水平不断提高，业余生活兴趣爱好越来越广泛，需求的层次越来越丰富。园林花木商品在等级、体形、香味、色泽、价格等方面的生物学不同特性，让人们在工作之余享受到了大自然的清新与乐趣，也增加了对园林花木的需求量。再加上现代社会中不同的需求主体间个性不同，有不同的情趣、爱好，对花木商品的需求也是呈现不同的特点。

第二节　花木经营市场管理特点和要求

一、花木经营的市场主体

我国目前园林花木经营水平在全国差异较大,发展不平衡。这是由于我国花木经营的市场主体科学文化程度不高,各地的社会经济发展不平衡,存在着多种层次的生产力水平及相应的花木经营市场主体。根据我国的花木经济的发展情况及科技水平,我国在今后相当长的时间内,将会是国有、集体、股份制、私营等多种经济主体共存,股份制、私营经济为主的经营格局。

二、花木经营市场的特点

花木经营市场是围绕着园林花木商品物流的组织和个人形成的,提供给生产者与消费者交换花木商品的平台,包括有固定场所的花卉市场、大型超市等,以及无固定场所的网络交易平台等。经营的起点是生产者,终点是消费者,中间有批发商、代理商、储运机构和零售商等,即中间商。因此,花木经营方式按园林花木商品销售中经过的多少中间环节,可分为长渠道销售和短渠道销售;按园林花木商品销售中使用同种类型中间商的多少,可分为宽渠道销售和窄渠道销售;按承担销售园林花木实体任务的多少,分为主渠道销售与支(次)渠道销售;按园林花木商品是否经过中间商,也可分为直接销售和间接销售。

(一)直接销售与间接销售

1. 直接销售

直接销售是指花木商品从生产领域转移到消费领域时,不经过任何中间商转手的销售方式。直接销售一般要求企业采用产销合一的经营方式,由企业将自己生产的商品直接出售给消费者和用户,只转移一次花木商品所有权,其间不经过任何中间商。其优点是花木生产者与消费者直接见面,能更好地满足消费的要求,实现生产与消费的结合;企业实行产销合一的经营方式,能及时了解市场行情,根据反馈中的信息,改进产品和服务,提高市场竞争能力;产销合一的直接销售方式,不经过任何中间环节,也可以节约流通费用。其缺点是企业要承担繁重的销售任务,要投放一定的人力、物力和财力,如经营不善,会造成产销之间失衡。

2. 间接销售

间接销售是指花木商品从生产领域转移到消费领域时要经过中间商的销售方

式。间接销售与直接销售相比,它有中间商参与,商品所有权至少要转移两次或两次以上,其渠道较长,商品流转时间长。间接销售的优点是运用众多的中间商,能促进商品的销售;生产企业不从事产品经销,能集中人力、物力和财力组织好产品生产;中间商遍布各地,利用中间商有利于开拓市场。其缺点是间接销售将生产者与消费者分开,不利于沟通生产与消费之间的联系,增加了中间环节的流通费用,提高了商品价格,因消费者需求的信息反馈较慢,易造成产销脱节。

(二)长渠道销售和短渠道销售

1. 长渠道销售

长渠道销售是指生产企业使用两种或两种以上不同类型中间商来销售商品的销售方式。它的优点是能充分发挥各种类型中间商促进商品销售的职能,使企业集中精力组织产品生产。但长渠道销售存在着不可避免的缺点:生产与需求远离,很难实行产销结合;商品流转环节多,流通时间长,流通费用高。长渠道销售,一般适用于大批量生产的、需求面广的、需求量多的商品营销。如鲜切花的销售与批发。

2. 短渠道销售

短渠道销售是指生产企业不使用或只使用一种类型中间商的销售。它的优点是中间环节少,商品流转时间短,能节约流通费用。它较适宜于销售园林花木等鲜活商品。

(三)宽渠道销售与窄渠道销售

商品销售中使用同种类型中间商数目的多少,决定渠道的宽窄度,划分宽渠道和窄渠道两种销售方式。

1. 宽渠道销售

宽渠道销售是指生产企业使用许多同种类型的中间商来推销商品的销售方式。宽渠道销售有利于扩大商品销售;有利于选择销售业绩高的中间商;有利于提高营销效益。其缺点是生产企业与中间商之间的关系松散,不够稳定。宽渠道销售的模式:一是使用多个零售商,二是使用多个批发商。

2. 窄渠道销售

窄渠道销售是指生产企业只使用一两个同种类型的中间商来销售商品的销售方式。窄渠道销售主要运用于技术性强、价格高、小批量生产的商品。其优点是生产企业只使用为数极少的固定中间商,双方紧密相依,共同图利,共求发展。在正常情况下,双方产销关系稳定。缺点是一旦一方变故,双方均受损失。窄渠道销售的具体模式:一是使用一两个零售商;二是使用一两个批发商。

　　中间商是指参与商品交易业务的处于生产者与消费者之间中介环节的具有法人资格的经济组织或个人。中间商有广义和狭义之分,狭义的中间商,是指从事商品经销的批发商、零售商和代理商等经销商;广义的中间商,包括经销商、经纪人、仓储、运输、银行和保险等机构。花木市场中间商具体的类型有以下几种:

　　(1)批发商　批发商是指从生产者处(或其他批发商品企业)购进商品,继而以较大批量转卖给零售商(或其他批发商),以及为生产者提供生产资料的商业企业。批发商在商品流转过程中,一般不直接服务于最终消费者,只实现商品在空间、时间上的转移,起着商品再销售的作用。批发商是连接生产企业与零售企业的桥梁,具有购买、销售、分配、储存、运输、融资、服务和指导消费等功能。批发商按业务所在地分类,可分为产地批发商、销地批发商、中转批发商和进口商品接收地批发商等。批发商一般在大型的花鸟市场或花卉中心比较多,是现代花木经营商一种常见的市场主体之一。

　　(2)代理商　代理商是指不具有商品所有权,接受生产者委托,从事商品交易业务的中间商。代理商的主要特点是不拥有产品所有权,但一般有店、铺、仓库、货场等设施,从事商品代购、代销、代储、代运等贸易业务,按成交额的大小收取一定比例的佣金作为报酬。代理商具有沟通供需双方信息、达成交易的功能。代理商擅长于市场调研,熟悉市场行情,能为代理企业提供信息,促进交易。

　　代理商按其与生产企业(代理企业)业务联系的特点,可分为企业代理商、销售代理商、寄售代理商、拍卖行、委托贸易商、进出口代理商等。花木市场中代理商应用的也比较多,涉及的主要是销售代理商,委托贸易商等。

　　(3)经纪人　经纪人(又称经纪中介商)是为买卖双方洽谈购销业务起媒介作用的中间商。经纪人特点是无商品所有权,不经手现货,为买卖双方提供信息,起中介作用。经纪人有一般经纪人和交易所经纪人,后者为同业会员组织,由同业会员出资经营,参加交易者仅限于会员,这在我国园林花木销售中尚无运用。现国内的园林花木经纪人为一般经纪人。

　　一般经纪人,俗称"捐客",他们了解市场行情,掌握市场价格,熟悉购销业务,并与一些生产者和消费者有一定的联系,在买卖双方之间穿针引线,介绍交易,在商品成交后,获取一定佣金。一般经纪人对买卖双方都不承担义务,均无固定的联系,但在买卖双方交易过程中,只要受托,既可代表买方,又可代表卖方,以促进成交而收取佣金为目的。

　　(4)零售商　零售商是将商品直接供应给最终消费者的中间商。零售商处于商品流转的终点,具有采购、销售、服务、储存等功能,使商品的价值得以最终实现,使再生产过程得以重新开始。常见的零售商有：专业商店、综合商店、超级市场、方便商店、集市花摊、邮购商店、连锁商店、流动商店等。

三、花木市场的特点

随着经济的发展，人们生活质量的提高，生态环境日渐恶化，人们已经深刻认识到，园林花木对调节人们日常工作的紧张压力，改善人们周围的生态环境的重要性。现在，不管是公园、广场，还是道路绿化，到居室家庭、小区、工厂、学校、机关单位的绿化，大到国家、政府、各单位，小到个人、家庭都十分重视。另外，人们在日常礼仪、社交活动中送花篮、花束的越来越多。园林花木在环保、生态、园林城市的创建中又有很高的需求量，所有这些，都为园林花卉的生产、供应提出了新的要求，也为园林花木市场的兴旺发达创造了条件。我国的园林花木发展的较晚，但发展速度较快，花卉的需求量以年增 20% 的速度上升，增长速度十分惊人。园林花木市场也取得了惊人的发展，但由于花木市场的销售对象是园林花木，是属农林产品，与其他的商品市场相比，具有以下特点：

1. 品种多，个体生物学特性不同，对市场店铺环境要求较高

花木中既有草本，又有木本；既有热带和亚热带类型，也有温带和寒带类型。种类、品种丰富多彩，生态要求和栽培技术特点不尽相同，这就需要经营主体因地制宜，依据生态条件、栽培水平及社会经济等条件来设计店铺的环境。给花木提供适度的通光通风条件及相应的水分、湿度和温度等。保持花木植株在销售前有旺盛的生物学体征。

2. 销售周期短，受季节影响大，淡旺季明显

花木市场中的花卉、苗木等平时有自己的生长周期，遵循一般的生物生长周期法则，生长旺盛的时期在春秋两季，且品种最多，外观、色泽、香味等也最丰富。在夏冬时期，则要进行防寒避暑，降低花木的新陈代谢，品种相对较少。花木市场也随花木商品的生长特性，呈现交易的周期性。在冬夏两季相对较低迷，而在春秋两季则是销售旺季。随着社会经济的发展，贸易物流的发展，远距离的交通运输十分便捷，在现在的冬季，许多南方的花木也被大量地运送到北方。随着人们生活质量的提高，对花木的需求也源源不断。以前的交易淡季到了现在也不是很明显的了。

3. 进入门槛低

由于花木商品的生产技术通俗、易懂，只要是懂得一点经营知识的人都可以涉及。而且经营成本受花木的品种、生长的周期影响，呈现出不同的弹性，一般的投资者都可进行投资经营。

4.受花木商品的生物特性影响，市场中大宗交易现场成交少，场外交易的多

由于花木的生物学特性，决定了花木商品需要一定的水分、泥土、温度、湿度等自然条件。而有的乔木、大型灌木类商品一般体积大，对生态环境要求较高，需要一定的营养、水分与温度，不可以长期的离开土壤，市场内是无法交易的。对大型的花木商品或大批的花木商品，只能在市场内确定花木商品的标准，在场外进行现货交易。而市场内部只能针对一般的消费者进行小额交易。

5.花木商品交易外的运输成本高

由于花木商品在不同地区有适应其本身生长特性，长时间离开土壤，对其成活率有一定的影响，所以，许多花木商品的交易都是先确定标准，再到花木商品生长的地方进行现场迁移，并要求做好相应的花木根系包扎、树身在运输过程中的固定及其他的防损防伤处理。除此之外，一般园林植物在不同的地区进行迁移时，还需接收地林业植保部门的植物病虫害检查等。所有这些，都使花木的运输成本巨大。

6.消费对象大众化

花木市场的消费对象除了专业客户群外，还有许多普通居民，他们为了美化家居、探亲访友、社会交际等都需要一定的花木商品。特别是在节假日的鲜花消费需求特别大，并成为鲜切花、小型盆景等的主要需求对象。

第三节　　花木经营管理的内容

一、花木经营的策略

花木经营管理主要是指花木的经营之道，就是在现在市场经济环境下有效地经营花木商品，有效地组织花木经济中的人力、物力、财力等各种花木商品的生产要素，通过分析市场、计划、组织、协调，以获得花木经营管理的显著经济效益。

经营之道的根本在于制定良好的营销策略。营销策略是指在市场经济条件下，实现销售目标与任务而采取的综合手段的销售行动方案。营销策略要针对市场变化和竞争对手的情况，及时调整或变动销售方案，以最少的销售费用，扩大占领市场，取得最大的经济效益。

在花木经营之前，一般需对花木商品进行必要的营销策划与环境分析。只有在全面彻底掌握市场情况与竞争对手状况后，才能有针对性地进行营销，取得最好经济效益与社会效益。

营销策略是市场营销的起点。营销策略是一项创造性的思维活动，它是对企

业内外部环境进行准确分析,并在有效运用经营资源的基础上,对一定阶段内企业营销活动的行动方针、目标、战略以及实施方案与具体措施进行设计和计划。

花木市场营销策略的内容相当广泛和丰富,根据营销策略起作用的时间长短可分为花木营销战略策略与花木营销战术策略。花木营销策略可以侧重于营销战略,也可以侧重于营销战术,两者通常是密不可分,相互影响的。

营销战略策略注重企业的营销活动与企业总体战略之间的联系,其内容根据企业的战略发展方向、战略发展目标、战略重点与核心竞争力设计企业的营销战略。主要包括以下几个方面内容:

1. 营销战略目标

通过对企业内外部环境的分析,将外部机会与威胁同内部优劣势加以综合权衡,利用优势,把握机会,扭转劣势,避免威胁,并根据企业所选择的竞争战略模式(成本领先战略,差别化战略和焦点战略等),确定营销的地位。营销的地位确定以后,根据企业的营销现状,确定企业一定时期的营销目标,如品牌知名度与影响力、产品的市场占有率、企业在同行业中的地位、完成目标的时间等。

2. 营销战略重点

通常根据企业已确定的营销战略目标,结合企业的优势,如品牌优势、成本优势、销售网络优势、技术优势、质量优势等,确定企业的营销重点。然后通过不懈努力,在营销方面打造企业的核心竞争力。

3. STP 的策略

STP 是细分(segmenting)、目标(targeting)和定位(positioning)的缩写,意思是市场细分、确定目标市场和市场定位。STP 的策略就是要根据企业的总体战略、营销目标和营销重点进行市场细分、确定目标市场,并为企业及其产品定位。

有"现代营销学之父"美誉的菲利普·科特勒认为:"每个公司必须从其现状向前看,制定一个长期战略,以适应不断变化的各种环境。"市场经济中,企业间竞争激烈,竞争对手多元化,企业要在竞争中站稳脚跟,并立于不败之地,必须进行切合企业自身特点的营销战略与对手抗衡,并赢得客户,赢得市场。所以,进行营销战略对企业适应市场经济环境的变化,争取获得竞争优势具有重要意义。

营销战术侧重企业营销活动的可操作性,是为实现企业的营销战略所进行的战术、措施、项目与程序的策略。主要包括两方面的内容:

(1)营销组合的整合　根据企业的营销战略,企业对可以控制的市场营销组合进行整合营销,以求达到整体优化的目的。除了传统意义上的产品、价格、分销和促销因素以外,还包括品牌等其他因素。

（2）营销项目　根据企业营销战略所确定的营销重点，企业还可以专门针对一些项目进行专项营销，如市场调查营销策略、品牌策略、产品策略、价格策略、分销渠道策略、促销策略、广告策略等。不管任何的营销策略都需要依据单个的营销战术的具体运用。

在当今的市场经济环境下，竞争激烈，每个花木经营者的营销都必须"精耕细作"，通过对每个营销项目的精心准备与实施，以提高市场主体的市场竞争力，实现营销战略的目标。

二、花木营销管理的程序

花木市场经营的基础是花木市场的营销，要做好花木市场营销，按照程序可分为明确营销目标、调查与分析、营销方案制定、营销方案实施、营销方案评估与修正5大环节。

（1）明确营销目标　了解营销动机、明确营销重点与主题。

（2）调查与分析　企业营销的外部环境、内部环境、SOWT分析。

（3）营销方案制定　营销方案的设计、沟通、调整与提交。

（4）营销方案实施　营销方案实施过程中的组织、指挥、控制和协调。

（5）营销方案评估与修正　营销方案实施后的评估与修改。

【案例12-1】

花店是美丽幽雅的场所，花艺是花店的灵魂。美丽的花儿为人们传播着各种各样的情感，从事花店业的人员为了高质量地服务顾客，一定要参加专业的花艺学校进修，努力提高花艺水准，花店从业人员应具备的素质有以下几个方面：

（1）有独特的经营理念　经营花店本着以诚为本，服务至上的经营原则，真诚服务于消费者。树立竞争意识、市场意识、讲信誉、讲品牌。经营花店要学会做人，人生在世，做人是第一位的，搞经营活动，更要重视做人。

（2）重视顾客心理分析

①从年龄、着装、交通工具；消费者心态，脸色、喜怒、兴趣分析。努力消除消费者戒备和不信任心理。

②分析消费特点和用途，要观察顾客的花钱态度，这与人的教育水平、教养水平、生活形式及消费观念相关。

（3）重视特色经营和市场营销

①独特的店面设计，店内家庭式布置（用仿真花、鲜花装饰花店空间），与众不

同的花艺风格。

②重视节日经营及各种方式的服务。如设电话订约送花,上门插花服务,集体生日全年送花、鲜花租摆、网上花店等。

(4)经营窍门

①重视有潜力的节日:情人节、圣诞节、母亲节、教师节、春节等老节日,同时开发七夕爱情节、秘书节、护士节、父亲节、毕业节、记者节、男人节等,备好货源,组织熟练花艺员工和送花人员。分析市场需求,提前宣传(如店面广告、媒体广告,向各大单位发传真、电子邮件等)。

②利用互联网进行宣传:花店经营者不妨参与电子商务,其特点适用于花卉交易,加强竞争力。

③选址建议:选择交通便利人流大的方面,如商业中心、高档别墅、公寓、写字楼附近等。城市中心区域里的中心医院。

④店面设计:店面招牌设计应简洁、明快、店名易记并赋有文化内涵。店标要醒目。店内的装修要简洁、色彩以色浅色调明快为主。商品的陈设应少而精,免得显得杂乱无章。

⑤合理的制定价格:介绍鲜花时,先问用途再选式样(花束或花篮,花束浪漫,花篮庄重),再选花材进行花艺创作,最后标出一个适当的价格。好的品种才会带来好的价格。决不能哄抬价格,在花店内出售各种花艺作品一定要有艺术性,要物有所值。凡是质次的鲜花和干花,情愿扔弃,决不出售。

⑥及时掌握市场最新动态:多订阅几个花艺书籍及有关杂志,了解国际流行趋势,控制时尚动态。

⑦经营范围定位:花店可定位在鲜花、盆花、干花、工艺绢花、花器、婚庆服务为主,根据当地情况可适当兼营其他配套商品和服务,以提高花店的综合经济效益。

⑧花艺知识:了解花语(各种花所富含的意思),指导消费者怎么样养护、保鲜花卉。

三、花木市场经营的内容

花木市场经营随着社会经济的发展已经成为我国社会经济的一个重要组成部分,花木商品的需求量也越来越大。在市场经济的环境下,花木商品的流通与其他商品有着不同,有些花木商品体积庞大,而且不同季节,品种也在不断地更新、变换。市场信息的变化有时与气候、灾害有直接的关系,所以,花木市场经营,必须依靠科技创新、机制创新、品牌战略和政策倾斜,强化产业服务,利用地区优势,花木产业经济持续、快速发展。

1.提供政策支持,引导花木市场经营的产业化

花木市场经营的发展,离不开政府的主导,应继续加大对花木产业化的扶持力度:一是扶持花木产业化基地,对其实施补助政策;二是扶持花木龙头企业技改项目,对固定资产贷款进行贴息补助;三是对优质花木产品品牌建设实行奖励政策;四是对花木生产者的专业经济合作组织进行扶持,鼓励创新;五是继续加大公共财政的投入力度;六是探索发展农民信贷担保机制,解决花木经营者的资金短缺问题。

2.了解市场信息,分析市场行情,树立市场的竞争意识

我国边疆辽阔,地理、地貌特征各不相同,各地的气候差异也比较大,花木资源分布较广,每个地方对花木的需求又不相同,且花木的价格与市场的需求变动较大,在花木市场上可能会出现有地方需要的品种没有,有的品种却销售不出去,所以我们要及时研究周边的花木市场行情,掌握花木市场行情,对客户所需的品种能够及时提供或者可以到相关市场及时去调拨,永远处于市场的前沿,这是花木经营者所必备的基本条件。

【案例 12-2】

种植者与使用者的无奈事

种植者:苗木当柴烧,无奈! 据《人民日报》(2005 年 6 月 8 日《苗木当柴烧——甘肃 10 亿苗木急寻出路》)报道:甘肃省苗木积压,一些农户因销售无门,只能将积压的苗木当柴烧,因此造成的直接经济损失预计将近 2 亿元。

使用者:大片苗木死亡,无奈! 据《中国绿色时报》2005 年 6 月 16 日《苗木需要说明书》报道:今年以来,山西省代县质量技术监督局在对苗木市场进行专项检查时,发现该县市场上所销售的各种苗木几乎都没有附带的一份说明书。特别是一家企业为了绿化工厂,投资上万元买回了 200 株"红花槐",由于没有说明书,栽下后第 2 年竟全部死亡。

案例分析:甘肃省"苗木当柴烧"和山西省代县"大片苗木死亡"的现象不是偶然的和个别的,在许多地方同样存在。甘肃省"苗木当柴烧"现象是当地苗农忽视市场需求,盲目跟风、扩大生产造成的,但也反应了当地政府在政策指导、产业规划、市场信息等各项服务上的漏洞。目前我国市场机制尚未完善,大多苗农缺乏市场经济知识,生产盲目性很大,政府有关部门应该增强服务意识,加强对苗农进行

政策、产业指导,为苗农提供有效的市场信息、咨询等服务,扩大服务范围和质量,这样才能有利于花木产业健康的发展。

山西省代县"大片苗木死亡"的现象,表面是缺少苗木说明书造成的,实际是苗木供应者服务意识差、质量低的体现。目前,许多苗木供应商把苗卖出去后就什么都不管了,缺少完整的售前、售中、售后服务流程,服务意识和质量比较低。苗木供应者如果能提高服务意识,以为消费者提供满意的服务为宗旨,为客户提供优质、高效、特色服务,就一定能在激烈的市场竞争中处于有利的位置。

3.建立丰富的产品线,注重培养客户

现代市场的竞争,许多时候就是产品的竞争。花木商品由于地域气候的因素,以及消费者在这方面的知识缺乏,在许多时候是一种盲目。这时候,要加强对客户的研究,增强与客户的沟通,为客户及时提供相应的需求,介绍更多品种,创造客户的需求,引导客户消费观,开拓市场。

【案例 12-3】

近年来,我国花木产业发展迅速,但从业者的服务意识却没有相应的提高,产品销售过程中的各项服务十分缺乏,花木销售纠纷屡见不鲜。这对花木产业的健康发展是十分不利的。

采购商:买到称心的苗,难! 孙先生是杭州某园林公司负责苗木采购工作的,他感慨地说:"要买到符合我方规定的苗是太难了,一些苗木经营者的信用太低了。"他说在苗木采购时,经常遇到这样的情况:电话打过去,不管你问什么规格的苗木,对方都说有,等你真的到那里采购时,他又说刚卖完或者该品种比较紧俏要多加钱等一大堆理由,让你哭笑不得。 更令人可恨的,在装车时,还经常遇到苗木"调包"的现象,"假土球"现象更是家常便饭。有时赶工期,急得我是团团转。

供应商:及时拿到苗款,难! 浙江嵊州花木专业户陈先生说:"现在中小苗木滞销严重,苗木销售十分困难,但更令我们烦心的是,苗木卖出去后,苗款却十分难收,对方总是找出许多拖欠的理由。"他说,去年春天给某单位送了 30 万元的苗木,说好去年年底全部结清,但是到现在我才拿到不到 10 万元。

上述现象是目前花木业界普遍存在的问题,集中反映了苗木供应商与采购之间信用的缺失,而信用缺失则是双方服务意识淡薄的体现。试想,如果苗木求购商和供应商都具有良好的服务意识,都把提供优质服务放在第 1 位,供应商则会严格按照对方要求提供优质苗木,而求购单位也会按照当初的协议或合同,及时的与对方结清苗款,上述现象就完全可以避免了。 服务意识提高了,苗木买卖双方的纠纷自然就少了,诚信度自然就提高了。

4.创建企业的 CIS 形象,强化营销,树立品牌效应

当今的市场竞争已由产品、价格、促销等方面的竞争发展到企业形象的竞争,西方国家的企业在 20 世纪 50 年代就开始通过塑造良好的企业形象来增加竞争的砝码。我国的企业则从 20 世纪 90 年代初才逐步由南向北开始导入 CIS,并把企业形象的策划发展到突出理念,提升到企业发展战略的高度。今天,花木经营企业也需要加强 CIS 形象策划,包装自己的企业,提升企业的知名度,建立企业自己的品牌,增加消费者对企业品牌的认识与信任度。

除此之外,花木市场的经营还需要实施多层次、多渠道营销战略。加强市场网络建设构建花木产业营销平台。完善花木产业网上营销平台,形成集花卉销售、信息、服务于一体的现代化花木交易中心。花木生产走发展品牌道路。加快花木标准化生产步伐,统一规格、统一标准,鼓励花木生产者、花木企业注册商标,争创国家和省、市级名牌产品。建成多个有影响力的著名商标和盆花、盆景等特色花卉品牌。

【案例 12-4】

慈溪市附海镇花木村经济合作社
以电子商务提升花木经营管理水平

(1)单位情况简介　花木村位于附海镇东部,是宁波市特色花木专业村、市级花木科普示范基地,花木产品销往全国各地。工业生产以家电制造为主,全村共有私营企业 110 家之多,具有较强的生产、配套能力。2005 年全村工农业总产值 4.7亿元,农民人均纯收入 8 700 元。随着村级经济和社会各项事业的发展,花木村的信息化工作得到了快速发展,现申请列入市信息化示范工程试点单位。

(2)单位信息化建设应用情况

①领导重视,组织健全:村委会高度重视农村信息化工作,成立了由村支部书记为组长,村主任为副组长,村文书、团支部书记、妇女主任为成员的村信息化工作领导班子。同时还明确了一名同志具体开展信息化日常工作。

②积极投入,基础良好:村委会先后购置了电视机、电脑等设备,铺设了上网线路,开通了农村党员远程教育系统和农民信箱。村内广播电视、电话、网络等基础设施建设不断加强,农户有线电视、电话、网络接入比例逐年提高。

③强化宣传,提高意识:近年来,该村不断加强信息化工作的宣传力度,村里认真组织了计算机知识和信息化政策法规的学习活动,村民利用现代信息技术的意识和能力得到加强,营造了推进信息化的良好社会环境。

(3)项目简介　以花木村经济合作社为主体,与通信公司、花卉信息服务企业

等合作,建设村级花木网站,把花木村花木品种、质量、产量、价格等信息通过互联网向外宣传;建立互动式电子商务平台,开展网上营销服务;与有关单位合作,开展花木栽培技术咨询服务。

(4)项目实施方案　村集体加大投入,取得通信公司的支持,完善村网络基础设施;与镇土地、农技等部门合作,搜集整理村土壤、气候、花木品种、价格、产量等方面的信息和图片;建立村花木网站,及时将村有关信息通过网站向外宣传,通过与有关网站合作,扩大村网站的影响,逐步开展网上营销。

(5)项目实施意义　通过项目的实施,可以扩大村花木产业的影响,促进花木栽培种植技术水平的提高,拓展花木销售的市场,提高花木交易的效率和收益,花木产业的发展还有利于改善城镇的生态环境,提高城镇生活质量,推动城镇经济与社会、人与自然的和谐发展,使城镇走上科学发展的道路。

(6)产品的售后养护　在经营花木商品的同时,要注重花木商品的售后养护。因我们一般的客户缺乏专业的花木养护知识,我们在经营花木商品的同时,要给客户一定的养护花木商品的知识,使客户对花木商品有着浓厚的兴趣与爱好,从而培养一种长期的客户关系群,维护自己的销售信誉度。

5.创新花木市场的经营模式

花木市场的经营,有许多是农村的农户,他们在市场经济中处于弱势,对市场的信息、市场的变化掌握有时不及时,不准确。市场竞争的优势,在许多时候就是一种经营模式的比较,经营的模式新,利润就大,就会在市场中取胜。

发展花木市场经营的关键是要建立利益分配机制和运转约束机制,协调产业化经营内部生产、加工、销售各个环节的利益关系,规范各参与主体的经营行为,保护花民利益。当地政府应做好协调工作,引导花卉龙头企业、购销大户建立风险共担、利益共沾的经济利益共同体。同时,可以尝试成立各种类型的花木专业经济合作组织,进行组织创新,在制度上更好的解决激励问题。

【案例 12-5】

柴桥花农调整和创新经营模式

宁波市北仑区柴桥街道河头村的 53 名村民自发筹资 63 万元,组建了九峰山彩叶树合作社,准备开发 10 亩彩叶树苗大棚基地。这是柴桥街道 1 万多花农调整和创新经营模式的一个缩影。

柴桥花木起步于 20 世纪 70 年代初,发展于 20 世纪 90 年代,至今已有 30 余年历史。去年花木销售额达 2 亿多元,农民人均收入 7 748 元,其中一半以上来自花卉产业。

为实现柴桥花木产业可持续发展,政府积极引导花农走联合体、合作社或股份制发展之路。目前,沙溪、岭下、洪岙等花木专业村相继筹建专业合作社,以提高组织化程度,增强整体竞争力。

彩叶树苗大棚基地开发后,将大力推广设施栽培、容器育苗,运用大棚、喷雾、遮阳等设施,提高绿化苗木的成活率和质量,同时抵抗干旱等恶劣天气的影响。从而改变"用祖传的方法栽培祖传的品种"的现象,提升花木产业层次。

在鼓励花农抱团闯市场的同时,柴桥街道还通过建立花卉高效栽培示范基地,积极引导当地特色花卉产业的发展。

柴桥杜鹃在国内杜鹃市场占有 3 成份额,省内 75％的杜鹃来自柴桥。自 1998年以来,柴桥杜鹃连创了种植面积、商品苗存量、销售量 3 个全国第一。今年初,柴桥西洋杜鹃高效设施栽培示范基地被列入了宁波市星火基地建设项目。据了解,该基地计划投资 220 万元,至 2008 年新建 55 亩设施栽培区,其中温控大棚 15 亩,喷灌设施栽培面积 30 亩,高标准连栋大棚 10 亩。基地将通过控制温湿度和生长调节剂的应用,结合修剪、摘心、抹芽、多头高位嫁接、杂交授粉等技术措施,控制杜鹃花期。并让同一株杜鹃绽放出红、白、紫多色花朵,以满足市场对高档盆景杜鹃的需要。

6. 健全和完善花木经营中的社会化服务体系

健全和完善花木经营中的社会化服务体系包括:

(1)信息服务体系　以花木经营企业、户为主体,建成一个上下联通、内外相接、资源共享、反应灵敏、有权威的花卉产业化信息中心。

(2)科技推广服务体系　依托花木研究所、花木协会和科技示范户等,形成花卉科研成果转化和技术推广普及网络。

(3)花卉物流和市场营销网络体系　依托花卉基地市场、网络销售平台等形成生产、经营、销售一条龙网络。

(4)建立科学、统一、权威的花卉标准化体系和花卉质量监测体系,制定主导花卉品种生产标准。

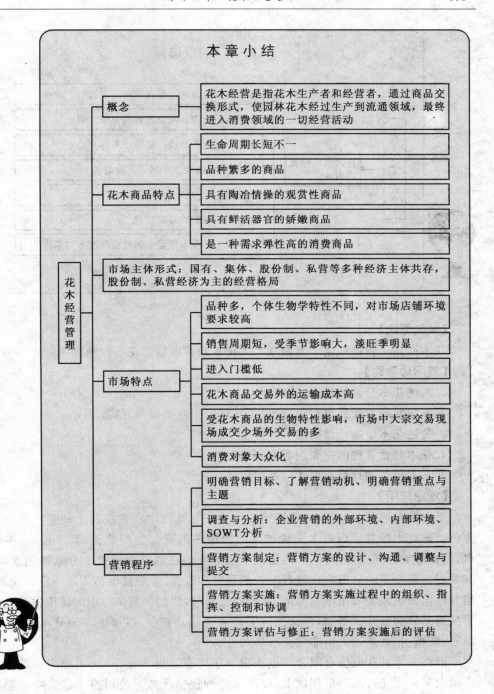

本 章 小 结

概念 — 花木经营是指花木生产者和经营者，通过商品交换形式，使园林花木经过生产到流通领域，最终进入消费领域的一切经营活动

花木商品特点
- 生命周期长短不一
- 品种繁多的商品
- 具有陶冶情操的观赏性商品
- 具有鲜活器官的娇嫩商品
- 是一种需求弹性高的消费商品

市场特点
市场主体形式：国有、集体、股份制、私营等多种经济主体共存，股份制、私营经济为主的经营格局
- 品种多，个体生物学特性不同，对市场店铺环境要求较高
- 销售周期短，受季节影响大，淡旺季明显
- 进入门槛低
- 花木商品交易外的运输成本高
- 受花木商品的生物特性影响，市场中大宗交易现场成交少场外交易的多
- 消费对象大众化

营销程序
- 明确营销目标、了解营销动机、明确营销重点与主题
- 调查与分析：企业营销的外部环境、内部环境、SOWT分析
- 营销方案制定：营销方案的设计、沟通、调整与提交
- 营销方案实施：营销方案实施过程中的组织、指挥、控制和协调
- 营销方案评估与修正：营销方案实施后的评估

花木经营管理

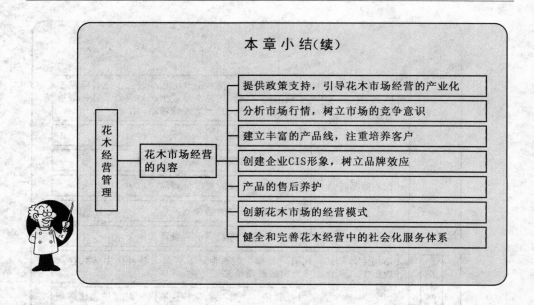

【关键概念】

花木商品　营销战略　营销战术　花木经营市场　花木营销程序

【复习思考题】

1.简述花木经营的概念、特点。

2.如何对花木商品进行市场分析,并制定相应的经营方案。

3.简述花木市场经营的内容。

4.花木经营管理的主要内容有哪些?

5.花木经营的社会化服务体系如何建立?

【观念应用】

萧山是全国著名的苗乡,该区宁围镇盈一盆景花木场在经营上一直做得有声有色。该花木场总经理蒋永法说:"萧山的很多苗圃都生产紫薇、罗汉松、日本红枫,但在修剪方面没有个性,产品雷同。因此我们在成立之初就十分重视创新,尤其是对常规产品的修剪方式进行了认真研究和改良,生产造型苗木。一段时间后,当其他苗圃也跟着做苗木几何造型、动物造型时,我们又尝试以中国传统盆景造型手法为基础的云片式造型,再次保持了产品错位。"如今,该场生产的日本红枫、罗汉松、紫薇、枸骨造型大苗非常受市场欢迎。

浙江森禾种业股份有限公司也深谙竞争之道。近几年,该公司把主要精力放在做大某一个花卉品种的规模上,以谋求品种规模优势。公司苗木销售中心总经理徐木水说,这几年他们一直在做红叶石楠的生产和推广。现在,其红叶石楠的年产量已达7 000万株,实现了周年供应,拥有容器苗、穴盘苗、网袋苗、造型苗等多种形态,形成了完整的产品体系。如此强大的规模优势,使苗木界的同行一提起红叶石楠就会想到浙江森禾。

在错位竞争中,除产品错位、规模错位外,还有一个很重要的方面,就是品种错位。在同一苗木产区、不同苗木产区之间,如果经营者不盲目跟风种植,能另辟蹊径,在品种上做到人无我有,那么他离成功的路也不会很遥远。

虽然错位竞争对花木经营者获得成功十分关键,但这些错位都是建立在自身的优势之上的,只有找准自己的优势,才能把错位竞争的优势发挥到极致。

案例思考问题:

1.浙江萧山宁围镇盈一盆景花木场在经营上取胜的关键是靠什么?

2.以上例子中说明错位竞争与我们所说的优势竞争是何种关系?

3.浙江森禾种业公司的竞争之道是什么?为什么能够成功?

参 考 文 献

1. 埃比拟则,霍华德[英].明日的田园.北京:城市商务印书馆,2000.

2. 陈从周.说园.山东:画报出版社,上海:同济大学出版社,2005.

3. 康慕谊.城市生态学与城市环境.北京:中国计量出版社,1997.

4. 朱明德.园林企业经营管理.重庆:重庆大学出版社,2006.

5. 姚海鑫.财务管理.北京:清华大学出版社,2007.

6. 汪平.财务管理.北京:经济管理出版社,2007.

7. 张样平,黄凯.园林经济管理.北京:气象出版社,2001.

8. 王焘.园林经济管理.北京:中国林业出版社,1997.

9. 王方.市场营销策划.北京:中国人民大学出版社,2006.

10. 姚亦锋.风景名胜与园林规划.北京:中国农业出版社,1999.

11. 王立纲,张宝玉.中国旅游管理学教程.北京:旅游教育出版社,1989.

12. 李梅.园林经济管理.北京:中国建筑工业出版社,2007.

13. 安玉发,王寒笑.新农村:帮你做好产品营销.北京:中国农业大学出版社,2007.

14. 吴勇,车慈慧.市场营销.北京:高等教育出版社,2007.

15. 赵有生,李鹰.市场营销学.北京:经济科学出版社,2008.

16. 徐彤.建设园林城市满足人们对园林的需求.经济技术协作信息,2004.

17. 王晓晓.浅析城市基础设施对园林的需求.工程建设与档案,2003.

18. 单凤儒.管理学基础.北京:高等教育出版社,2004.

19. 王志平.管理学概论.上海:复旦大学出版社,2003.

20. 阚雅玲,朱权,游美琴.管理基础与实务.北京:机械工业出版社,2008.

21. 加里·哈默.管理大未来.陈劲译.北京:中信出版社,2008.

22. 刘兆信,魏树麾.现代企业管理.北京:北京交通大学出版社,2007.

23. 张今声.论人本管理.论文网,2003-11-3[2008-7-3].

24. http://www.lunwennet.com/thesis/2003/6481.html

图书在版编目(CIP)数据

园林经营管理/张军霞,王移山主编.—北京:中国农业大学出版社,2008.12
(2015.9 重印)
(高职高专教育"十一五"规划教材)
ISBN 978-7-81117-583-7

Ⅰ.园… Ⅱ.①张…②王… Ⅲ.园林-经济管理-高等学校:技术学校-教材
Ⅳ.TU986.3

中国版本图书馆 CIP 数据核字(2008)第 154840 号

书　　名	园林经营管理	
作　　者	张军霞　王移山　主编	
策划编辑	姚慧敏　陈巧莲　伍　斌	责任编辑　孟　梅
封面设计	郑　川	责任校对　王晓凤　陈　莹
出版发行	中国农业大学出版社	
社　　址	北京市海淀区圆明园西路 2 号	邮政编码　100193
电　　话	发行部 010-62731190,2620	读者服务部 010-62732336
	编辑部 010-62732617,2618	出 版 部 010-62733440
网　　址	http://www.cau.edu.cn/caup	e-mail cbsszs @ cau.edu.cn
经　　销	新华书店	
印　　刷	涿州市星河印刷有限公司	
版　　次	2008 年 12 月第 1 版　2015 年 9 月第 3 次印刷	
规　　格	787×980　16 开本　23.25 印张　422 千字	
定　　价	34.00 元(含光盘)	

图书如有质量问题本社发行部负责调换